作物长势与土壤养分
遥感定量监测及应用

◎ 叶回春　黄文江　孔维平　黄珊瑜　著

U0306470

中国农业科学技术出版社

图书在版编目（CIP）数据

作物长势与土壤养分遥感定量监测及应用 / 叶回春等著. —北京：
中国农业科学技术出版社，2020.8

ISBN 978-7-5116-4951-5

Ⅰ. ①作… Ⅱ. ①叶… Ⅲ. ①遥感技术-应用-作物-生长势-监测-研究 ②遥感技术-应用-土壤有效养分-监测-研究 Ⅳ. ①S127 ②S158.3

中国版本图书馆 CIP 数据核字（2020）第 156155 号

责任编辑　闫庆健　马维玲
责任校对　马广洋

出 版 者　中国农业科学技术出版社
　　　　　　北京市中关村南大街12号　　邮编：100081
电　　话　（010）82109705（编辑室）　（010）82109704（发行部）
　　　　　　（010）82109704（读者服务部）
传　　真　（010）82109705
网　　址　http://www.castp.cn
经 销 者　各地新华书店
印 刷 者　北京富泰印刷有限责任公司
开　　本　787mm×1 092mm　1/16
印　　张　18.5
字　　数　351千字
版　　次　2020年8月第1版　　2020年8月第1次印刷
定　　价　128.00元

《作物长势与土壤养分遥感定量监测及应用》

编委会

主　著：叶回春　黄文江　孔维平　黄珊瑜

其他著者（按姓氏笔画排序）：

邢乃琛　任　淯　孙忠祥　杨绍源　吴亚臣

汪　涛　沈　强　张世文　武　彬　周贤锋

郑　琼　钱彬祥　郭安廷　崔　贝　蒋阿宁

谢巧云

内容提要

本书是著者多年来从事作物长势与土壤养分遥感监测研究及应用的成果。书中涉及的内容主要反映了近年来研究团队在国家重点研发计划项目、国家自然科学基金、中国科学院战略性先导科技专项、海南省重大科技计划项目等多个科研项目支持下，与多家科研、教学和应用示范单位通力合作取得的科研成果。

本书系统介绍了农田信息获取和精准变量施肥理论与方法、作物长势遥感监测方法、土壤养分遥感监测及土壤空间变异与空间预测方法、农田养分资源精准变量管理技术等。全书由四大部分组成。第一部分介绍了农田信息获取和精准变量施肥理论与方法；第二部分介绍了作物叶面积指数、叶绿素含量、类胡萝卜素含量和氮素含量的遥感监测研究；第三部分介绍了土壤养分遥感监测及土壤空间变异与空间预测方法研究；第四部分主要介绍了农田养分资源精准变量管理技术研究，并对新一代信息技术支持下的农田信息获取与精准施肥研究进行了展望。

本书可供从事遥感研究与应用、农业信息技术、3S技术应用、农学、作物生理生化参数监测与反演方面的科研和教学，以及农业推广等相关部门工作者参考。也可作为遥感、农林、信息等专业学生的参考用书。

　　我国是人口大国，人口数量约占世界总人口的22%，但耕地面积仅占全球耕地总面积的7%，因此，农业发展对于促进我国经济和社会的发展具有至关重要的作用。然而，我国农业资源约束日益突出，农业生态环境退化加剧，化肥占农业生产成本25%以上，但利用率仅为30%～35%，远低于发达国家的50%～60%，不仅造成了巨大经济损失，更带来了严重的水环境污染和生态破坏。精准农业是近年来国际上农业科学研究的热点领域，其核心思想是根据农田作物产量和作物生长的环境因素实际存在的空间和时间差异性信息，进行定量决策和精准变量投入，从而可以充分挖掘耕地生产潜力，实现农业生产要素高效利用和保护生态环境的目的。研究表明，精准变量施肥可使多种作物的化肥施用量减少20%～40%，而平均增产幅度为8.2%～19.8%，节约15%～20%的总成本。因此，精准农业的研究与发展将有助于我国人口、资源与环境方面重大问题的解决，有助于农业资源的高效利用和生态环境保护，推动我国农业生产持续稳定发展。

　　农田作物长势与土壤养分信息获取与解析是精准农业实施的前提与基础。近年来，遥感（RS）、地理信息系统（GIS）、全球导航卫星系统定位（GNSS）组成的"3S"技术以及地统计学技术等地学空间信息技术的发展，为大面积农田作物长势与土壤养分信息的快速获取及变量决策提供了有效手段。对作物长势参数的监测，包括叶面积指数、叶绿素、类胡萝卜素、氮素含量等，可快速评估作物长势及营养状况，从而指导农田施肥等。对农田土壤养分参数监测及其空间变异规律研究，包括有机质、氮、磷、钾、重金属、综合肥力及土壤质地等，可为土壤养分分区管理、测土配方施肥和农田精准变量施肥提供土壤基础肥力信息。此外，综合作物长势和土壤养分信息，以土壤基础肥力状况设置"基准"基肥方案，以作物长势状况监测设置"精准"追肥方案，是实现农田养分精准变量管理的理想途径。

《作物长势与土壤养分遥感定量监测及应用》主要反映了近年来作者研究团队承担科研项目的成果，是以遥感技术、地统计学技术等地学空间与信息技术，结合主流数学分析方法对主要作物长势与土壤养分参数进行遥感监测，并进行精准农业应用的一种尝试。本书内容主要包括国家重点研发计划课题"遥感立体协同观测与地表要素高精度反演（2016YFB0501501）""粮食作物生长监测诊断与精确栽培技术（2016YFD0300601）"；国家自然科学基金项目"作物养分空间维和时间维扩展遥感监测研究（41072276）""类胡萝卜素探测作物养分胁迫的光谱诊断机理与方法研究（41571354）""玉米冠层氮素养分垂直分布遥感监测研究（41501468）""面向玉米养分早期胁迫诊断的冠层色素比值垂直分布遥感探测机理与方法（41871339）""小麦色素及其比值垂直分布多角度遥感反演研究（41901369）"；中国科学院战略性先导科技专项课题"全球和重点区域中高分辨率典型信息产品（XDA19080304）"；中国科学院中意国际合作项目"多星组网植被理化参数高频度解析与作物长势和干旱遥感监测"；海南省重大科技计划项目"基于天基大数据的海南省生态资源监管关键技术与应用（ZDKJ2019006）"；遥感科学国家重点试验室自由探索项目"光学与激光雷达遥感结合的玉米冠层氮素垂直分布监测研究（Y8Y00200KZ）"；农业部农业大数据重点试验室开放基金"多源卫星遥感协同的全球重点区域玉米生产态势监测研究"等项目持续资助的成果。最新的研究成果也融入其中。本书是作者研究团队与多家科研、教学和应用示范单位通力合作取得的科研成果，同时也反映了有关硕士、博士研究生和博士后们的部分学术成果，在此对相关单位和研究人员表示衷心感谢。

全书由四大部分组成，共分九章。第一部分即第一章，农田信息获取和精准变量施肥理论与方法，由黄文江、叶回春、孙忠祥、黄珊瑜共同编写；第二部分包括第二章至第五章，作物长势参数遥感监测，分别介绍了作物叶面积指数、叶绿素含量、类胡萝卜素含量和氮素含量的遥感监测研究，由孔维平、黄珊瑜、叶回春、黄文江、谢巧云、崔贝、周贤锋、邢乃琛、郑琼、任涓、汪涛、杨绍源等撰写；第三部分包括第六章和第七章，土壤养分遥感监测与空间变异、预测，其中，第六章介绍了土壤养分参数遥感监测研究，第七章介绍了土壤养分参数空间变异与空间预测方法研究，由叶回春、张世文、沈强、孙忠祥、郭安廷、吴亚臣、武彬、钱彬祥等撰写；第四部分包括第八章和第九章，农田养分精准变量管理，其中，第八章介绍了农田养分资源变量管理技术研究，第九章介绍了新一代信息技术支持下的农田信息获取与精准施肥研究展望，由叶回春、黄文江、黄珊瑜、蒋阿宁、吴亚臣、崔贝、任涓等撰写。最后由叶回春、黄文江、孔维平对全书进行统稿。

随着农业信息化的不断深入，作物长势与土壤养分遥感定量反演技术将渐趋成熟，对监测结果的应用需求和精度要求也将逐渐升高。著者期望本书能够为从事农田养分监测及应用相关研究提供参考，并促进其发展。由于著者水平和精力有限，书中内容和观点难免存在不足之处，恳请广大读者批评指正。

著　者

2020年6月

CONTENTS 目 录

第一章　农田养分信息获取和
精准施肥理论与方法

  我国是人口大国，人口数量约占世界总人口的22%，但耕地面积却只有全球耕地总面积的7%，因此，农业发展对于促进我国经济和社会的发展具有至关重要的作用。然而，我国农业资源约束日益突出，农业生态环境退化加剧，化肥占农业生产成本25%以上，但利用率仅为30%～35%，远低于发达国家的50%～60%，不仅造成了巨大经济损失，更带来了严重的水环境污染和生态破坏。精准农业（Precision Agriculture，PA），又称为精确农业或精细农作，是近年来国际上农业科学研究的热点领域，其核心思想是根据农田作物产量和作物生长的环境因素实际存在的空间和时间差异性信息，进行定量决策和精准变量投入，从而可以充分挖掘耕地生产潜力，实现农业生产要素高效利用和保护生态环境的目的。国内外研究表明，精准变量施肥可使多种作物的化肥施用量减少20%～40%，而平均增产幅度为8.2%～19.8%，节约15%～20%的总成本（武军等，2013）。因此，精准农业的研究与发展将有助于我国人口、资源与环境方面重大问题的解决，有助于农业资源的高效利用和生态环境保护，推动我国农业生产持续稳定发展。

  农田作物长势与土壤养分信息获取与解析是精准农业实施的前提与基础，是突破制约我国现代农业应用发展瓶颈的关键。作物长势参数特性，包括叶面积指数（Leaf Area Index，LAI）、叶绿素（Chlorophyll）、类胡萝卜素（Carotenoids）、氮素（Nitrogen）含量等，是表征作物生长状态的重要指标，是作物品种特征、土壤养分供应、作物对养分需求和作物吸收养分状况的综合反映。通过对这些作物长势参数的监测，可为作物长势及健康状况评估提供基础信息，从而指导农田施肥等。农田土壤养分参数特性，包括有机质、氮、磷、钾、微量元素及综合肥力等，是农田土壤肥力高低的重要标志；土壤质地和含水量等土壤物理参数状况对土壤的通透性、保蓄性、耕性、养分含量及其在土壤—作物系统中的运移、吸收和转运过程均有影响；此外，土壤重金属含量的高低直接会影响到农产品质量安全。通过对这些土壤参数的监测、空间变异规律分析及空间预测，为土壤养分分区管理、测土配方施肥和农田精准施肥提供土壤肥力基础信息。综合作物长势和土壤养分信息，以土壤基础肥力状况设置"基准"基肥方案，以作物长势状况监测设置"精准"追肥方案，是实现农田养分动态精准管理的理想途径（何山等，2017）。

近年来，遥感（RS）、地理信息系统（GIS）、全球导航卫星系统（GNSS）组成的新一代"3S"技术以及地统计学技术等地学空间信息技术的发展，为大面积农田作物长势与土壤养分信息快速获取与决策分析提供了有效手段。本章简要概述精准农业的内涵与发展历程、农田作物长势参数和土壤养分参数的遥感定量反演基础理论与方法、土壤养分参数空间变异理论与预测方法、面向精准农业应用的变量施肥理论与方法等，这些理论与方法是进行农田信息获取与精准变量施肥的基础。

第一节　精准农业概述

一、精准农业的内涵

精准农业技术自20世纪80年代初提出，90年代初开始实际应用。1997年，美国专家研究委员会（National Research Council）发表了题为"21世纪的精准农业——作物管理中的地学空间与信息技术（Precision Agriculture in the 21st Century——Geospatial and Information Technologies in Crop Management）"的报告，全面分析了地学空间技术在农业生产中应用的巨大潜力，确立了以RS、GIS和全球定位系统（GPS），即"3S"技术为支撑的精准农业技术体系，直接推动了美国精准农业的发展。如今，精准农业是世界农业最富吸引力的前沿课题之一，代表了21世纪全球农业发展的方向，是农业的一场革命，面向21世纪农业的新技术。

传统农业是将整个田块的水、肥等植物生长所必需要素看作是等量需求，采用统一的耕作、播种、灌溉、施肥、喷药等措施进行均匀施入。实际上，同一农田内不同生产要素在不同网格内存在着明显的时空差异性，传统农业管理方式恰恰忽略了这一时空差异性，实行大田均匀施肥、均匀灌溉、均匀喷药，造成了水、肥、药的浪费，增加了农业的生产成本，降低了农业的产量和经济效益，而且过量施肥、施药也造成了严重的土壤污染和水体污染。精准农业是在尽量不减少产量的情况下降低农业生产成本，避免过量施用化肥和农药而造成的环境污染。具体思路是，按照田间每一操作单元（区域、部位）的具体条件，精细准确地调整各项土壤和作物管理措施，最大限度地优化使用各项农业投入，以获取单位面积上的最高产量和最大经济效益，同时保护农业生态环境和土地等农业自然资源（Yost et al.，2019）。

精准农业的核心技术思想概括为以下3个方面。

其一，认识农田作物生长环境条件和产量的差异。如：田间条件和收获量的空间差异性，年间产量的时间差异性，预测与实际产量的差异性；

其二，分布式投入，实现农业资源潜力的均衡作用。其过程为：农田空间变量数据采集与作物产量图生成→数据分析→信息处理与经营管理决策→处方图生成→智能农业机械实施调控投入；

其三，优化经营目标，实施目标投入。以获取高产为目标，以适度投入、获取最好经营利润为目标，以减少环境危害为目标，实现经济效益和生态效益的协调增长。

国内外精准农业理论与实践的研究成果表明，精准农业是一种基于信息和知识的现代农业管理系统。首先是基于信息，即需要利用RS、GIS和GNSS技术，通过实时获取土壤基础肥力、作物长势以及农田气候等参数的空间分布信息和快速准确进行数据处理；然后基于知识，利用获得的信息，运用科学的管理决策和技术手段，进行信息的识别、集成处理和系统分析，进一步作出科学的农业管理处方决策。为此，精准农业是一个融合多学科的知识化、智能化集成系统。

二、精准农业的发展历程

从20世纪70年代开始，美国和欧洲国家就采用卫星遥感技术建立大范围的农作物面积监测和估产系统，不但服务于农业实际生产指导，同时为全球粮食贸易提供了重要的信息来源。美国率先在20世纪80年代初提出精准农业的概念和设想，并在1992年4月召开了第一次精准农业学术研讨会，此后精准农业开始进入实践应用。美国约翰·迪尔公司在一些农场开始采用装备了GPS的联合收割机。通过电子传感器和全球定位卫星，这些农机在收获季节可以不间断记录下几乎每平方米的产量及其他信息。有些数据可以利用专门的电脑软件由农场的计算机加以处理，农场就可以据此绘制出各地块产量的地图，从而剔除一些产量低的作物品种。GPS技术在农业生产中应用，标志着精准农业技术的真正诞生和发展。相比于美国商业应用阶段，大多数国家仍处于研究示范试验过程，英国、德国、荷兰等国家先后开展精准农业研究和应用。

在精准农业研究中，对土壤信息研究比较多。世界上主要发达国家率先开展研究并建立了土壤信息系统，如加拿大土壤信息系统（CanSIS）、美国国家土壤信息系统（NASIS）等。此后，由多个国际组织倡导的全球土壤土地数字化数据库（SOTER）越来越得到广泛关注和推广应用。

我国于1994年开始对精准农业进行研究及应用，逐渐认识到这一技术体系在我国的发展潜力和应用前景，并将其纳入国家高技术研究发展计划（863计划）及国家引进国际先进农业科学技术（948）项目"精确农业技术体系研究"中。为探索适合我国国情的精准农业发展模式及技术，不少地区针对"精准"差距来调整和改进实施精准农业，引进、消化和吸收国际上精准农业的技术和设备。吉林省结合其省农业信息网开发了"万维网地理信息系统（WebGIS）"。在智能技术方面，国家863计划在全国20个省市开展了"智能化农业信息技术应用示范工程"。2006年，在北京市实施的"精准农业高科技农业示范工程"项目中采用了国际先进的农田耕作技术。这些技术的广泛应用为我国精准农业的发展奠定了一定的技术基础，这对打破我国人多地少的农业发展瓶颈及农业走可持续发展之路具有重要的现实意义。

随着大数据与云计算、高分辨率卫星技术、物联网、移动互联网等高新技术的兴起与快速发展，精准农业已更注重向大数据驱动的、智能化的高端农业管理模式方向发展。从国内外精准农业的生产实践来看，一些发达国家已形成高新技术和农业结合的新兴产业且发展迅速。我国精准农业的发展刚刚起步，对精准农业管理方式的研究与应用的步伐正在加快，建立具有中国特色的精准农业运作方法已成当务之急。

三、精准农业的主要关键技术

建立一个完整的精准农业技术体系，需要多种技术知识和先进技术装备的集成。其中，RS是农田信息的获取手段，GNSS是地理位置信息的获取手段，GIS是农田信息的管理和分析手段，决策支持系统（DSS）和专家系统（ES）是实现精准农业的核心，变量投入技术（VRT）体现在决策的田间实施过程中。从实施过程来看，精准农业主要关键技术可归纳为如下几个方面。

（一）农情信息采集技术

农情信息主要包括地理环境信息、土壤环境信息、作物生长状况信息、小气候信息、水环境信息以及管理信息6大要素。快速有效地采集影响作物生长的空间变量信息，是精准农业实践的重要基础。在精准农业实践中，需要快速采集土壤养分（有机质、氮、磷、钾等）、水分、电导率、pH值等要素以及作物长势和养分含量信息等。传统的农田信息采集方法主要基于定点采样与试验室分析相结合，该方法耗资费时，难以较精细地描述农田小区信息的空间变异性。随着遥感技术和地面传感技术的发展，农田信息获取正在从传统耗时费力的测试化验转向遥感技术、传感器网络和农学观测等多源手段相结合的信息获取模式，为低成本、高密度、高精度、高可靠性地农田信息获取提供了新的手段，为实施精准农业创造了条件。在农田信息遥感获取中，基于卫星、无人机以及地面等平台的定量遥感技术的发展极大地方便了农田信息的获取，并使得空间上连续的观测成为可能。高光谱、多光谱遥感与农学知识的结合成为农学参数遥感反演的重要趋势，在实际应用中亦收到很好的效果。地面无线传感器可获取地面点位的实时监测数据，大量的这类传感器通过互联网组成了地面观测物联网，为遥感技术在空间上的监测提供了快速、有效的训练与验证数据。基于遥感与物联网传感组成的天空地一体化农田信息采集技术是未来精准农业研究的重要方向，也是实施精准农业的重要基础。

（二）农田信息空间变异分析及预测技术

从农田信息的采集方式来看，基于多平台的遥感信息获取技术是一个非常有研究和应用前景的农田信息获取手段。但由于目前遥感技术在精准农业某些要素（如土壤养分等）方面尚不成熟，主要体现在遥感信息的解析、获取信息的及时性以及空间分辨率等方面，因此，多平台遥感这一获取面状信息的手段还尚未形成全要素信息的广泛应用。虽然提高地面传感器的监测精度能提高土壤信息的获取速度和质量，但获取的土壤信息仍然是点状的，而研究需要的往往是面状信息。所幸的是，土壤及环境因子的空间分布特征符合"地理学第一定律"（Tobler，1970），即空间上距离越近的点土壤属性越相似，这为地统计学的发展奠定了基础。GIS与地统计学技术的结合，实现了土壤属性点位数据向区域尺度的合理扩展，得到各种土壤属性信息的空间分布图。这不仅可以深刻认识农业生产的复杂性和时空变异性，也是获取农业精准耕作"处方图"和实施精准农业变量施肥的重要基础。由于受采样技术和采样成本的限制，基于容易获得的环境变量信息（如数字高程模型、遥感植被指数等）来辅助进行土壤属性的空间变异及空间制图研究仍是未来一段时间内重要的研究方向。目前机器学习、数据挖掘等方法在数字土壤制图中得到全面的应用，也取得了不错的制图精度，但这些方法可能过于依赖样点数据，在运用机器学习、数据挖掘等方法时如何与土壤发生学知识进行结合也是一个重要的研究方向。

（三）智能化变量投入技术

变量投入技术是指安装有计算机、GIS、GNSS等先进设备的智能农机，根据空间位置的变化来自动调节物料箱里物料投入速率的一种技术。智能化变量投入技术是实现农业精准管理的关键技术和手段，利用智能农机（如联合收割机、变量施肥机、变量喷药机、变量灌溉机和变量播种机等）可以根据事先绘制的作业处方图对物料投入量进行定位定量控制调整。例如，农田变量施肥技术是如今亟须突破的关键技术之一。变量施肥不仅要基于土壤养分空间变异信息和产量图，而且还需要综合考虑作物本身性状如吸肥特性、作物长势和养分状况的空间变化等，从而来提高作物产量和降低生产成本。精准农业变量施肥也具有尺度效应，变量施肥究竟"精准"到多大的施肥单元才能获得最佳效益，达到经济效益和生态效益统一。利用随机模拟技术和高分辨率遥感技术可获取覆盖不同尺度的大量田间养分分布信息和作物长势信息，可从理论上解决变量施肥尺度效应，提供不同尺度的数据。随着遥感、物联网、大数据、云计算和人工智能技术的发展，加强变量施肥机智能性的研制以及综合考虑土壤和作物养分状况等的智能化变量施肥技术是未来努力的重要方向。

（四）各种技术综合集成

在精准农业实施过程中，各种技术的集成和综合运用对于农田精准变量作业等具有重要作用。精准农业是集数据库、模型库、知识库、多媒体技术和农业专家系统为一体，通过GNSS、作物生长模型、专家系统，对GNSS数据、遥感数据、地面传感数据、人工采集数据等多源、多时空数据进行分析和决策，输出空间可视化的变量施肥、灌溉、病虫害防治等作业处方方案，以获得最大的经济效益和生态效益。农业是一个极其复杂的生产系统，农业中的许多问题都可以看作是空间问题。GIS的独特功能是空间数据的分析与处理，是解决农业空间问题的一个有效工具，已广泛应用于农业科学研究、农业生产管理、农业宏观决策等，其根本目标是提供决策支持；但GIS缺乏知识处理和启发式推理的能力，无法为解决空间复杂问题提供足够的决策支持。模拟模型擅长处理定量问题，但缺乏处理空间信息和知识推理的能力。专家系统数学计算能力不强，能够处理非结构化或半结构化问题，但不能处理结构化的问题，更不具备处理空间信息的能力。将GIS、模拟模型技术、专家系统进行集成，可以高效地实现空间信息的处理、分析、模拟和决策。因此，综合集成精准农业多种技术，是推进和发展精准农业的需要，也是精准农业研究的主要难点。模型库、知识库和数据库技术引导下的智能空间决策模型库体系是解决模型与GIS无缝集成的有效方法，是空间决策支持系统未来发展的重要途径。

当前，随着高分辨率卫星技术、物联网、移动互联网、大数据与云计算等高新技术的兴起与快速发展，精准农业已更注重向大数据驱动的、智能化的高端农业管理模式方向发展。而农田作物长势与土壤养分信息的快速获取是实现精准农业信息化、智能化运行的基础。

第二节　作物长势参数遥感定量反演基础理论与方法

一、作物长势参数遥感定量反演基础理论

植物叶片光谱特征的形成是由于叶片中化学组分分子结构中的化学键在一定辐射水平的照射下吸收特定波长的辐射能，产生了不同的光谱反射率的结果。因此，特征波长处光谱反射率的变化对叶片化学组分含量的多少非常敏感，故称敏感光谱。植物的反射光谱，随着叶片中叶肉细胞、叶绿素、水分含量、氮素含量以及其他生物化学成分的不同，在不同波段会呈现出不同形态和特征的反射光谱曲线（图1.1）。绿色植物的反射光谱曲线明显不同于其他非绿色物体，这一特征被用来作为区分绿色植物与土壤、水体、岩石等的客观依据。

400～700nm的可见光波段是植物色素的强吸收波段，特别是叶绿素a和叶绿素b的强吸收，在蓝光（450nm）和红光（660nm）附近形成2个吸收谷，在绿光（550nm）处形成一个小的反射峰，从而呈现出有别于土壤、岩石、水体等其他物体的绿色植被独特的光谱特征，即"蓝边""绿峰""黄边""红谷"等。

700～780nm波段是叶绿素在红波段的强吸收到近红外波段多次散射形成的高反射平台的过渡波段，又称为植被反射率"红边"。红边是植被营养、长势、水分等的指示性特征，得到了广泛应用与证实。当植被生物量大、色素含量高、生长旺盛时，红边会向长波方向移动（红移），而当遇到病虫害、污染、叶片老化等因素发生时，红边则会向短波方向移动（蓝移）。

780～1 350nm是与叶片内部结构有关的光谱波段，该波段能解释叶片结构光谱反射率特性。由于色素和纤维素在该波段的吸收率小于10%，且叶片含水量也只是在970nm、1 200nm附近有2个微弱的吸收特征，所以光线在叶片内部的多次散射的

结果便是近50%的光线被反射,近50%被透射。该波段反射率平台(又称"反射率红肩")的光谱反射率强度取决于叶片内部结构,特别是叶肉与细胞间空隙的相对厚度。但叶片内部结构影响叶片光谱反射率的机理比较复杂,已有研究表明,当细胞层越多,光谱反射率越高;细胞形状、成分的各向异性及差异越明显,光谱反射率也越高。

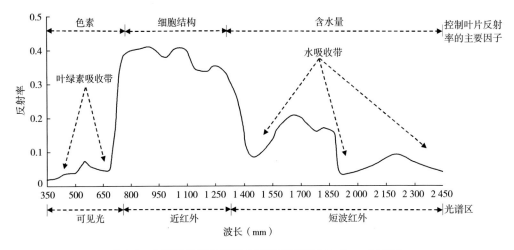

图1.1 典型绿色植物有效光谱响应特征(Hoffer,1978)

1 350~2 500nm是受叶片水分吸收主导的波段。由于水分在1 450nm及1 940nm的强吸收导致在1 650nm和2 200nm附近形成2个主要反射峰。部分学者(王纪华等,2001;Tian et al.,2001)在室内条件下利用该波段的吸收特征反演了叶片含水量,但由于叶片水分的吸收波段受到大气中水汽的强烈干扰,而将大气水汽和植被水分对光谱反射率的贡献相分离的难度很大,目前虽取得了部分进展,但仍满足不了田间条件下植被含水量的定量遥感需求。

综合来看,健康绿色植被的光谱特征主要取决于它的叶片生化组分和形态学特征,叶片中所含的色素、水分、蛋白质、纤维素等组分物质的吸收效应共同构成叶片光谱。研究各生化组分的纯物质吸收特征有助于了解各生化组分的特征波段。

二、作物长势参数遥感定量反演方法

(一)经验/半经验的作物理化参数反演方法

经验/半经验模型是目前最常用于作物理化参数遥感反演研究的方法。

经验模型是指对作物理化参数含量与特征光谱变量或植被指数进行相关性分析,

建立目标参量与敏感光谱参量或植被指数之间的统计回归模型。该方法的优点是简单便捷、适用性强，一般仅需要少数几个参数即可，是开展作物生理生化参数遥感反演应用最为广泛的方法。它的不足之处是对反演过程的物理机理性缺乏足够的理解和认识，所构建的反演模型易受研究地点、采样条件、作物类型等因素的变化而变化。

半经验定量遥感模型相对比较简单、直观，它使在光谱特征分析和解释的基础上，选择光谱特征参量，并推导或选择光谱特征参量与待反演生理生化参数的方程或模型，通过各种数学统计分析，研究和建立生理生化参量与光谱特征（如反射率或其变化形式、光谱指数、光谱吸收谷/反射峰特征参数、光谱特征位置等）间的定量模型。在植被监测过程中，学者们构建了一系列植被指数用于植被生物物理和生物化学参数的监测，表1.1列出了一些常用的植被指数。

表1.1　常用于植被生物物理和生物化学参数监测的植被指数

植被指数 缩写	名称	计算公式	参考文献
NDVI	归一化差值植被	$(R_{NIR}-R_{Red})/(R_{NIR}+R_{Red})$	Rouse et al., 1973
SR	比值植被指数	R_{NIR}/R_{Red}	Jordan, 1969
DVI	差值植被指数	$R_{NIR}-R_{Red}$	Tucker, 1979
EVI	增强型植被指数	$(1+L)(R_{NIR}-R_{Red})/(R_{NIR}+C_1R_{Red}-C_2R_{Blue}+L)$; $C_1=6.0$, $C_2=7.5$, $L=1.0$	Verstraete et al., 1996
GNDVI	绿度归一化植被指数	$(R_{Green}-R_{Red})/(R_{Green}+R_{Red})$	Gutierrez-Rodriguez et al., 2006
MSAVI2	改进的土壤调节指数2	$\{2R_{NIR}+1-[(2R_{NIR}+1)^2-8(R_{NIR}-R_{Red})]^{0.5}\}/2$	Qi et al., 1994
OSAVI	最优化土壤调节植被指数	$[(R_{NIR}-R_{Red})/(R_{NIR}+R_{Red}+L)](1+L)$; $L=0.16$	Rondeaux et al., 1996
SAVI	土壤调节植被指数	$(1+L)(R_{NIR}-R_{Red})/(R_{NIR}+R_{Red}+L)$; $L=0.5$	Huete, 1988
SIPI	结构独立色素指数	$(R_{800}-R_{450})(R_{800}-R_{680})$	Penuelas et al., 1999
SLAVI	特殊叶面积植被指数	$R_{NIR}/(R_{Red}+R_{NIR})$	Lymburner et al., 2000
TVI	三角植被指数	$0.5[120(R_{750}-R_{550})-200(R_{670}-R_{550})]$	Broge et al., 2001
VARI	可见光抗大气指数	$(R_{Green}-R_{Red})/(R_{Green}+R_{Red}-R_{Blue})$	Gitelson et al., 2002
RARSC	反射光谱比值指数	R_{760}/R_{500}	Chappelle et al., 1992
PSSRc	色素比值指数	R_{800}/R_{470}	Blackburn, 1998

植被指数		计算公式	参考文献
缩写	名称		
PSNDc	色素归一化差值指数	$(R_{800}-R_{470})/(R_{800}+R_{470})$	Blackburn，1998
RBRI	反射波段比值指数	$R_{672}/(R_{550}R_{708})$	Datt，1998
PSRI	植被衰老反射率指数	$(R_{678}-R_{500})/R_{750}$	Merzlyak et al.，1999
CRI$_{550}$	类胡萝卜素反射指数550	$(R_{510})^{-1}-(R_{550})^{-1}$	Gitelson et al.，2002
CRI$_{700}$	类胡萝卜素反射指数700	$(R_{510})^{-1}-(R_{700})^{-1}$	Gitelson et al.，2002
CAR$_{Red-edge}$	红边类胡萝卜素指数	$[(R_{510})^{-1}-(R_{700})^{-1}]R_{770}$	Gitelson et al.，2006
CAR$_{Green}$	绿色类胡萝卜素指数	$[(R_{510})^{-1}-(R_{550})^{-1}]R_{770}$	Gitelson et al.，2006
PRI	光化学植被指数	$(R_{570}-R_{531})/(R_{570}+R_{531})$	Gamon et al.，1992
MPRI	改进光化学植被指数	$(R_{512}-R_{531})/(R_{512}+R_{531})$	Hernández-Clemente et al.，2011
NPCI	归一化色素叶绿素指数	$(R_{665}-R_{443})/(R_{665}+R_{443})$	Peñuelas et al.，1994
ND$_{705}$	归一化差值红边指数	$(R_{740}-R_{705})/(R_{740}+R_{705})$	Sims et al.，2002
SR$_{705}$	比值植被指数	R_{740}/R_{705}	Sims et al.，2002
CI$_{Green}$	绿色叶绿素指数	$R_{783}/R_{560}-1$	Gitelson et al.，2006
CI$_{Red-edge}$	红边叶绿素指数	$R_{783}/R_{705}-1$	Gitelson et al.，2006
MTCI	陆地植被叶绿素指数	$(R_{740}-R_{705})/(R_{705}-R_{665})$	Dash et al.，2004
MCARI/ OSAVI	MCARI/OSAVI	$[(R_{705}-R_{665})-0.2(R_{705}-R_{560})](R_{705}/R_{665})/[(1+0.16)(R_{783}-R_{665})/(R_{783}+R_{665}+0.16)]$	Daughtry et al.，2000
TCARI/ OSAVI	TCARI/OSAVI	$3[(R_{705}-R_{665})-0.2(R_{705}-R_{560})(R_{705}/R_{665})]/[(1+0.16)(R_{783}R_{665})/(R_{783}+R_{665}+0.16)]$	Haboudane et al.，2002
REP	红边位置	$705+35[(R_{665}+R_{783})/2-R_{705}]/(R_{740}-R_{705})$	Guyot et al.，1988

（二）基于物理模型的作物理化参数反演方法

由于经验和半经验方法常缺少鲁棒性及可移植性，且难以给出物理解释，因此，学者们又提出了一些更具有机理性的方法来描述植被光谱和生化组分的关系。同时，人们的视线开始部分转向从反演物理模型的角度来提取植被的生化组分含量。作物物理模型考虑光与作物相互作用的物理机制及叶片的结构，详细描述了光线在叶片内部的传输过程。植被辐射传输模型是根据植被辐射传输的物理过程建立的，植被辐射传输模型可以模拟多种植被状态下的反射率情况，输入参数为植被的主要理化参数。对于实测植被光谱，通过直接反演植被物理模型的手段获得相对于实测光谱最为匹配的模拟光谱，也就获得了实测光谱对应最优的输入参数。按照局部和整体的关系，植被辐射传输模型可以分为叶片模型和植被冠层模型。

1.叶片辐射传输模型

叶片模型通过对叶片微观结构及叶片内的生化物质光学特性的描述，构建叶片的光学特性模型。叶片模型模拟得到的作为植被冠层基本散射体的叶片的光学特性信息，是植被冠层模型的基本输入参数。除此以外，叶片模型也可用于植被中叶片的生化参数反演。代表性叶片模型主要有N流模型（N-flux Model）、光线跟踪模型（Ray Tracing Model）、随机模型（Stochastic Model）和平板模型（Plate Model）。

2.冠层辐射传输模型

冠层物理模型解释了电磁波与冠层组分（叶片、土壤等）的相互作用过程。通过试验方法获得大量不同种类的冠层光谱样本往往难度较大，而利用冠层模型可以将样本模拟出来；对于反演冠层模型来提取植被生化组分信息的方法，冠层模型也是必须的。冠层模型可归纳为4种：辐射传输模型（Radiative Transfer Model）、几何光学模型（Geometric Optical Model）、混合模型和计算机模拟模型（Computer Simulation Model）。其中，辐射传输模型最适合于浓密植被冠层；几何光学模型适合于具有规则形状的疏植被冠层；混合模型是辐射传输模型和几何光学模型的结合应用；计算机模拟模型多用于理解辐射机理和验证一些简化的模型。因此，进行植被参量反演需要根据研究对象特点选择合适的植被物理模型。

三、作物长势参数遥感定量反演国内外研究进展

作物长势参数特性，如叶面积指数、叶绿素含量、类胡萝卜素含量和氮素含量等，是表征作物生长状态的重要指标，是作物品种特征、土壤养分供应、作物对养分需求和作物吸收养分状况的综合反映。国内外研究学者针对作物长势参数遥感定量反演已开展了不同程度的研究和应用，也取得了大量的研究成果，在精准农业实践中发挥了重要的作用。

（一）作物叶面积指数遥感反演研究进展

叶面积指数（LAI）是最重要的植被结构参数之一，是反映植物群体生长状况的

一个重要指标，通常定义为单位地表面积上单面绿叶表面积。LAI显著影响地表与大气间的能量和物质交换，是水文、生态、生物地球化学和气候等模型所需的关键参数，同时它也是作物长势监测、作物估产、肥水管理等精准农业必备的数据指标。LAI的测定可以分为直接测量法和间接测量法。直接测量法为传统的野外测量，是相对精确的测量方法，但是这种方法具有一定破坏性，且费时费力，很难开展大尺度、长时序的测量，其时效性也难以保障。间接测量法主要通过遥感技术提取植被冠层光谱反射率中大量植被生理生化信息，实现快速无损、大面积的LAI获取，更能满足全球变化与粮食危机下的植被定量观测和研究需求。

LAI的遥感反演方法主要包括统计法和物理模型法。统计法主要通过建立遥感获取的植被光谱反射率计算得到的光谱特征参量与实际测量叶面积指数的统计关系来反演LAI。统计法中最常用的是植被指数法，通过遥感数据提取的植被指数与实测叶面积指数之间的经验关系来估算叶面积指数。植被指数法一般比较简单高效，但是这种方法依赖于特定的植被类型和时间、地点，所以常用于区域尺度的LAI反演。

物理模型法主要通过植被冠层反射率模型，以植被生物物理参数为输入变量，模拟植被冠层反射率，则以遥感获取的冠层反射率作为输入，可反向计算该植被冠层反射率模型，得到LAI反演值。物理模型法物理意义明确，比统计模型法更具有普适性，是大面积获取叶面积指数的唯一途径，因此普遍用于全球LAI产品的生产，如MODIS LAI，CYCLOPES，GLOBCARBON产品。

（二）作物叶绿素含量遥感反演研究进展

叶绿素（Chlorophyll）是植物进行光合作用的主要色素，是表征作物光合作用能力和生长状况的重要指示因子。叶绿素的形成需光照、温度、元素和一定的水肥条件，作物在遭受水肥胁迫时会影响叶绿素的形成。因此，进行作物叶绿素含量监测对于作物长势评估和指导施肥具有十分重要的作用。遥感技术的发展为作物叶绿素含量的快速、无损和动态监测提供了新的技术手段。目前，作物叶绿素含量的遥感估算方法已在不同时空尺度得到应用。针对叶绿素的遥感反演方法主要有植被指数法和物理模型方法。

植被指数方法是目前植被生理生化参数遥感定量反演中最为简单易行且广泛使用的方法之一。由于绿色植物在红光波段因叶绿素的强吸收和在近红外波段因叶肉细胞结构和冠层内部的多次散射造成的高反射率，常被用来进行比值、差分、线性组合等多种组合形成明显反差，以此增强或揭示隐含的植物信息。Jordan（1969）利用近红外波段和红光波段反射率的比值，提出了比值指数（SR）。后来，基于叶绿素在红光波段的最大吸收和近红外的强反射特征，又提出了归一化植被指数（NDVI）（Rouse et al.，1974）。目前，SR和NDVI指数已被广泛应用于探测植被叶绿素含量等。虽然NDVI看上去应用前途很乐观，但是土壤背景的影响和随着植被覆盖度的增加而产生的饱和效应限制了它的应用。为了减少土壤背景的影响，Huete（1988）提出了土壤调节植被指数（SAVI）。孙林和程丽娟（2011）在植被光谱中加入土壤背景光谱得到两者的混合光谱，分析了不同程度的土壤背景反射率对植物叶绿素含量反演的影响，使用730nm和400nm处的波段反射率构建的光谱指数具有较强的抗土壤干扰的能力，对叶绿素含量的反演精度较高。由于叶绿素含量增加会导致红光波段（670nm）和近红外红肩波段（750nm）反射率升高，绿光波段（550nm）反射率降低，Broge等（2001）基于这3个波段处构建三角形，并计算三角形面积，从而提出了三角形指数（TVI），当植物叶绿素含量变化时TVI的值也随之改变。

还有学者使用物理模型从机理上解释植被指数反演叶绿素含量的普适性。颜春燕等（2005）使用PROSPECT模型深入研究了光谱指数进行叶绿素含量反演是对研究区和研究对象普适性差的原因，并通过改进Haboudane（2002）研究中的冠层叶绿素反演模型，细致分析改进指数的物理机理，提高了叶绿素含量的估测精度，并使用地面采集的玉米数据集进行验证，效果较为满意。姜海玲等（2016）指出由于不同遥感传感器光谱响应不同，从而导致光谱指数会存在不同光谱尺度效应，为了探究这种效应对叶绿素含量反演的影响，他们使用PROSPECT模型模拟了5nm波段宽度的光谱反射率，并重采样到不同的光谱分辨率，结果得出，通用光谱指数VIUPD受光谱尺度效应的影响最小，与叶绿素含量的相关性最高，用其所构建的模型进行预测，预测叶绿素和实测叶绿素拟合程度最好。为探究PROSAIL模型的适用性推广，葛丽娟等（2017）针对半干旱区小麦研究了不同干旱胁迫梯度下的PROSAIL模型反演叶绿素含量、叶面积指数、叶片水分等参数的可行性，以期能够表征小麦的旱情，并指导科学合理的灌溉。

（三）作物类胡萝卜素含量遥感反演研究进展

类胡萝卜素（Carotenoids）具有吸收和传递光能以及光保护功能。类胡萝卜素主要由叶黄素循环色素和胡萝卜素组成，在光能吸收和转化过程中起辅助作用。此外，研究发现，叶黄素循环是玉米黄质、紫黄质和花药黄质类之间的相互转换，当植物处于高温和光照强烈环境、土壤氮素有效性较低以及植物叶片衰老时，类胡萝卜素含量会随之变化。植物生育期内,叶绿素含量下降常表明植物受到环境胁迫,类胡萝卜素的含量变化则反映了植物的生理状态。当植物叶片衰老时,叶片类胡萝卜素含量远多于叶绿素。所以,作物类胡萝素含量是反映植物对外界环境变化(如光强、高温等)响应和作物物候特征的重要指示器,定量估算类胡萝卜素含量,对理解植物的光保护和光适应机制及早期诊断植物胁迫具有重要意义。

近年来,一些学者利用遥感技术开展了叶片及冠层尺度类胡萝卜素含量估算研究。Chappelle et al.(1992)利用反射光谱比值分析方法发现了类胡萝卜素的敏感波段,提出光谱比值Chap(R_{760}/R_{500})用于估算类胡萝卜素含量。Peñuelas et al.(1995)提出结构不敏感色素指数(SIPI)用于估算类胡萝卜素含量。Blackburn(1998)认为类胡萝卜素含量估算的最佳波段为470nm,并构建了光谱比值指数(R_{800}/R_{470})和光谱归一化差值[($R_{800}-R_{470}$)/($R_{800}+R_{470}$)]用于类胡萝卜素含量估算。Hernández-Clemente et al.(2012)研究发现类胡萝卜素反射指数(CRI)反演冠层类胡萝卜素含量受植被冠层结构参数影响较大,提出新比值指数(R_{515}/R_{570})能较好反演叶片和冠层尺度类胡萝卜素含量。此外,光谱变换方法也是植物类胡萝卜素遥感反演研究中常用的方法之一。常用的光谱变换方法:小波变换、连续统去除变换和主成分分析变换等。

(四)作物氮素含量遥感反演研究进展

氮(N)是作物生长、发育所必需的重要营养元素。作物缺氮不仅影响产量,而且使产品品质也明显下降。目前,可用于作物氮素营养诊断的指标主要有植株氮浓度、硝酸盐含量、硝酸还原酶活性等,其中依赖于植株氮浓度测定的作物氮素营养诊断方法研究较早,并且比较完备。由于作物在不同生态环境条件、不同生产管理措施、不同生育期,以及作物营养状况不同和长势不同时会表现出不同的光谱反射(吸收)特征,使得遥感技术可以用以诊断作物不同的营养成分。几十年来,学者们提出了利用遥感技术诊断作物氮素营养状况的多种方法。依据使用光谱数据的方式,大致将可分为3类:基于植被指数的作物氮素含量反演方法、基于数学分析方法的作物氮素含量反演方法以及基于机理模型的作物氮素含量反演方法。

1.基于植被指数的作物氮素含量反演方法

作物氮素的光谱吸收特征波段主要在短波红外区,如1 510nm、1 730nm、1 940nm、1 980nm、2 060nm、2 180nm、2 240nm、2 300nm和2 350nm。利用这些吸收特征波段可设计用于作物干叶片氮浓度诊断的光谱指数。然而,新鲜叶片在

1 450nm和1 940nm附近有2个强水分吸收区域，水分的强烈吸收掩盖了临近氮素的吸收特征，这些两处吸收特征波段不适合用于新鲜叶片氮浓度的监测。如Kokaly等（1999）的研究表明连续统去除法是一种高效提取光谱信息的方法，但用它来提取短波红外区含氮化合物的吸收特征时植被含水量要低于10%，这对于在自然界中多数正在生长着的植被来说几乎是不可实现的。

由于氮素是叶绿素组成成分，大量研究表明氮素与叶绿素之间有很好的相关性（Schlemmer et al.，2013），因此，叶绿素含量高低也常被用于指示作物氮素营养状况。目前，学者们多根据叶绿素在可见光区的吸收特征波段来设计用于氮素诊断的光谱指数。沈掌泉等（2002）利用作物缺氮时下部叶片氮素向上部叶片转运的植物营养原理，首先提出一种利用上下部叶片光谱特性比值来诊断作物氮素营养的方法。Clevers et al.（2013）利用搭载在Sentinel-2卫星上的多光谱传感器MSI获取的光谱数据，构建红边叶绿素指数（$CI_{Red-edge}$），绿色叶绿素指数（CI_{Green}）和MERIS陆地叶绿素指数（MTCI）用于叶绿素含量和氮含量的估算。

2. 基于数学分析方法的作物氮素含量反演方法

高光谱数据通常存在大量的冗余信息，要想找出对氮素敏感的光谱波段，必须对数据进行压缩和降维。主成分分析、偏最小二乘回归分析和小波变换等数学分析方法能从海量数据中提取与目标参数关系密切的信息，已被广泛用于氮素营养诊断研究中。周启发等（1993）对叶片氮素营养水平与光谱特性的关系进行了分析，发现彩色红外影像比多光谱影像解译早稻氮素营养状态的效果好。Hansen等（2003）用偏最小二乘法分析了438～883nm以1nm为间隔的冬小麦冠层反射光谱数据，建立了诊断小麦植株氮浓度的预测模型，模型的预测决定系数达到R^2=0.71。张喜杰等（2004）利用自然光照条件下温室黄瓜叶片的反射光谱，用偏最小二乘法获取了反映作物氮素营养状况的反射光谱信息，成功实现了黄瓜氮素营养状况的快速诊断。孙焱鑫等（2007）基于冬小麦冠层光谱数据，利用基于遗传算法的广义回归神经网络模型，成功反演了冬小麦叶片氮浓度信息。

3. 基于机理模型的作物氮素含量反演方法

相比于上述2种氮素营养诊断方法，基于机理模型的叶片/冠层光谱模拟具有明确的物理意义。常用的叶片光谱模拟模型主要有PROSPECT（Jacquemoud et al.，1990）和LEAFMOD（Ganapol et al.，1998）。冠层光谱的模拟需要借助于冠层结构模拟模型。它们以叶片反射光谱、冠层结构参数为输入，借助一些反射和透射理论，模拟植被冠层光谱信息。

冠层结构模拟模型分为辐射传输模型、几何光谱模型和计算机模拟模型。其中，辐射传输模型的理论基础是辐射传输方程和平均冠层透射理论，代表模型有Suits（Suits，1972）、SAIL（Verhoef，1984）、Nilson-Kuusk（Nilson et al.，1989）和Hapke（Hapke，1981）等。几何光学模型将地面目标假定为一定形状的几何体，引入四分量（光照植被，阴影植被，光照地面和阴影地面）的概念来解释植被冠层光谱，代表模型有Li-Strahler几何光学模型（Li et al.，1986）等。计算机模拟模型基于计算机图形学产生植被的真实结构，并利用光子追踪法或辐射通量法来计算植被的反射；其最大的优点是逼真，理论上可以模拟任何植被结构，代表模型为Goel的DIANA（Goel，1992）。

叶片光学模拟模型与冠层结构模拟模型的结合实现了以叶片生理、生化组分信息、叶片结构信息、冠层结构信息、太阳天顶角、太阳方位角、观测天顶角等参数为输入，模拟冠层反射光谱。其逆向过程是利用叶片光学模拟模型与冠层结构模拟模型反演作物生理、生化参数的基本思路。PROSPECT和SAIL模型结合是目前植被生化参数反演中常采用的方法。

（五）作物氮素含量养分垂直分布遥感反演研究进展

由于氮素的易运转特性，作物缺氮时老叶中的氮素会向新叶中转移，缺氮的显著特征是植株下部叶片首先褪绿黄化，然后逐渐向上部叶片扩展，造成上部叶片的养分亏缺响应比较滞后。如果作物中下层的生长状态能够及早发现，无疑可以及早实施管理。然而，在植株氮素遥感诊断研究方面，目前绝大多数研究把冠层叶片作为一个整体或均值来考虑，忽视了冠层氮素的空间垂直分布存在较大差异性。Huang等（2011）通过深入的分层光谱分析，利用作物垂直冠层光谱匹配方法实现了作物中下层氮素和叶绿素的遥感反演。Ye等（2018）探讨了玉米不同株型（紧凑型、半紧凑型、平展型等品种）对遥感探测冠层氮素含量垂直分布的影响，并在此基础上构建了玉米冠层氮素含量垂直分布遥感反演模型。

由于遥感通常只能获取作物冠层顶部的光谱信息，而对冠层中、下部信息难以探测，使得利用单一作物整体冠层光谱进行组分垂直反演时，反演精度不高。而多角度遥感由于能够通过对地物目标多个方向的观测获得比单一方向观测更为详细的地物目标的几何形态和空间分布信息。赵春江等（2006）基于多角度冠层反射光谱构建了冬小麦上、中、下叶层的叶绿素浓度反演指数，取得了较好的精度；廖钦洪等（2014）

利用自主研发的多角度成像观测系统，提出了一个基于多角度成像数据的叶绿素含量估算方法。但多角度观测的仍是冠层不同层次的混合光谱，用于提取冠层氮素垂直分布时，其精度也会受到限制。基于实际田间测定不同层次叶片光谱，可以较高精度的估算作物冠层氮素垂直分布状况，但实际应用中面临着遥感观测难以获取大面积作物冠层不同层次光谱反射信息的困境。

第三节　农田土壤养分参数遥感监测基础理论

一、土壤反射光谱特征

土壤反射光谱特征是土壤的基本特征之一，它与土壤的理化性质有着密切的关系，这种关系是土壤遥感技术的物理基础。土壤有机质含量、水分含量、颜色、质地以及表面粗糙度等，都会对土壤的光谱反射率产生显著影响。不同土壤的光谱曲线形态各异（图1.2），但存在着一些共同的性质：土壤的光谱曲线总体上变化比较平缓，而且多数土壤的光谱反射率在可见光部分不太高，光谱曲线在形态上很相似，基本平行。许多波段间具有良好的正相关性，一般在较短的波段反射率高时，较长的波段也具有高反射率。不同土壤的光谱曲线也存在着差别，一是不同土壤在光谱反射率强度上的不同；二是对于不同土壤类型，一些特征吸收带出现的位置和表现的相对强度不同。

以1 400nm波段附近水汽吸收带为界，在350～1 400nm波段的反射光谱曲线随波长的增加具有单调上升的趋势，而在1 400～1 900nm波段土壤光谱反射率曲线变化平缓，在1 900～2 100nm波段，土壤的光谱曲线随波长增加单调上升，在2 100～2 500nm波段，土壤光谱反射率呈单调递减趋势。

在350～1 400nm波段，土壤光谱反射率大多能由4个折线段和一些特性吸收带来表示。如在350～600nm波段，斜率较大，并且在560nm波段附近出现强弱各异的吸收；在600～800nm波段，曲线趋缓，几乎呈直线，且无明显吸收；在800～1 000nm波段，基本水平，似"台阶"状；在1 000～1 350nm波段，曲线趋缓，总体趋势是直线上升。因此，该范围内的光谱的形状特征可以由400nm、600nm、800nm、1 000nm和1 350nm波段5点构成的折线以及560nm、900nm和1 400nm波段3点确定的特征吸收来大致控制。

在1 400～1 900nm 2个水汽吸收带之间，光谱曲线变化平缓，基本上为1条水平曲线，可用1 650nm波段来控制。

在1 900～2 100nm波段，土壤的光谱曲线变化平缓，为单调递增。在2 100～2 500nm波段，光谱曲线的总体趋势递减，在2 200nm和2 300nm附近有较弱的水分吸收谷，光谱的总体趋势可以由2 150nm和2 500nm处的连线段来表示，大多数土壤的光谱曲线随波长的增加递减。

根据不同土壤成分对土壤光谱的影响范围不同，将土壤光谱曲线分为5种主要类型（Stoner et al.，1981），如图1.2所示。

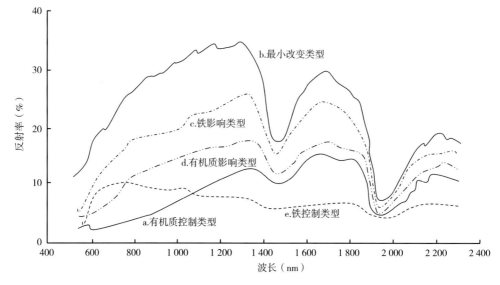

图1.2　不同类型土壤反射光谱曲线（Stoner et al.，1981）

（一）有机质控制类型

该类土壤光谱曲线在500～1 300nm波段范围反射率低，而且曲线形状微下凹。这类土壤富含有机质，为中细结构。

（二）最小改变类型

该类土壤光谱曲线在500～1 300nm波段范围反射率高，而且曲线形状微上凸。除1 450nm和1 950nm附近存在强烈的水吸收峰外，在1 200nm和1 770nm位置上还存在弱的水吸收峰。

（三）铁影响类型

该类土壤光谱曲线在700nm附近有弱的铁氧化物吸收峰，在900nm附近有较强的铁吸收峰。这类土壤中的有机质含量低，含铁量中等。

（四）有机质影响类型

该类土壤光谱曲线在500～750nm范围内下凹，但从750～1 300nm又微上凸。这类土壤富含有机质，为中粗结构。

（五）铁控制类型

该类土壤光谱曲线特殊，在750nm以后反射率随波长的增加而下降，并且在中红外波段范围吸收强烈，以至于在1 450nm和1 950nm处水吸收特征几乎消失。这一类型土壤富含铁，为细结构。

二、影响土壤光谱特征的主要因素

影响土壤光谱特征的因素有很多，包括土壤地球化学（矿物成分、含水量、有机质、氧化铁含量和土壤结壳等）、几何光学散射（几何、照明、微粒形状、大小、方位和粗糙度等）以及外部环境（气候、风化程度、植被覆盖和落叶等）等因素都会影响土壤光谱特征的变化。

（一）土壤水分

土壤水分含量是土壤理化特性的一个重要指标，土壤含水量的多少，直接影响土壤的固、液、气三者相比，从而影响土壤与外界（主要是与大气）之间的物质与能量交换，而且还影响土壤与作物间的养分运移和作物体内的物质转化。土壤水分对土壤反射系数有重要影响，自然土壤被湿润后，反射系数有所降低，这是由于土壤颗粒外围的水膜把土壤反射出来的能量再反射回土壤并被部分吸收的缘故（周清，2004）。土壤水分引起的土壤反射光谱分别在1 400nm、1 900nm和2 200nm具有3个吸收带，从水的能量特征的角度，可以把土壤中的水分按照位置分为黏土矿物单元晶层内部的OH晶格结构水、单元晶层之间的层间水以及吸附于黏粒表面的膜状水和受毛管引力或重力支配的移动较自由的水分子3种类型，认为1 400nm附近的吸收带是以羟基为主的羟基带谱，1 900nm附近是以层间水为主的H_2O谱带，2 200nm附近的吸收带为羟基伸缩振动与Al-OH和Mg-OH弯曲振动的合谱带（季耿善等，1987）。综合来看，土壤的光谱特性有多面的影响，在一定的含水量范围内，随着土壤含水量的增加，土壤反射系数降低；当超过某一特定的含水量时，土壤的反射系数则会随着土壤含水量的增加而升高，土壤含水量遮盖其他土壤属性（如有机质、氧化铁）的光谱特征；土壤含水量在这一"临界值"上下，可以分别用非线性和线性预测模型进行拟合，不同类型的土壤"临界值"也不同（Liu et al.，2002）。

（二）土壤有机质

土壤有机质不仅能为作物提供所需的各种营养元素（如氮、磷等），同时对土壤结构的形成、改善土壤物理性状（如提高土壤的保肥能力和缓冲性能）有决定性作用。一般来说，土壤有机质含量的多少是衡量土壤肥力高低的一个重要指标。有机质的存在会导致整个波段土壤反射率的下降，通过去除土壤有机质可以明显提高土壤的反射率。当土壤有机质含量大于2%时，它所引起的土壤反射率的下降可能掩盖其他成分的光谱特征；当有机质含量在2%以下时，有机质在遮蔽其他土壤组成物质的光谱特性（如铁锰的光谱特性）的能力有所减弱（Baumgardner et al.，1969）。然而，不同类型土壤有机质中胡敏酸和富里酸的含量有所差异，由于胡敏酸和富里酸光谱特性差异很大，即使在有机质总量相同的情况下，土壤反射光谱也可能存在差异，所以当预测模型应用到具体的土壤类型，所得结果与实际的差异也会因土类而异（周清，2004）。

（三）土壤质地

土壤质地是指土壤中各种粒径的颗粒所占的相对比例。土壤质地之所以能影响土壤光谱反射率，一方面是由于它影响土壤蓄水能力，较大的颗粒之间能容纳更多的空气和水；另一方面是土壤颗粒大小对土壤反射率有着显著影响，黏土聚集体形成了更大、更粗糙的表面。一般情况下，土壤反射系数随土壤颗粒的降低呈指数增长，特别是当土壤颗粒粒径小于400nm时，这一现象更为明显。这主要是因为随着土壤黏粒含量的提高，土壤水分含量增加，从而光谱反射系数降低。土壤粉、沙组分中各种难风化的原生矿物的存在明显影响土壤的反射系数。同一类型土壤中，不同的土壤也可能因为其组分中含有的粉、沙粒的多少有所差异而反射系数不一样，土壤中钛铁矿和磁铁矿的存在能在很大程度上降低土壤的反射系数，而石英则增加土壤的反射系数。另外，在试验室光谱测定中，土壤预处理方法对土样的光谱有一定的影响，未研磨土样反射光强度比研磨土样有所减弱，但吸收特性的位置没有变化，原因在于未研磨土样粗糙的表面引起光线散射以及阴影的影响。

（四）土壤矿物

土壤矿物一般占土壤固相部分重量的95%～98%，其组成、结构和性质对土壤物理、化学性质以及生物化学性质均有深刻影响。铁作为土壤矿物中的主要元素之一，是最重要的过渡元素。在土壤形成过程中，原生矿物中的亚铁在不同的环境中被氧化成三价的针铁矿或赤铁矿，形成于基性岩母质的土壤较形成于酸性岩母质的土壤中针铁矿比赤铁矿的含量要多得多，赤铁矿的光谱曲线在400～600nm波段比针铁矿有更宽的吸收带，并且吸收峰的强度也要大，富含针铁矿的土壤在400～570nm波段范围内的反射强度要高于以赤铁矿为主的土壤。土壤不同形态的氧化铁中羟基的存在形式对土壤光谱也有明显影响，无定形铁的羟基以无序的形式存在，而晶体铁中的羟基则以有序形式存在，研究证明480～850nm波段的吸收谷是由土壤中的晶体铁引起的。此外，土壤中黏土矿物的组成因与不同成分的矿物结合的水分和羟基而导致土壤在可见光范围内某些特殊波段的反射系数有所差异。高岭土在1 400nm、1 900nm和2 200nm分别表现为中度、很弱和较强的吸收特性。2∶1型黏土矿物（如蒙脱石、绿泥石）在1 400nm和1 900nm处有较明显的吸收特性（由水分子的振动引起），而在2 300nm的吸收特性较弱（由结构性羟基引起）。

（五）土壤盐分

盐碱化土壤的光谱反射是多种因素共同影响的综合效应，其特征主要由盐分矿物组成、地表形态、水分等因素决定。造成土壤盐碱化的物质主要是碳酸盐、硫酸盐、氯化物。纯岩盐（NaCl）是透明的，其化合物组成和结构在可见光、近红外到热红外波段的吸收较弱。而碳酸盐在中红外（2.34μm）和热红外（11～12μm）波段具有吸收特性。硫酸盐在10.2μm波段附近有吸收特性。有研究发现，高度盐碱化土壤在680nm、1 180nm和1 780nm处相对于未发生盐碱化的土壤有更清晰的吸收特征，而且随着盐碱化程度的加深，2 200nm处OH⁻的吸收特征变弱，800nm处的反射率增高，在800～1 300nm波段光谱曲线的斜率下降，1 400nm和1 900nm处的水分子振动特征变宽而且变得更不对称（Dehaan et al.，2002）。盐碱化土壤不同含盐量的盐壳、不同厚度的盐壳（<1mm至1m）、由土壤团粒和结晶盐（厚度0.5～5mm）组成的疏松结构、以及风蚀的疏松结构层等不同的地表形态具有不同的表面粗糙度，表现出不同的反射特征。水分的光谱吸收特性不仅直接影响土壤的光谱特征，同时水分还控制盐分垂直运动和物理化学性质的表现，从而影响盐碱化土壤的遥感信息表现。强盐碱化土壤当水分较低时，盐碱在地表结晶，直接表现其矿物光谱特性。

第四节 农田土壤养分参数空间变异理论与空间预测方法

一、农田土壤养分参数空间变异理论

农田土壤作为陆地生态系统中最活跃的部分，与气象条件、作物类型、种植制度以及农田管理措施密切相关，因此土壤过程十分复杂。在诸多影响因子下，土壤属性具有明显的空间变异性，这也就决定了土壤肥力的空间分布不均匀。因此，在我国粮食安全和生态环境面临双重威胁的大背景下，进行区域土壤养分空间变异研究，是实施养分精准管理的前提，从而保障生态环境的良性循环与农业可持续发展。地统计学的产生与发展为土壤养分空间变异的量化提供了强有力的工具，为土壤养分的空间变异、预测和制图，制定优化采样模式打下了基础，而这些信息有助于精准农业特定的土壤（或肥料）管理，使其对环境产生较小影响的同时增加产量，提高品质。在农田数量不断下降，田块面积不断减少的今天，这一点已变得越来越重要。

早期，关于"地统计学"一词的定义很多，但目前被学者们普遍接受的定义："地统计学是以区域化变量理论为基础，以变异函数为主要工具，研究那些在空间分布上既有随机性又有结构性，或空间相关和依赖性的自然现象的科学"。经过几十年的发展，地统计学已经广泛应用于土壤、农业、气象、生态以及环境治理等领域，其理论也在不断完善和发展。地统计学有4个基础理论，分别是前提假设、区域化变量、变异分析和空间估值（王政权，1999）。

（一）前提假设

地统计学一共有3个前提假设，分别是随机过程、正态分布和平稳性。

假设1，随机过程。概率研究中，随机是一个非常重要的内容。通常说来在自然条件下，随机是最完美的结果，在没有外在影响力的情况下，理论上一切都应该是随机的。

假设2，正态分布。地统计学中，要求样本是服从正态分布；当数据不符合正态分布时，需要对数据进行变换处理，尽可能选取可逆变换模型，将数据转换为符合正态分布假设的形式。

假设3，平稳性。地统计学认为，随机函数中的变量，在不同位置具有不同分布，且分布性质通常是未知的。所以仅仅靠着少量的钻孔获取到的样本值，很难用以来推断随机函数的整体分布。所以，就有必要对随机函数给出一些假设。

（二）区域化变量

区域化变量是一种在空间上具有数值的实函数，它在空间上每一个点都会取一个固定的数值，即当一个观测信息从一个点移动到另一个点的时候，函数值是会发生变化的。区域化变量不同于一般的随机变量，它并不是遵循某种概率分布的特点，而是根据空间位置的不同而发生改变的，最显著的特征就是随机变量在同一条件下取值，得到的结果也是有概率不一致的，而区域化变量，在同一位置进行重复观测，如果不发生测量误差，得到结果将是一致的。

（三）变异分析

地统计学需要研究的是区域化变量之间的空间变异结构，其理论核心就是变异函数的研究，具体方程如下。

如果$Z(x)$函数满足二阶平稳假设或准内蕴假设，则变异函数$\gamma(h)$等于分离距离h之间的2点间差值的方差的一半。

$$\gamma(h) = \frac{1}{2N(h)} \sum_{i=1}^{N(h)} \left[Z(x) - Z(x+h) \right]^2 \tag{1.1}$$

式中，$N(h)$是分离距离h内用来计算样本变异函数值的样本的成对数目；$\gamma(h)$为变异函数；$Z(x)$和$Z(x+h)$分别为在x和$x+h$上的观测值。

常见的变异函数理论模型有指数模型、高斯模型和球状模型等。其中，球状模型示意图如图1.3所示。

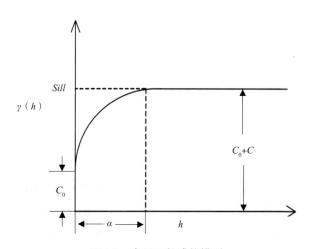

图1.3　变异函数球状模型

在地统计学中，土壤空间异质性是结构性因素和随机性因素共同作用的结果。如图1.3所示，块金值（C_0）是指距离为0时的半方差，是由随机性因素引起的；基台值（C_0+C或$Sill$）是指半方差函数随距离增大到一定程度时出现的平稳值，表示系统的总变异；偏基台值C是指基台值与块金值的差，是由土壤母质、气候等非人为因素引起的变异；块基比（$C_0/Sill$）表示该特性的空间变异程度，即由随机性因素引起的空间变异占系统总变异的比例。如果块基比值<25%，表明系统具有强烈的空间自相关性，由结构性因素引起的空间变异程度大；如果块基比值在25%～75%，表明系统具有中等的空间自相关性；如果块基比值>75%，表明系统空间自相关性弱，空间变异程度主要由随机性性因素引起（Cambardella，1994）。变程（a）为某种特性的最大相关距离，表示在一定观测尺度下，空间相关性的影响范围，其大小与观测尺度有关。当2个观测点之间距离超过变程a时，它们之间是独立的；若小于变程a，它们之间具有空间相关性。

（四）空间估值

目前，各类插值方法主要可以分为2种：确定性方法和地统计方法。确定性插值方法基于实测数据的相似性程度或者平滑程度，利用数学函数来进行插值，如反距离加权法就是一种确定性的插值方法。地统计插值方法利用实测数据的统计特性来化其空间自相关程度，生成插值面并评价预测的不确定性。根据是否采用全部实测数据源进行逐点预测，又可将插值方法分为：整体插值法和局部插值法。整体插值法指利用整个实测数据集来进行预测；局部插值法是在大面积的研究区域上选取较小的空间单元，利用预测点周围的临近样点来进行预测。此外，根据实测点的预测值是否等于实测值还可以分为：精确插值和不精确插值，如反距离加权法是精确插值，而全局和局部多项式是不精确插值。

二、农田土壤养分参数空间预测研究方法

土壤养分的空间预测与制图对精准农业生产至关重要。目前，田间采样仍是研究土壤属性空间变异和土壤预测制图的主要手段。然而，在区域尺度上进行大量的、高密度的取样在人力、物力和财力等方面都是不现实的，尤其在地形复杂和偏远地区。所幸的是，事物普遍与周围的其他事物是相互关联的，只是距离近的事物通常比距离远的关联程度更大，这一现象也被称为地理学第一法则。根据这一法则，利用空间数据插值算法，可以实现在有限的稀疏样点数据情况下进行土壤养分参数空间预测与制

图的目的。常用于土壤养分参数空间预测的方法主要有普通克里格方法、回归克里格方法、地理加权回归克里格方法以及反距离加权法等。

（一）普通克里格方法

克里格法（Kriging）是在有限区域内通过变异函数对区域化变量进行无偏最优估计的一种方法。其中，以普通克里格（Ordinary Kriging，OK）最为常用。普通克里格方法要求数据满足固有假设条件，其预测的公式如下。

$$Z^*(x_0) = \sum_{i=1}^{n} \lambda_i Z(x_i) \qquad (1.2)$$

式中，$Z^*(x_0)$ 为在 x_0 位置的预测值，$Z(x_i)$ 为在 x_i 位置的观测值，λ_i 为分配给 $Z(x_i)$ 的权重，n 为参与 $Z^*(x_0)$ 预测的观测值的个数。为保证预测是无偏的，且预测方差最小，则满足以下条件。

$$\sum_{i=1}^{n} \lambda_i \gamma(x_i - x_j) + \mu = \gamma(x_j - x_0), \quad j = 1, \cdots, n \qquad (1.3)$$

$$\sum_{i=1}^{n} \lambda_i = 1 \qquad (1.4)$$

式中，$\gamma(x_i - x_j)$ 为距离为 x_i 和 x_j 之间的变异函数值，μ 为拉格朗日乘数，通过解上述线性方程组，即可得到所有的权重 λ_i 和拉格朗日乘数 μ。

相应的克里格预测方差 σ^2 计算公式如下。

$$\sigma^2 = \sum_{i=1}^{n} \lambda_i \gamma(x_0 - x_i) + \mu \qquad (1.5)$$

克里格估计方差可以反映在不同位置上预测值的不确定性。

（二）回归克里格方法

地理要素在空间上的差异是诸多因素共同作用的结果，地统计学认为这种区域化变量的空间变异是由确定性成分和随机成分组成的。对于非平稳的区域化变量，它的确定性成分在空间上不是常量，我们将这种随空间分布而变化的确定性部分称为趋势（Trend）或漂移（Drift）。因此，土壤变量的空间分布可以由一个确定性的趋势和一个随机性的误差（残差值）共同表示。回归克里格法（Regression Kriging，RK）是将区域化变量分成趋势成分和残差成分并对它们分别独立预测的一种方法，其计算公式可以如下表示（Stacey et al.，2006）。

$$Z(x) = \mu(x) + \varepsilon(x) \qquad (1.6)$$

$$\mu(x) = a_0 + a_1 f(x) \qquad (1.7)$$

式中，$Z(x)$ 为样点属性的观测值；$\mu(x)$ 为趋势部分；$\varepsilon(x)$ 为残差部分；$f(x)$ 为与土壤属性相关的地理要素的函数；a_0 和 a_1 分别为回归方程的常数项和系数。

回归克里格法预测过程主要包括以下4个步骤。

第1步，将已采样点上的目标变量与辅助变量之间建立线性回归方程（趋势模型）；

第2步，通过建立的回归方程，利用预测点上的辅助变量（如将地形因子作为辅助变量）估计预测点上的趋势成分；

第3步，利用采样点上的实测值减去预测的趋势值，所得的残差值通过普通克里格（或简单克里格等）方法估计预测点上残差成分；

第4步，将估计的预测点上趋势成分和残差成分相加，则得到目标变量的预测值。

另外，需要指出的是，对残差进行克里格估计时，需根据残差是否满足二阶平稳假设来选择适合的克里格估计方法。如Hengl等（2007）认为目标变量在去除趋势后所剩的残差应该满足二阶平稳假设，所以选择简单克里格法；而Odeh等（1995）却认为去除趋势后的残差通常并不满足二阶平稳假设，所以选择普通克里格法。

（三）地理加权回归克里格方法

地理加权回归（Geographically Weighted Regression，GWR）模型采用局部回归技术，将数据的空间位置嵌入回归参数中，利用局部加权最小二乘方法进行逐点参数估计。其中，权重是回归点所在的地理空间位置到其他各观测点的地理空间位置之间的距离的函数。地理加权回归克里格（Geographically Weighted Regression Kriging，GWRK）是GWR模型与克里格方法的结合，GWRK不但结合了样本观测数据的空间非平稳性，而且考虑了残差的空间自相关性，因而具有较好的空间预测精度。

GWRK的原理和过程与MLRK类似，它与MLRK的最大区别在于它将MLRK中趋势拟合所采用的MLR方法替换成了GWR方法，这一替换的最大好处在于环境协变量的回归系数是回归点所在的地理空间位置到其他各观测点的地理空间位置之间的距离的函数，因此适用于非平稳数据的空间预测。GWRK模型的计算过程如下。

$$\hat{z}_{GWRK}(x_0) = \hat{m}_{GWR}(x_0) + \hat{\varepsilon}_{OK}(x_0) \qquad (1.8)$$

$$\hat{m}_{GWR}(x_0) = \sum_{k=0}^{p} \hat{\beta}_k(\mu_0, \nu_0) q_k(x_0) \qquad (1.9)$$

式中，(μ_0, ν_0) 为未知点 x_0 处的空间坐标，$\hat{\beta}_k(\mu_0, \nu_0)$ 为 x_0 处的回归系数，它随空间位置的变化而变化。

（四）反距离加权法

反距离加权法（Inverse Distance Weight，IDW）也可以称为距离倒数乘方法，是指距离倒数乘方格网化方法是一个加权平均插值法，也是最常用的空间内插法之一。这一方法假设被插值点 $Z(x_0)$ 的值与邻近若干相符点 $Z(x_i)$（$i=1$，2，……，n）的相关，并且相关性大小与距离成反比，离被插值点越远的点，它对被插值点的影响越小，公式表示如下。

$$Z*(X_0) = \frac{\sum_{i=1}^{n} \frac{1}{(D_i)\,P} Z(X_i)}{\sum_{i=1}^{n} \frac{1}{(D_i)\,P}} \qquad (1.10)$$

式中，$Z*(x_0)$ 为计算出来的被插点的目标属性值，$Z(x_i)$ 为已知的第 i（$i=1$，2，……，n）个采样点的目标属性值，n 为用于目标变量插值的采样点数目，D_i 为被插值点到第 i 采样点的距离，p 为距离的幂。

三、农田土壤养分参数空间变异与空间预测国内外研究进展

土壤是复杂的历史综合体，是在地球表面生物、气候、母质、地形、时间等因素综合作用下的产物。农田土壤养分状况反映了土壤的肥力水平，是土壤质量诸因素中的重要成分。土壤养分空间变异性是土壤的重要属性之一，无论在大尺度上还是在小尺度上均存在土壤养分的空间变异，开展土壤养分空间变异研究对于科学合理地制订农田施肥方案，提高养分资源利用率，实现精准农业都具有重要意义。国外学者早在 20 世纪 60 年代对土壤养分空间变异展开了研究。80 年代，Burgess et al.（1980）的研究促进了土壤养分空间变异理论的发展；此后便开始了一系列的相关研究。Tabor 等（1985）研究了土壤有效磷及硝酸盐的空间变异性；Cambardella 等（1994）研究了田间尺度下有机碳、全氮、NO_3^--N、pH 值以及微量元素等空间变异；Gallardo et al.（2007）对小尺度区域土壤碳（C）、氮（N）、磷（P）、硫（S）、钙（Ca）、

钾（K）、镁（Mg）、铁（Fe）、锰（Mn）、锌（Zn）、硅（Si）、铝（Al）、钠（Na）、钛（Ti）、铷（Rb）和钡（Ba）16种元素以及有机质的空间相关性和变异性。近年来，国内研究人员也开展了对土壤化学性质空间变异的研究。胡克林等（1999）研究了1hm²麦田的土壤表层和底层的NH_4^+-N、NO_3^--N、Olsen-P、表层有机质和全氮等养分的空间变异特征；白由路等（2001）研究了山东地块上的土壤氮（N）、磷（P）、钾（K）、硫（S）、钙（Ca）、镁（Mg）、铜（Cu）、锌（Zn）、铁（Fe）、锰（Mn）、硼（B）等元素的空间变异特征；叶回春等（2014）、Ye等（2016，2017）对不同尺度下的土壤有机质的空间变异特征进行了研究。

土壤物理性质直接影响着土壤的肥力状况。土壤质地是土壤的最基本物理性质之一，对土壤的各种性状，如土壤的通透性、保蓄性、耕性以及养分含量等都有很大的影响，是评价土壤肥力和作物适宜性的重要依据。不同的土壤质地往往具有明显不同的农业生产性状，了解土壤的质地类型，对农业生产具有指导价值。国内外许多学者在土壤质地空间异质性及预测方法上做出了大量研究，如Duffera等（2007）运用地统计学方法研究了美国东南部沿海平原包括土壤质地等土壤物理性质水平和垂直空间变异；张世熔等（2004）运用地统计学分析了河北省曲周县124个耕层土壤颗粒组成的空间变异特征。然而，以上的研究仅对土壤各颗粒组分进行单独预测，却忽略了其作为成分数据所具有的特殊性。鉴于此，张世文等（2011）基于成分数据空间插值需满足非负、和为常数、误差最小和无偏估计4个条件考虑，运用成分克里格法对土壤颗粒组成的空间分布情况，获得较好的预测效果。另外，近年来，一种用于模拟地质结构的新方法——多点地统计学模拟得以研究和发展，这为土壤要素空间变异的研究由二维向三维空间扩展创造了条件。

然而，土壤系统是诸多要素的综合反映，单一的土壤要素无法定量地表达土壤质量状况。土壤肥力质量是土壤提供植物养分和生产生物物质的能力，能反映土壤肥力质量状况的指标有物理指标（容重、质地、土壤耕性、导水率等）、化学指标（各养分含量、pH值、CEC等）和生物学指标（细菌数量、C/N、土壤呼吸等）等。目前，对于土壤肥力质量的空间变异研究，一些学者根据自身研究区的特点首先构建了土壤肥力质量评价指标体系，然后对体系中各肥力要素逐一进行空间变异研究。如张华等（2003）以我国热带地区1个典型农场为样区，采用地统计学方法对土壤肥力质量评价最小数据集中土壤表层和亚表层有机碳、容重、黏粒含量、速效磷、速效钾、阳离子交换量、pH值8个指标的空间变异性进行综合分析，指出明表层土壤由于受随机因素影响更为强烈导致空间变异性增强。叶回春等（2013）在以往土壤肥力评价仅考虑常规养分指标的基础上，引入微量元素养分指标，采用主成分分析法、隶属度函数和地统计方法，对北京延庆盆地表层土壤肥力进行综合评价，并研究其空间变异特征。

随着精准农业的发展，客观上对于土壤图的输出信息的内容和精度有了更高的要求，土壤制图是对土壤空间分布信息获取和表达的有效方式。而田间采样仍是目前研究土壤属性空间变异和土壤制图的主要手段。但在区域尺度上进行大量的、高密度的取样在人力、物力和财力等方面也是不现实的。幸运的是，许多土壤属性在空间上往往与一些环境因子（地形、土地利用、气候、母质、社会经济要素等）密切相关，而其中的一些环境因子数据相对较易获取。利用土壤属性与环境因子变量之间的定量相关关系，可以实现在有限的稀疏样点数据情况下进行土壤属性空间制图的目的。另外，土壤属性的空间变异性是尺度函数，不同尺度下其主要影响因子也不尽相同。大尺度土壤空间分布，主要与生物气候条件的变化相适应；在较小的空间范围内，土壤形成和发育主要受局部地形、母质等因素的影响。掌握土壤属性空间变异随尺度变化规律可为不同尺度下农田养分分区管理具有重要的作用。

第五节　面向精准农业应用的变量施肥理论与方法

一、作物精准变量施肥基础理论

由于土壤属性具有非均一和变化的特性，使得土壤的养分等属性值在不同时间和不同空间位置上都存在差异，因此在从事农业生产过程中，需要根据土壤属性及作物生长的实际状态等因素，进行因地制宜按需施肥的科学管理方式。变量施肥的基本思想是安装有定位装置、车载控制终端、变量施肥控制器等电子设备的农业施肥机在进行田间作业时，根据施肥机的实时位置和事先采集的土壤盐分、作物长势现状和作物产量等信息，结合作物施肥模型和专家系统生成的决策数据，进行定时、定位、按需变量投入的新型作业方式。传统的施肥方式往往以一个区域或地块为操作单元，施用同一数量的肥料，而土壤的养分情况在同一区域内也会有较大差异，按照传统的均匀施肥方式作业，在土壤养分贫瘠的区域，可能施肥作业后土壤养分依然缺乏，而土壤养分充足的区域，过量施肥则会增加投入成本，而且富余的化肥无法被作物完全吸收将遗留于土壤或进入水体环境中，导致土壤的盐碱化和环境污染。与传统均匀施肥不同，变量施肥按照作物需求和土壤肥力情况等因素进行按需施肥，在土壤肥力充足的地方少施肥，在肥力差的地方多施肥，不需要施肥的地方停止施肥，减少肥料的损耗。研究表明，变量施肥在同等外在条件下，可使多种作物的化肥施用量减少20%~40%，而平均增产幅度为8.2%~19.8%，节约15%~20%的总成本（武军等，2013）。变量施肥可以更好地平衡土壤的养分含量，在满足作物生长的前提下，更好地节约资源，提高肥料利用率，减少农业成本的投入、保护环境并获得更大的经济效益，有利于实现农业的可持续发展。

二、作物变量施肥技术方法

变量施肥是精准农业作业的关键环节，其主要包括施肥处方技术、变量投入技术、变量施肥控制系统。

（一）施肥处方技术

1. 基于作物冠层光谱的变量施肥算法

不同的氮素水平导致作物不同的生长状态，从而不同的冠层光谱响应。通过获取作物关键生育时期的冠层光谱反射数据，实现对作物氮素营养水平的监测。在此基础上，根据作物生长需肥规律，构建基于冠层光谱反射数据的作物变量施肥算法。

2. 基于作物叶片叶绿素的变量施肥算法

欧美农业科技工作者研究发现叶绿素对不同光谱表现出不同的吸收特性。在研究过程中将同样叶片放置在不同条件的环境中，分别测定叶片中叶绿素含量和叶片中氮素含量之间的相关性，这样可以确定叶绿素含量和氮肥实施量之间的关系。但是由于该方法只对氮肥有效，对其他元素的确定存在较大困难，所以难以达到广泛应用。

3. 基于作物生长模型的变量施肥算法

作物生长模型理论是农业科学的重大成就，将农业生长过程数字化，实现了农业生产方式的重大突破。它是以光照、温度、水分等因素作为环境的变量，采用数学物理方法与计算机技术，把作物的光合作用、生理过程、蒸腾和土壤情况、气象等其他的环境因素作为数值来进行模拟，还原作物完整的生长与发育全过程。生长模型是一种时间动态性模型，已经在精准农业、农业环境调控、农田管理决策等领域得到广泛的应用。这种方法对操作人员的专业技术水平要求较高，目前还没有被广泛应用。

4.基于土壤属性与产量的变量施肥算法

传统农业中的施肥方法是在一块地内均匀施肥，由于土壤属性不同，均匀施肥会导致土壤肥力不均。土壤肥力不足的地方作物生长不良，土壤肥力高的地方又造成了肥料的浪费。所以传统的均匀施肥造成了农业环境污染和生产成本的升高。目前在农业生产中计算机信息技术得到广泛应用，在西方发达国家对土壤养分的分析与管理技术已经逐渐成熟。例如：美国将土壤类型、质地、往年施肥量和产量等与土壤相关的信息输入到计算机管理系统，制成养分图层，以此为基础形成的变量施肥技术体系，促使施肥量更为科学合理，很大程度上提高了肥料的利用率。目前这也是国内变量施肥处方的主要研究方向。

（二）变量投入技术

变量投入技术是指装有计算机、GNSS等先进设备的农机具，根据其所处的耕地位置自动调节物料箱里农业物料投入速率的技术。变量投入控制主要有2种方式，即基于处方图数据变量分类和基于传感器数据变量分类。基于处方图数据变量分类是将相关的地图信息提前存储到车载计算机上，通过GNSS系统对施肥机具位置进行定位后，调用并解析该区块位置的地图信息，包括土壤养分分布信息、土壤墒情、历史产量分布等信息，再结合专家系统模型生成变量施肥处方图。变量施肥机在行进过程中可实时进行定位和速度检测，根据处方图可实现变量施肥作业变量。目前，适用于变量施肥系统的处方图主要有以下3种。

第1种，根据土壤中各类养分光谱反射特性不同的特点，寻找土壤各养分含量的光谱反射波段，建立土壤养分光谱分析模型。但是土壤中的磷和钾难以用特定光谱波段的特征来描述，因此，光谱技术无法完全承担处方图的生成工作。

第2种，在遥感数据中提取有用的信息，主要是从土壤光谱及植被光谱中间接提取土壤养分含量特征，但土壤多被植被覆盖，且遥感技术的应用也易受到天气的影响。

第3种，使用近红外分光光度计可以高精度地测定土壤中的养分及土壤属性，但这种技术大多用于土壤样品的测试分析。虽然测定时间较短，但是仍需要人工采样测定，其采样密度难以达到精准农业的要求。

基于传感器数据变量分类是指将农田的基本数据信息通过传感器进行实时检测，检测到的数据信息将实时传送至控制系统进行解释分析，进而进行变量实时作业。但目前传感器只能实时检测出少量的土壤养分含量。由此可见，目前虽然有多种土壤养分的检测技术，但仍找不到一种比较成熟的处方图的生成方法。因此，处方图的生成是精准变量施肥的瓶颈之一。

（三）变量施肥控制系统

变量施肥控制系统是整个变量施肥机的核心。施肥机在行进过程中采用GNSS定位，并实时测速，结合变量施肥的处方图，由控制系统发布指令，驱动变量施肥机构进行施肥作业对于固体肥料多采用液压马达、步进电机和伺服电机驱动排肥机构实现施肥，主要通过上诉多种驱动机构的转速来控制排肥量。而液态肥多通过电磁比例阀来实现施肥操作。

美国农机巨头约翰迪尔公司研究制造的变量施肥机械是目前国际上比较先进的变量施肥机械，它的工作幅宽可达25m，机器上配备了AGGPS132接收机与中央控制系统，可以通过观察驾驶室内的各种仪表来观测农机具工作的实时状态。与此同时机器上的施肥控制器可依据机具所处位置土壤肥力情况和中央控制系统传来的施肥处方信息来控制肥料的施入量。这种技术施肥效率高，施肥量可以根据土壤肥力情况实现自动控制，不足之处是动力设备能耗大、成本高，对操作和维修的技术人员的要求很高。日本对水稻种植过程中的变量施肥技术进行了深入的研究，并开发出配套的施肥机械。这种变量施肥机械通过地轮获取机具的前进速度，通过GNSS获取机具的位置信息，结合施肥处方图控制施肥机构完成变量施肥作业。但是这种技术受天气环境因素的变化、土壤由于植被的覆盖裸露时间的长短不同都会影响到数据采集的准确性，所以该技术不适合在我国大面积推广。俄罗斯研制成功用于颗粒肥的变量施肥设备这种施肥设备可同时进行6行作业，幅宽4m。其工作原理是：在排肥孔安装共振片和电磁铁，通过控制振动片开关频率来调节施肥量多少。这种设备的施肥控制系统能及时、准确的监测到施肥量的变化情况，从而提高了施肥质量和施肥的效率。德国通过在机具前方安装作物长势传感器的方法，研制出一种基于机器视觉控制的变量施肥机械。这种机具的工作原理是通过传感器测出作物冠层叶绿素含量，根据决策系统的数据由控制系统进行变量施肥，同时可以对原处方图进行修正。该技术基于视觉与图像处理技术，具有收集信息量大、操作速度快、分析结果精度高等显著的特点和优势。我国上海交通大学和上海农业机械研究所等单位研制的变量施肥机械有液压驱动和电机驱动2种方案，同时具有多种变量施肥模式。我国第一台自主研制出的智能变量施肥机械可以完成智能变量施肥、旋耕和播种等多种作业。八一农垦大学设计研发出由液压驱动控制的变量施肥机，这种变量施肥采用89C51单片机控制电液比例阀，通过控制变量施肥轴的转速实现变量施肥的目的。

第二章　作物叶面积指数遥感监测研究

叶面积指数（LAI）是最重要的植被结构参数之一，是反映植物群体生长状况的一个重要指标，其大小与最终产量高低密切相关。因此，LAI是作物长势监测、作物估产、肥水管理等精准农业应用的重要数据指标（谢巧云等，2014）。LAI通常定义为单位地表面积上单面绿叶表面积（Chen et al.，1992），其测定方法可以分为直接测量法和间接测量法。直接测量法为传统的野外测量，是相对精确的测量方法，但是这种方法具有一定破坏性，且费时费力，很难开展大尺度、长时序的测量，其时效性也难以保障。间接测量法主要通过遥感技术提取植被冠层光谱反射率信息，实现快速无损、大面积的LAI获取，更能满足全球变化与粮食危机下的植被定量观测和研究需求。与此同时，为了保证遥感反演LAI的精度，需要进行适当的野外测量以用于遥感反演模型的建立与LAI反演精度的验证。本章主要围绕小麦、玉米等作物的LAI遥感监测方法及其精度问题，基于地面高光谱、航空高光谱、卫星多光谱等多源遥感数据，从数理统计方法到物理模型方法，较系统地介绍LAI的遥感反演方法与模型研究进展，为不同数据源、不同尺度的LAI反演提供理论基础。

第一节　基于地面多角度高光谱数据的冬小麦叶面积指数反演方法研究

作物株型是反映植株形态并影响冠层结构的一个重要参数（Pepper et al.，1977）。不同株型结构小麦的叶倾角不同，造成视场内光照和阴影的植土比随观测条件的变化而变化，引起冠层反射率的差异。已有研究表明，作物株型是制约LAI等结构参数反演精度提高的重要因素（黄文江等，2007）。因此，在获取作物高精度的生理生化参数以及进行作物长势监测过程中必须要考虑作物株型的影响。植被二向反射分布中热暗点区域包含丰富的冠层结构信息，利用热暗点反射率可以准确推断作物的冠层结构、获取作物叶片的大小、形状及LAI等结构参数。而多角度遥感观测能准确地描述植被的结构信息和植被反射率的各向异性特征，在植被生化参数的反演过程中可以降低由作物结构特征引起的反演误差。本节针对植株株型对小麦LAI反演精度的制约问题，利用多角度遥感观测数据，介绍基于热点效应的不同株型小麦LAI的反演模型研究进展。

一、研究区与研究方法

试验位于北京市昌平区小汤山国家精准农业研究示范基地，数据涵盖冬小麦的整个生育期。试验选用'京411'作为紧凑型小麦供试品种，选用'中优9507'作为披散型小麦供试品种。不同株型品种小麦播种条件相同，进行相同的正常肥水管理。研究收集了不同株型小麦在2004年、2005年、2007年、2009年共4年的25组地面试验数据，随机抽取15组试验数据用于模型构建，剩余10组试验数据用于模型验证。光谱测量采用美国ASD Fieldspec FR光谱仪，采用带导轨的多角度观测架测定在太阳主平面不同观测天顶角条件下的多角度光谱反射率，图2.1为1个简易半圆形多角度观测架。在测定时，探测器从与太阳同侧（后向观测）的方向开始，逐步观测到与太阳相对（前向观测）的方向，观测天顶角从60°到0°再到-60°，±5°为一个间隔。观测时间为北京时间10：00—16：00，太阳天顶度变化36.7°～44.4°，太阳方位角变化226.6°～241.2°。小麦叶面积指数的测定采用比叶重法。由于观测主平面内作物冠层的双向反射分布函数（BRDF）效应最明显，研究所用均为主平面观测的多角度反射率数据。

图2.1　简易半圆形多角度观测架（孔维平，2018）

二、不同株型冬小麦的冠层二向反射光谱特征

作物冠层的二向性反射由波长、太阳辐射入射、观测角度和作物结构特征决定，冠层内小麦叶片的分布特征影响冠层的光照截获，进而影响冠层光谱的各向异性特征。在遥感观测方向与太阳光线入射同向的后向散射区域存在冠层的反射率峰值，光学遥感称为"热点"；与之相对的在观测方向与太阳辐射入射相对的前向散射区域的反射率最弱点称为"暗点"，暗点包含有植被的叶片聚集信息。本研究选择红光波段的670nm和近红外波段的800nm、860nm进行分析。图2.2为拔节期紧凑型和披散型小麦在红光波段和近红外波段的二向反射光谱，由此可以看出，2种株型小麦在后向散射区域存在热点效应，并且红光波段的热点效应比近红外波段更显著。红光波段紧凑型和披散型小麦的热点分别在后向散射区域20°附近和50°附近，近红外波段紧凑型和披散型小麦的热点角度大致在后向40°附近和50°附近。这是由于红光波段小麦植株叶绿素的强吸收增强了该波段的各向异性，而近红外波段叶片多重散射效应增强，降低了植被在该波段的各向异性。另外，紧凑型小麦叶片主要集中在植株中上层，披散型小麦植株的上中下层均有叶片，且叶片披散程度比紧凑型小麦大，同一时期观测视场内不同株型小麦的植株信息和土壤信息比例不同。

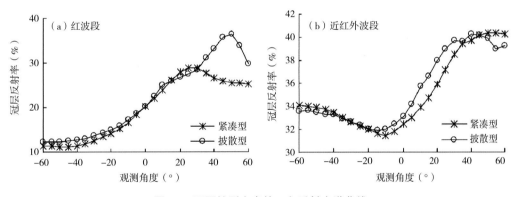

图2.2 不同株型小麦的二向反射光谱曲线

三、冬小麦冠层热暗点指数计算

Lacaze等（2002）由森林冠层的热点效应提出了表征冠层结构特征的热暗点指数（HDS），Chen等（2003）提出了归一化热暗点指数（NDHD），2个指数的表达式如下。

$$HDS = (\rho_{HS} - \rho_{DS}) / \rho_{DS} \tag{2.1}$$

$$NDHD = (\rho_{HS} - \rho_{DS}) / (\rho_{HS} + \rho_{DS}) \tag{2.2}$$

式中，ρ_{HS}为热点反射率，ρ_{DS}为暗点反射率。上述指数均是针对森林冠层提出的，在农作物的研究方面热暗点指数的应用研究较少。本研究借鉴HDS和NDHD，构建了改进的归一化热暗点指数（MNDHD）和热暗点比值指数（HDRI），指数的表达式如下。

$$MNDHD = (\rho_{HS} - \rho_{DS}) / (\rho_{HS} + \rho_{DS} + \rho_{Nadir}) \tag{2.3}$$

$$HDRI = \rho_{HS} / \rho_{DS} \tag{2.4}$$

式中，ρ_{HS}为热点反射率，ρ_{DS}为暗点反射率，ρ_{Nadir}为0°观测天顶角的冠层反射率。HDRI采用小麦冠层热点和暗点反射率的比值形式，消除了前向散射观测区域小麦植株的阴影叶片和土壤背景的影响。NDHD采用热暗点反射率的归一化形式消除了叶片的光学特征和背景对冠层二向反射率的影响。MNDHD是NDHD的改进，它可以反映小麦冠层植株的叶倾角分布和叶面积指数等结构信息，加入了天顶的冠层反射率ρ_{Nadir}，该变量含有小麦冠层和土壤背景的混合光谱信息，可以消除一定的土壤背景干扰。

Hasegawa等（2010）将HDS和NDVI结合提出了用于森林冠层的LAI反演的归一化热点指数NHVI。热点指数含有植被的二向反射信息和冠层结构信息，将其与单一垂直方向观测的植被指数结合有助于获取冠层更真实的LAI。因此，本研究尝试将热点指数与常规植被指数相乘得到的热点组合指数进行不同株型小麦的LAI反演。

四、不同株型冬小麦的叶面积指数反演模型

通过对冬小麦的热点角度分析表明，紧凑型冬小麦和披散型冬小麦在红光波段的热点角度分别在后向30°和50°，在近红外波段的热点角度在后向45°和40°。选取前向观测区域反射率相对低值作为暗点，分别计算2种株型小麦的HDS、NDHD、HDRI和MNDHD 4个热点指数以及NDVI、SR和EVI植被指数，然后将热点指数与植被指数组合形成热点组合指数与LAI进行相关性分析。

结果表明，对于紧凑型冬小麦，860nm近红外波段的4个热点指数与NDVI构成的热点组合指数与LAI之间的线性相关性最好（表2.1）。其中，MNDHD与NDVI的组合指数与紧凑型冬小麦LAI之间的相关系数为0.840 6，HDRI与NDVI的组合指数与

LAI之间的相关系数为0.804 1，相关性高于HDS和NDHD的组合指数。最终得出紧凑型小麦LAI反演模型如下。

$$y = -10.076x_1 + 15.973 \tag{2.5}$$

$$y = -43.85x_2 + 8.581 \tag{2.6}$$

式中，x_1和x_2分别表示NDVI×MNDHD和NDVI×HDRI。

表2.1　热点组合指数与LAI之间的相关性分析结果统计

热点组合指数	模型	R^2	F	$Sig.$
NDVI×HDS	线性模型	0.676	33.340	0.000
	对数模型	0.629	27.107	0.000
	指数模型	0.612	25.211	0.000
NDVI×NDHD	线性模型	0.710	39.087	0.000
	对数模型	0.665	52.219	0.000
	指数模型	0.688	35.214	0.000
NDVI×MNDHD	线性模型	0.841	84.433	0.000
	对数模型	0.742	63.083	0.000
	指数模型	0.525	55.698	0.000
NDVI×HDRI	线性模型	0.804	65.612	0.000
	对数模型	0.816	71.000	0.000
	指数模型	0.826	76.117	0.000

对披散型小麦，800nm近红外波段的4个热点指数与SR构成的热点组合指数与LAI之间的对数模型相关性最好（表2.2）。其中HDRI与SR的组合指数与披散型小麦LAI之间的相关系数为0.896 2，MNDHD与SR的组合指数与LAI之间的相关系数为0.880 9，相关性高于HDS和NDHD的组合指数。SR能增强绿色植被与土壤间的辐射差异，而热点指数可以提供冠层的结构信息，两者相结合可以突出反映小麦冠层的结构特征。最终得出披散型小麦LAI反演模型如下。

$$y = 2.872\ln(x_1) - 6.497 \tag{2.7}$$

$$y = 4.608\ln(x_2) - 3.35 \qquad (2.8)$$

式中，x_1和x_2分别表示SR × MNDHD和SR × HDRI。

表2.2　与SR构成的热点组合指数与LAI之间的线性相关性

热点组合指数	模型	R^2	F	$Sig.$
SR × HDS	线性模型	0.665	31.744	0.000
	对数模型	0.742	46.116	0.000
	指数模型	0.525	17.707	0.001
SR × NDHD	线性模型	0.679	33.915	0.000
	对数模型	0.800	64.119	0.000
	指数模型	0.557	20.112	0.000
SR × MNDHD	线性模型	0.798	63.241	0.000
	对数模型	0.881	118.452	0.000
	指数模型	0.675	33.171	0.000
SR × HDRI	线性模型	0.867	104.501	0.000
	对数模型	0.896	44.330	0.000
	指数模型	0.901	145.899	0.000

五、不同株型冬小麦的叶面积指数反演结果验证

利用验证数据集对上述构建的LAI反演模型进行验证，验证结果如图2.3所示。结果表明，对于紧凑型小麦，在860nm近红外波段的MNDHD和HDRI与NDVI组成的热点组合指数用于LAI反演的精度最高，R^2分别为0.943 1和0.909 2（图2.3a）。对于披散型小麦，由800nm近红外波段的MNDHD和HDRI与SR组成的热点组合指数用于LAI反演的精度最高，R^2分别为0.895 6和0.964 8（图2.3b）。由此可以说明，利用近红外波段的热点指数与植被指数形成的组合指数可以用于不同株型小麦的LAI反演。

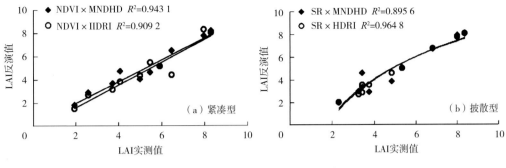

图2.3　不同株型小麦叶面积指数反演精度验证

六、小　结

本节利用多角度观测数据，提出将热点指数与植被指数相结合进行不同株型小麦的LAI反演，并构建了2个新型热点指数MNDHD和HDRI。分析结果表明，对于紧凑型小麦，由860nm近红外波段的MNDHD和HDRI与NDVI组成的热点组合指数用于LAI反演的精度最高；而对于披散型小麦，由800nm近红外波段的MNDHD和HDRI与SR组成的热点组合指数用于LAI反演的精度最高。由此说明，利用近红外波段的热点指数与植被指数形成的组合指数可以用于不同株型小麦的LAI反演。

第二节　基于地面和航空高光谱数据红边波段的冬小麦叶面积指数监测方法研究

红边波段是植被介于红波段和近红外波段间的680～750nm的波谱范围，光谱反射率在该范围内快速上升，一些研究表明，这个介于红色吸收谷和近红外反射峰之间的反射率快速上升区域，能够用于研究植物养分及健康状态监测、植被识别和生理生化参数等信息，并且能够反映叶绿素含量和叶片结构，红边波段对病害胁迫也较为敏感，并且受背景信息影响较小，是定量遥感分析的理论基础。尽管利用红边波段开展遥感参数反演和作物监测研究已有报道，但是由于搭载红边波段的传感器相对较少，基于红边波段的作物遥感监测研究尚处于起步阶段。因此，围绕高光谱数据红边区域，本节介绍基于地面和航空高光谱数据红边波段的冬小麦叶面积指数监测方法研究。

一、研究区与研究方法

研究区位于北京市昌平区小汤山国家精准农业研究示范基地，分别于2002年和2014年开展了2年试验。其中，2002年在研究区域开展的试验获取了冬小麦生育期内的3景航空PHI遥感影像和3次田间测量得到了140个样本的叶面积指数；2014年在研究区域的田间试验获取了田间测量样点数据52个样本，包括ASD光谱仪测量得到的田间光谱和实测叶面积指数。为研究作物叶面积指数的监测方法，本研究基于2年的试验数据，设置了3组数据集，分别为：2002年航空高光谱数据和对应田间测量数据（记为"Dataset_2002"）、2014年地面高光谱数据和对应田间测量数据（记为"Dataset_2014"）以及2002年和2014年2年数据组合（记为"Dataset_2002&2014"）。

二、不同波段组合植被指数构建及其用于冬小麦叶面积指数反演

（一）不同波段组合的植被指数构建

采用3种波段组合方法（传统波段组合法、红边波段组合法、逐波段组合法）计算NDVI，MSR和MSAVI 3种植被指数，用于反演冬小麦LAI。图2.4为600～800nm光谱范围内各窄波段两两组合计算的NDVI、MSR和MSAVI指数与叶面积指数相关系数，其中横轴表示指数中的第一波段，纵轴表示各指数中的第二波段。其中，图2.4（a～c）为基于Dataset_2002获得，图2.4（d～f）为基于Dataset_2014获得，图2.10（g～1）为基于Dataset_2002&2014获得。对于Dataset_2002，NDVI、MSR和MSAVI与LAI最相关的波段组合均为［700，724］；对于Dataset_2014，NDVI，MSR和MSAVI与LAI最相关的波段组合分别为［611，639］［611，639］和［735，736］；对于Dataset_2002&2014，NDVI、MSR和MSAVI与LAI最相关的波段组合分别为［708，724］［708，724］和［714，772］。虽然由Dataset_2014计算的NDVI和MSR与LAI最相关波段组合为［611，639］，Dataset_2002&2014计算的MSAVI与LAI最相关的波段组合为［714，772］，但是由图2.4可以明显看出，在680～750nm波段范围内，集中着大量与LAI的相关性非常高的波段组合，这与其他学者研究结论中提出的红边波段对LAI指数反演的重要性一致。

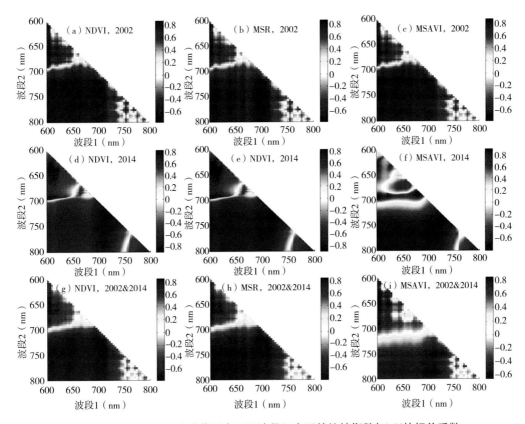

图2.4 600～800nm光谱范围内不同波段组合下的植被指数与LAI的相关系数

（二）冬小麦叶面积指数反演模型构建

逐波段组合法筛选出植被指数与LAI最相关的波段组合后，基于传统波段组合法［670，800］、红边波段组合法［705，750］和逐波段组合法3种不同波段组合法计算3种植被指数，对3组数据分别建立LAI反演模型。模型拟合结果及精度如表2.3所示，各个方程的精度存在较大差异，精度最低的拟合方程为2014年地面高光谱数据与实测LAI数据的NDVI［670，800］与LAI拟合方程，精度最高的拟合方程为2014年试验数据的MSAVI［735，736］与LAI拟合方程。比较不同波段组合方法，对于同一种植被指数，由逐波段组合法计算得到的植被指数与LAI的相关性最强，例如，基于2002年试验数据建立的反演方程中，NDVI［700，724］与LAI拟合方程精度为0.796 0，而传统波段组合的NDVI［670，800］和红边波段组合的NDVI［705，750］方程精度分别为0.750 7和0.720 3。对于2014年试验数据，红边波段组合相比于传统波段组合，提升了植被指数与LAI的相关性，但是对于2002年试验数据，红边波段组合并没有增强植被指数与LAI的相关性。比较不同植被指数，对于2002年和2014年的试验数据，采用相同波段组合方法的植被指数与LAI相关性不相上下；对于2014年试验数据，MSAVI在每一种波段组合方法中都比其余2种植被指数与LAI的相关性更强，而有学者用PROSPECT和SAILH模型模拟数据分析，得出结论为MSR与LAI的相关性比NDVI和MSAVI更强，与本节试验结论不一致。试验结论的矛盾可以解释为：本研究所用2014年试验数据为地面ASD光谱和实测LAI数据，地面测量的冠层反射率光谱受土壤等环境因素影响较大，而PROSPECT和SAILH模型模拟数据不受这些因素影响，因此在本文试验中，MSAVI由于考虑了土壤因素，而体现出比NDVI、MSR与LAI更强的相关性。

表2.3 不同波段组合植被指数与冬小麦叶面积指数的拟合模型及精度

数据集	植被指数	拟合模型	R^2
	NDVI$_{[670, 800]}$	$y=-0.036\ 9x^2+0.289\ 8x+0.306\ 9$	0.750 7
	MSR$_{[670, 800]}$	$y=1.27\ 3x^{0.764\ 3}$	0.726 4
	MSAVI$_{[670, 800]}$	$y=-0.031\ 8x^2+0.233\ 7x+0.502\ 4$	0.730 6
	NDVI$_{[705, 750]}$	$y=-0.025x^2+0.215\ 1x+0.161\ 2$	0.720 3
Dataset_2002	MSR$_{[705, 750]}$	$y=-0.049x^2+0.513\ 6x+0.175\ 2$	0.718 8
	MSAVI$_{[705, 750]}$	$y=-0.029\ 1x^2+0.230\ 8x+0.304\ 3$	0.704 3
	NDVI$_{[700, 724]}$	$y=-0.020\ 1x^2+0.185\ 9\ x+0.037\ 6$	0.796 0
	MSR$_{[700, 724]}$	$y=-0.032\ 3x^2+0.348\ 8x+0.013\ 1$	0.781 7
	MSAVI$_{[700, 724]}$	$y=-0.028\ 7x^2+0.242\ 3x+0.112\ 9$	0.796 3
	NDVI$_{[670, 800]}$	$y=-0.008\ 9x^2+0.095\ 7x+0.657\ 1$	0.480 7
	MSR$_{[670, 800]}$	$y=-0.105\ 7x^2+1.254\ 8x+1.013\ 4$	0.558 5
	MSAVI$_{[670, 800]}$	$y=0.410\ 4x^{0.344\ 6}$	0.791 6
	NDVI$_{[705, 750]}$	$y=-0.014\ 7x^2+0.149\ 3x+0.34\ 7$	0.674 5
Dataset_2014	MSR$_{[705, 750]}$	$y=0.984\ 3x^{0.437\ 3}$	0.656 8
	MSAVI$_{[705, 750]}$	$y=-0.016x^2+0.157\ 2x+0.104\ 2$	0.840 3
	NDVI$_{[611, 639]}$	$y=-0.003\ 5x^2+0.037x-0.010\ 4$	0.828 2
	MSR$_{[611, 639]}$	$y=-0.005\ 2x^2+0.055x-0.016\ 6$	0.824 4
	MSAVI$_{[735, 736]}$	$y=-0.000\ 4x^2+0.004\ 2x+0.001\ 7$	0.867 3
	NDVI$_{[670, 800]}$	$y=-0.022\ 9x^2+0.214\ 7x+0.404\ 8$	0.669 1
	MSR$_{[670, 800]}$	$y=1.408\ 7x^{0.707}$	0.672 0
	MSAVI$_{[670, 800]}$	$y=0.411\ 9x^{0.370\ 6}$	0.615 2
	NDVI$_{[705, 750]}$	$y=-0.010\ 5x^2+0.152\ 4x+0.242\ 1$	0.655 2
Dataset_2002&2014	MSR$_{[705, 750]}$	$y=0.688\ 3x^{0.637\ 9}$	0.633 5
	MSAVI$_{[705, 750]}$	$y=-0.008\ 9x^2+0.116\ 9x+0.147\ 1$	0.637 1
	NDVI$_{[708, 724]}$	$y=-0.007\ 9x^2+0.102\ 2x+0.057\ 3$	0.709 7
	MSR$_{[708, 724]}$	$y=-0.011\ 4x^2+0.175\ 5x+0.072\ 7$	0.710 8
	MSAVI$_{[714, 772]}$	$y=-0.01x^2+0.126\ 7x+0.122\ 3$	0.745 4

（三）冬小麦叶面积指数反演模型验证

基于地面实测数据，利用K-折交叉验证方法进行验证对构建的LAI反演模型进行验证，如图2.5至图2.7所示。结果显示，航空高光谱数据和地面高光谱数据对冬小麦LAI都具有较强的估算能力。不同植被指数利用Dataset_2002数据反演LAI的R^2范围为0.672 0到0.762 3，RMSE均小于0.630 5；不同植被指数利用Dataset_2014数据反演LAI的R^2范围为0.500 3到0.742 2，RMSE均小于1.124 5；对于Dataset_2002&2014数据，逐波段组合法构建的植被指数反演LAI的决定系数（R^2）范围为0.556 9到0.705 2，均方根误差均小于0.883 2。

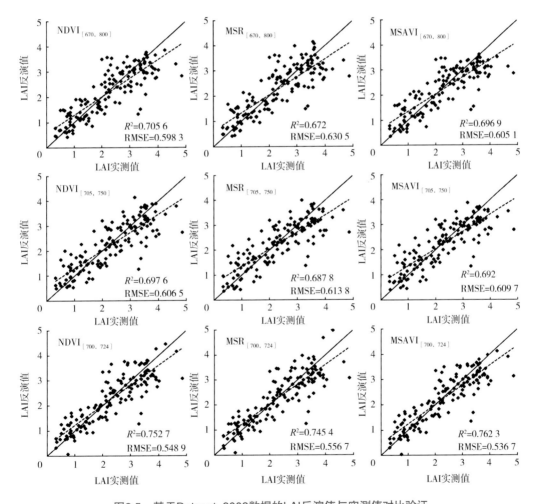

图2.5　基于Dataset_2002数据的LAI反演值与实测值对比验证

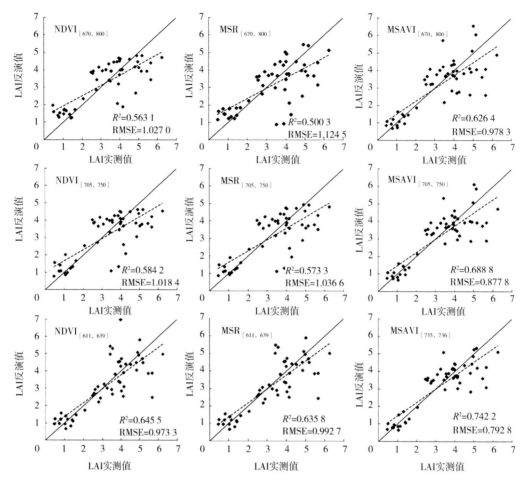

图2.6　基于Dataset_2014数据的LAI反演值与实测值对比验证

针对传统波段组合法［670，800］、红边波段组合法［705，750］和逐波段组合法3种不同波段组合方式，红边波段组合法只在图2.6中显示出比传统波段组合法更高的反演精度，在其余2组（图2.5和图2.7）中，红边波段组合法与传统波段组合法计算的植被指数反演LAI的精度十分接近。为了进一步比较红边波段组合法与传统波段组合法对植被指数反演LAI的影响，将所有样本中LAI>3的数量占样本总量的比例，以及LAI田间测量值的范围进行统计，如表2.4所示。取LAI=3为阈值，是因为根据本试验结果，以及其他学者们的研究结论，植被指数在LAI>3时，容易出现饱和效应。表2.4显示，Dataset_2014数据中，LAI>3的样本比例（61.54%）比Dataset_2002数据集中的比例（32.14%）更大。因此，对于Dataset_2014数据集，当LAI>3时，红边波段光谱反射率的组合比红波段加近红外波段的组合更能抑制植被指数的饱和效应。

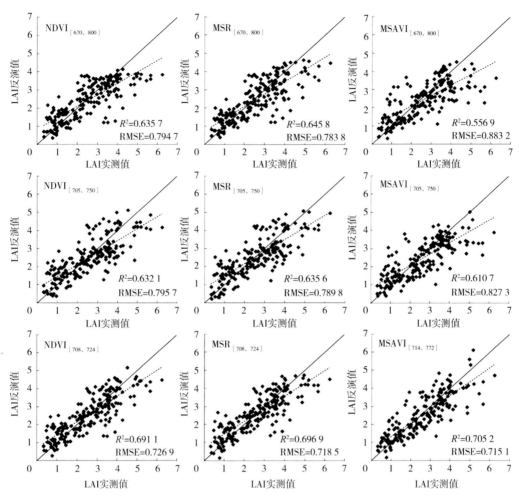

图2.7 基于Dataset_2002&2014数据的LAI反演值与真实值验证结果

表2.4 LAI>3的样本占总样本数量的比例与LAI的实测值范围

数据集	LAI>3的样本占总样本数量的比例	LAI值的范围
Dataset_2002	32.14%	0.31～4.86
Dataset_2014	61.54%	0.45～6.24

三、基于不同高光谱植被指数的冬小麦叶面积指数反演

（一）植被指数选择

为对比不同高光谱指数对冬小麦LAI反演效果的影响，采用6种高光谱植被指数进行冬小麦LAI反演，包括归一化植被指数（NDVI）、比值植被指数（RVI）、改

进比值植被指数（MSR）、修正三角植被指数（MTVI2）、改进土壤调节植被指数（MSAVI）以及上述700nm与724nm组合构建的NDVI$_{[700, 724]}$，该指数以下分析用NDVI-like表示。各植被指数计算公式见表2.5。

然后将田间实测的冬小麦叶面积指数与所选择的植被指数进行相关性拟合，建立叶面积指数反演模型，并用实测数据对其进行验证。

表2.5　高光谱植被指数的改进试验中的植被指数（谢巧云，2017）

植被指数	计算公式
RVI	R_{785}/R_{660}
MSR	$(R_{785}/R_{660}-1)/(R_{785}/R_{660}+1)^{0.5}$
NDVI	$(R_{785}-R_{660})/(R_{785}+R_{660})$
NDVI-like	$(R_{724}-R_{700})/(R_{724}+R_{700})$
MTVI2	$[1.5(1.2(R_{785}-R_{576})-2.5(R_{660}-R_{576})]/\{[(2R_{785}+1)^2-(6R_{785}-5R_{660}^{0.5})-0.5]^{0.5}\}$
MSAVI	$\{2R_{785}+1-[(2R_{785}+1)^2-8(R_{785}-R_{660})]^{0.5}\}/2$

（二）冬小麦叶面积指数反演模型构建

对表2.5中的每种植被指数，基于4-折交叉检验样本的4个分组，利用Dataset_2002数据分别建立4个LAI反演模型，使得不同植被指数的LAI反演结果具有可比性。将基于同一组4-折交叉检验训练样本的模型分为一组，得到4组反演模型（分别记为第1组、第2组、第3组和第4组），如图2.8所示。从图中可以看到，在6种植被指数的4组反演模型中，NDVI-like与LAI相关性最强，拟合方程精度最高（R^2大于0.761 5），其次是NDVI（R^2大于0.702 3）。RVI和MSR与LAI之间的拟合方程为对数方程，除第3组模型的NDVI-like与LAI呈线性关系外，其余4种植被指数与LAI均呈指数关系。从散点图中还可以看出，RVI和MSR与LAI的拟合比其他几种植被指数的拟合更加离散，尤其是前3组中，RVI和MSR模型分别有大幅度偏离拟合曲线的样点，该样点可能是由于光谱反射率受大气、土壤等其他因素影响较大，说明RVI和MSR这类简单比值植被指数对光谱反射率的波段组合抗干扰能力较弱。同时，图2.8显示，饱和效应不仅是NDVI的缺陷，MTVI2和MSAVI同样在LAI>3时呈现出饱和效应。与NDVI相比，NDVI-like在每一组模型中都显著改善了饱和效应，在700nm和724nm组合的时候精度最高。

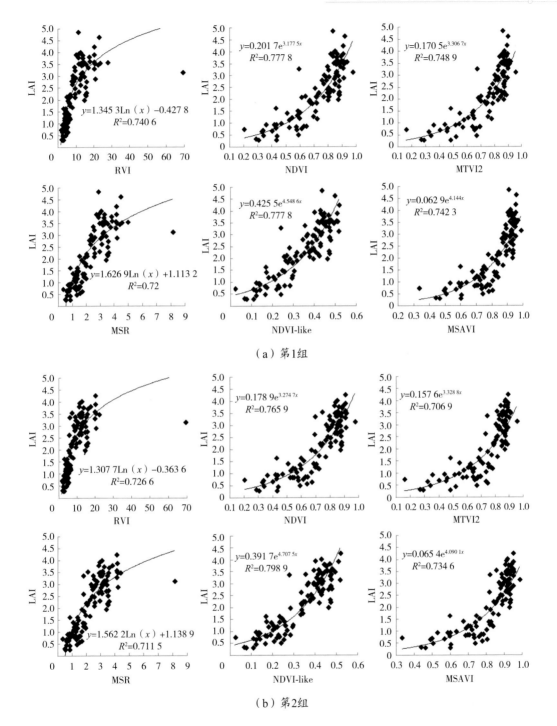

（a）第1组

（b）第2组

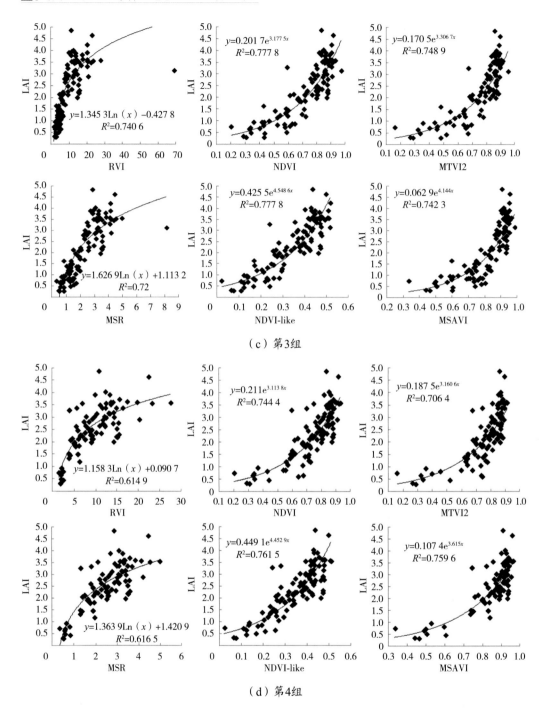

（c）第3组

（d）第4组

图2.8　K–折交叉验证法中每一组样本的反演模型（K=4）

从图2.8可以看到，针对同一植被指数，不同样本组得到的R^2值大小也不同，其中，RVI的R^2变化最大，变化范围为0.614 9～0.740 6；其次是MSR，R^2变化范围为

0.616 5～0.720 0；另外，MTVI2的R^2变化范围为0.662 0～0.748 9，NDVI的R^2变化范围为0.702 3～0.777 8，MSAVI的R^2变化范围为0.688 5到0.759 6；而NDVI-like的R^2变化范围最小，范围为0.761 5～0.798 9。因此，可以看出NDVI-like反演LAI的鲁棒性最强，反演精度最高且最稳定。

（三）冬小麦叶面积指数反演模型验证

将所有样本的冬小麦LAI反演结果与地面测量真实值进行对比验证，并统计反演值与真实值之间的R^2和RMSE，结果如图2.9所示，结果表明，高光谱植被指数NDVI-like有效提高了冬小麦LAI的反演精度，在6种植被指数中反演精度最高（R^2=0.733 4，RMSE=0.589 7），其次是NDVI（R^2=0.697 6，RMSE=0.607 8），MSAVI（R^2=0.687 8，RMSE=0.620 0）和MTVI2（R^2=0.675 8，RMSE=0.634 7），RVI和MSR的反演精度最低（R^2分别为0.673 4和0.630 8，RMSE分别为0.625 7和0.669 9）。当LAI>3.5时，除NDVI-like外，其他5种植被指数都低估了LAI值；当LAI<2时，RVI和MSR对LAI存在明显的高估现象，NDVI，MSAVI和MTVI2也存在一定程度的高估；综合比较显示，NDVI-like的反演结果散点图中，样点最接近1∶1线。图2.10显示了各植被指数模型的LAI反演值与真实值之间的误差分布，误差的计算方法为真实值减去反演值。RVI和NDVI-like反演模型的误差最接近正态分布，并且NDVI-like模型的误差集中在0附近的样本数量最多，再次表明NDVI-like的反演精度最高。

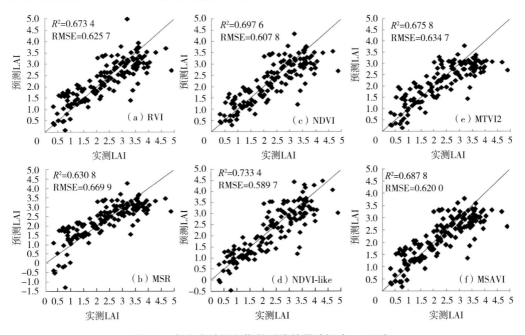

图2.9　冬小麦叶面积指数反演结果验证（n=140）

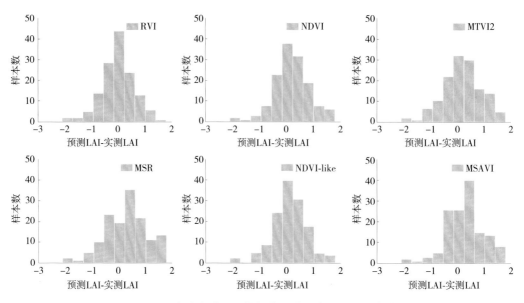

图2.10　冬小麦叶面积指数高光谱反演结果误差统计

四、小　结

本节基于研究区域采集的近地、航空高光谱数据和田间同步试验测量LAI数据，探究航空和地面高光谱数据红边区域对冬小麦LAI的反演能力。研究分析了红边波段组合法和传统波段组合、逐波段组合方法对植被指数反演LAI精度的影响，结果表明，基于红边区域其他波段的组合能够进一步提升植被指数反演LAI的能力。筛选出的基于红边区域内700nm和724nm波段组合的植被指数NDVI-like，与传统的植被指数NDVI、RVI、MSR、MSAVI和MTVI2相比，反演LAI精度更高，进一步表明了红边波段对于叶面积指数反演的重要性。

第三节　基于RapidEye卫星数据的冬小麦叶面积指数监测研究

随着遥感技术的发展，红边波段不仅可以通过高光谱数据获取，一些搭载红边波段的多光谱卫星（如RapidEye、Worldview-2和Sentinel-2等）也为红边波段在作物参数反演提供了重要数据源。RapidEye是第一颗提供"红边"波段的商业卫星，于2008

年8月29日发射，由5颗地球观测卫星组成卫星星座。RapidEye具有大范围覆盖、高重访率、高分辨率、多光谱获取数据方式的优势，其日覆盖范围达400万km^{2}以上，每天都可以对地球上任一点成像，空间分辨率为5m。RapidEye含有5个光谱波段，包括蓝（440～510nm）、绿（520～590nm）、红（630～685nm）、红边（690～730nm）和近红外（760～850nm），适用于监测植被状况和检测生长异常情况。本节介绍基于RapidEye卫星数据的小麦叶面积指数反演方法研究。

一、研究区与研究方法

研究区位于意大利Maccarese农场（41°52′N，12°13′E），于2015年采集的田间试验数据和准同步RapidEye卫星影像，对研究区小麦、大麦、苜蓿、玉米进行叶面积指数提取。田间试验共4次，时间分别为2015年3月3日、3月20日、5月7日和7月7日，每次试验采集冬小麦、大麦、玉米和苜蓿的样点20个，LAI由LAI-2200仪器测得。获取了与地面试验准同步的RapidEye卫星影像4景，影像拍摄时间分别为2015年2月28日、3月18日、5月11日和7月5日。

为了定量分析叶绿素含量的变化对LAI反演的影响，本研究采用PROSAIL模型模拟了作物不同叶绿素含量与叶面积指数情况下的光谱反射率。基于PROSAIL模型的模拟数据，使用拓展傅里叶幅度敏感性检验（EFAST）方法对叶绿素a、b含量（Cab）和叶面积指数对植被光谱的敏感性进行分析，定量分析叶绿素含量和叶面积指数对红波段、红边波段和近红外波段的敏感性，具体EFAST方法运算原理见参考文献（谢巧云，2017）。本节选取了归一化植被指数（NDVI）、改进比值植被指数（MSR）、叶绿素指数（CI_{Green}）以及这些指数的红边改进指数$NDVI_{Red-edge}$、$MSR_{Red-edge}$和$CI_{Red-edge}$用于LAI的反演研究。

然而，红边波段反射率除了对LAI敏感外，还对叶绿素含量的变化非常敏感。例如，对于不同作物类型或同种作物不同生育时期，利用遥感数据的红边波段代替红波段构造植被指数，反演LAI时受叶绿素含量影响产生的误差较大。本研究进一步提出了基于红边波段与红波段结合来进一步构建新的植被指数$NDVI_{Red\&RE}$、$MSR_{Red\&RE}$和$CI_{Red\&RE}$，以提高LAI反演的精度和普适性。现有和新建的植被指数及计算公式如表2.6所示。

表2.6　本节选取的现有植被指数和新建植被指数汇总及其计算公式（谢巧云，2017）

植被指数	计算公式
选取的现有植被指数	
NDVI	$(R_{NIR}-R_{Red})/(R_{NIR}+R_{Red})$
$NDVI_{Red\text{-}edge}$	$(R_{NIR}-R_{Red\text{-}edge})/(R_{NIR}+R_{Red\text{-}edge})$
MSR	$(R_{NIR}/R_{Red}-1)/(R_{NIR}/R_{Red}+1)^{0.5}$
$MSR_{Red\text{-}edge}$	$(R_{NIR}/R_{Red\text{-}edge}-1)/(R_{NIR}/R_{Red\text{-}edge}+1)^{0.5}$
CI_{Green}	$R_{NIR}/R_{Green}-1$
$CI_{Red\text{-}edge}$	$R_{NIR}/R_{Red\text{-}edge}-1$
新建植被指数	
$NDVI_{Red\&RE}$	$\{R_{NIR}-[\alpha R_{Red}+(1-\alpha)R_{Red\text{-}edge}]\}/\{R_{NIR}+[\alpha R_{Red}+(1-\alpha)R_{Red\text{-}edge}]\}$
$MSR_{Red\&RE}$	$\{R_{NIR}/[\alpha R_{Red}+(1-\alpha)R_{Red\text{-}edge}]-1\}/\{R_{NIR}/[\alpha R_{Red}+(1-\alpha)R_{Red\text{-}edge}]+1\}^{0.5}$
$CI_{Red\&RE}$	$R_{NIR}/[\alpha R_{Red}+(1-\alpha)R_{Red\text{-}edge}]-1$

二、冬小麦叶绿素含量与叶面积指数的相互作用对光谱反射率的影响

（一）不同叶绿素含量与叶面积指数下的光谱反射率模拟

本研究采用PROSAIL模型模拟了冬小麦不同叶绿素含量与叶面积指数情况下的光谱反射率。PROSAIL模型输入参数中有叶绿素和LAI 2个变量，其中，叶绿素含量的输入值范围为10～100μg/cm^2。为了定量分析不同叶绿素含量下的LAI对光谱反射率的影响，我们比较了叶绿素含量在最小值（10μg/cm^2）与最大值（100μg/cm^2）情况下的不同LAI取值的模拟光谱，如图2.11所示。从图中可以看到，对于2种不同的叶绿素含量，近红外波段反射率都随LAI增大而增大，2条近红外波段反射率曲线之间的差异随LAI增大呈现微弱的增大趋势；红波段反射率都随LAI增大而减小，随着LAI的变化，2条红波段反射率曲线之间的差值没有明显的变化。当叶绿素含量为10μg/cm^{2}时，红边波段反射率随LAI增大出现小幅度增大；而当叶绿素含量为10μg/cm^{2}时，红边波段反射率随LAI增大出现小幅度减小，对于相同叶绿素含量的光谱，红边波段反

射率随LAI的变化产生的变化较小，但是对于不同叶绿素含量的光谱，在LAI值相同时，红边波段反射率差异较大。

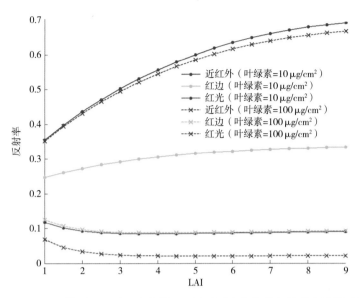

图2.11　PROSAIL模型不同叶绿素含量下不同叶面积指数输入值的各波段反射率值

为了便于比较不同叶绿素含量对各个波段的影响，将相同LAI下各波段的变化值以叶绿素含量为100μg/cm²时近红外波段的反射率值为标准进行归一化处理，具体方法：将叶绿素含量为10μg/cm²和100μg/cm²时，每个波段内2种叶绿素含量下的反射率值之差的绝对值除以叶绿素含量为100μg/cm²时的近红外波段反射率。具体计算公式如下。

$$\Delta \text{NIR}（\%）= \left| \frac{R_{\text{NIR1}} - R_{\text{NIR2}}}{R_{\text{NIR2}}} \times 100 \right| \tag{2.9}$$

$$\Delta \text{RE}（\%）= \left| \frac{R_{\text{RE1}} - R_{\text{RE2}}}{R_{\text{NIR2}}} \times 100 \right| \tag{2.10}$$

$$\Delta \text{RED}（\%）= \left| \frac{R_{\text{RED1}} - R_{\text{RED2}}}{R_{\text{NIR2}}} \times 100 \right| \tag{2.11}$$

式中，ΔNIR、ΔRE和ΔRED分别为相同LAI下，叶绿素含量为10μg/cm²和100μg/cm²时，近红外波段、红边波段和红波段反射率变化值与叶绿素含量100μg/cm²时近红外波段反射率的比值；R_{NIR1}和R_{NIR2}分别表示叶绿素含量为10μg/cm²和100μg/cm²时，近红外波段的反射率；R_{RE1}和R_{RE2}分别表示叶绿素含量为10μg/cm²和100μg/cm²时，红边波

段的反射率；R_{RED1}和R_{RED2}分别表示叶绿素含量为10μg/cm²和100μg/cm²时，红波段的反射率。

ΔNIR、ΔRE和ΔRED随LAI的变化如图2.12显示，ΔNIR随LAI增大略有增大，但ΔNIR值始终小于5%，反映出叶绿素含量的不同，对近红外波段反射率的影响最小；ΔRE随LAI的变化，呈现出先增大后减小的趋势，并且ΔRE值一直大于35%，体现出叶绿素含量不同对红边波段产生了较大影响，红边波段反射率的差值占近红外波段反射率值的比例至少为35%以上；ΔRED随LAI的增大略有减小，ΔRED值为10%~15%，红波段的差值占近红外波段反射率的比例，远小于红边波段的差值占近红外波段反射率的比例。由此可以说明，红边波段反射率受叶绿素含量变化的影响显著大于近红外和红波段受到的影响，因而，与"红波段+近红外波段"组合的植被指数相比，"红边波段+近红外波段"组合的植被指数在反演LAI时，受到叶绿素含量的影响造成的反演误差更大。

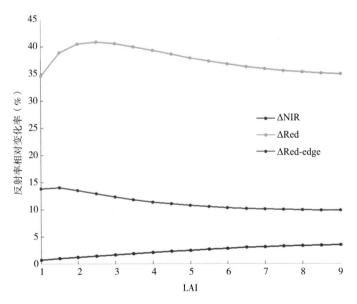

图2.12　PROSAIL模型不同叶绿素含量下不同叶面积指数输入值的各波段反射率相对变化率

（二）作物光谱反射率对叶绿素含量和叶面积指数的敏感性分析

基于PROSAIL模拟数据，采用EFAST方法进行叶绿素含量和LAI对红波段、红边波段和近红外波段的一阶敏感性分析和总体敏感性分析，结果分别如表2.7和表2.8所示。从表2.7可以看到，对于红波段和红边波段，叶绿素的一阶敏感性指数值分别为

0.656 0和0.933 1，远高于LAI的0.193 0和0.010 7；而对于近红外波段，LAI的一阶敏感性指数（0.976 4）远远高于叶绿素（0.004 1），表明红波段和红边波段受叶绿素含量的影响远大于受LAI的影响，而红边波段主要受LAI的影响。从表2.8可以看到，考虑参数间的相互作用后，叶绿素和LAI的敏感性排序与一阶敏感性分析结果一致，但各参数敏感性所占的比例稍有变化，这是由于叶绿素和LAI之间存在一定程度的相互作用。

表2.7　叶绿素和LAI对光谱反射率的一阶敏感性指数

参数指标	红波段	红边波段	近红外波段
叶绿素	0.656 0	0.933 1	0.004 1
LAI	0.193 0	0.010 7	0.976 4

表2.8　叶绿素和LAI对光谱反射率的总体敏感性指数

参数指标	红波段	红边波段	近红外波段
叶绿素	0.804 8	0.989 2	0.023 5
LAI	0.336 9	0.065 9	0.996 6

三、冬小麦叶面积指数反演模型构建

（一）红边波段与红波段改进植被指数的最优a值确定

$NDVI_{Red\&RE}$、$MSR_{Red\&RE}$和$CI_{Red\&RE}$计算过程中红边波段与红波段比例根据"a"值确定。根据公式定义，a∈[0，1]，以0.1为步长，分别计算不同a值时$NDVI_{Red\&RE}$、$MSR_{Red\&RE}$、$CI_{Red\&RE}$与LAI的拟合方程决定系数（R^2），如图2.13所示。从图中可以看到，随着a值增大，$NDVI_{Red\&RE}$、$MSR_{Red\&RE}$和$CI_{Red\&RE}$与LAI的R^2均先增大再减小；在a=0.4时，3种植被指数与LAI的R^2均达到最大，表明在植被指数构建过程中将红波段和红边波段以一定的比例结合后代替红波段，可以进一步提高作物LAI的反演精度。此外，3种植被指数均在a=0时比a=1时的R^2更大，表明与传统植被指数VI_{Red}（a=1时）相比，单纯利用红边波段代替红波段计算的植被指数$VI_{Red-edge}$（a=0时）反演LAI的能力有所提高。

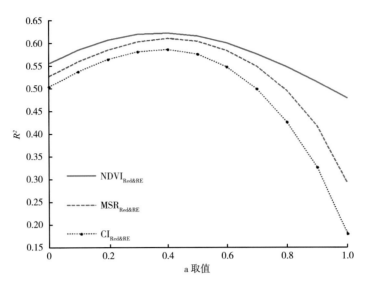

图2.13　不同"a"取值下红边和红波段组合的植被指数与叶面积指数
拟合方程的决定系数分布曲线

（二）作物叶面积指数反演模型构建

根据最优a值的确定，进一步分析了植被指数原始形式（NDVI、MSR和 CI_{Green}）、红边代替形式（$NDVI_{Red-edge}$、$MSR_{Red-edge}$ 和 $CI_{Red-edge}$）、红边和红波段组合（a=0.4）代替形式（$NDVI_{Red\&RE}$、$MSR_{Red\&RE}$ 和 $CI_{Red\&RE}$）与LAI之间的相关性，如图2.14所示。从图中可以看到，NDVI、$NDVI_{Red-edge}$ 和 $NDVI_{Red\&RE}$ 与LAI呈对数关系，而MSR、$MSR_{Red-edge}$、$MSR_{Red\&RE}$、CI_{Green}、$CI_{Red-edge}$ 和 $CI_{Red\&RE}$ 与LAI呈指数关系。对比同一类型植被指数（图2.14中横向比较），红边和红波段组合代替形式植被指数（$NDVI_{Red\&RE}$、$MSR_{Red\&RE}$ 和 $CI_{Red\&RE}$）与LAI的拟合精度最高，其次是红边代替形式植被指数（$NDVI_{Red-edge}$、$MSR_{Red-edge}$ 和 $CI_{Red-edge}$），前者比后者在LAI拟合精度方面增加了至少10%；原始形式植被指数（NDVI、MSR、CI_{Green}）与LAI的拟合精度最低。在所有9种植被指数中，CI_{Green} 与LAI的相关性最低，R^2 仅为0.063，其原因是绿波段主要受叶绿素含量的影响，而与叶面积指数的关系不明显，因此用该指数反演叶面积指数效果不好。将 CI_{Green} 中的绿波段由红边波段代替所构成的植被指数 $CI_{Red-edge}$，其与LAI的关系得到了明显的增强，而将红波段与红边波段结合代替绿波段构建的植被指数 $CI_{Red\&RE}$ 进一步增强了与LAI的相关关系。

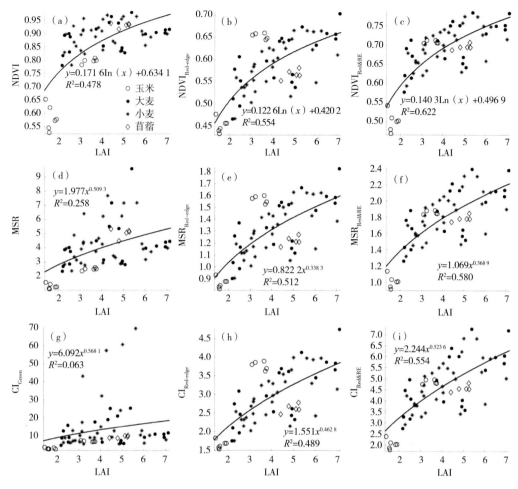

图2.14　基于不同波段组合形式的植被指数与叶面积指数（LAI）之间的关系拟合

四、冬小麦叶面积指数反演模型验证

基于上述构建的叶面积指数反演模型，采用留一交叉验证法对反演结果进行验证，将LAI反演值与田间实测值进行对比，如图2.15所示。验证结果表明，与原始形式植被指数（NDVI、MSR、CI_{Green}）相比，采样红边代替的植被指数（$NDVI_{Red-edge}$、$MSR_{Red-edge}$和$CI_{Red-edge}$）有效提高了LAI的反演精度，而结合红边波段与红波段的植被指数（$NDVI_{Red\&RE}$、$MSR_{Red\&RE}$和$CI_{Red\&RE}$）进一步提高了LAI反演精度。例如，基于$NDVI_{Red\&RE}$指数的LAI反演精度最高（$R^2=0.500$，RMSE=1.068），其次为$NDVI_{Red-edge}$（$R^2=0.438$，RMSE=1.138），而NDVI最低（$R^2=0.314$，RMSE=1.255）。另外，利用原始形式植被指数（NDVI、MSR、CI_{Green}）进行LAI反演时的饱和效应最严重，当

LAI>4时，NDVI模型几乎所有的反演值都低于真实值；MSR模型的反演结果较为离散，部分样点被严重低估，部分样点被高估；CI_{Green}模型对小麦的反演值偏高，而对其余3种作物的反演值严重偏低。

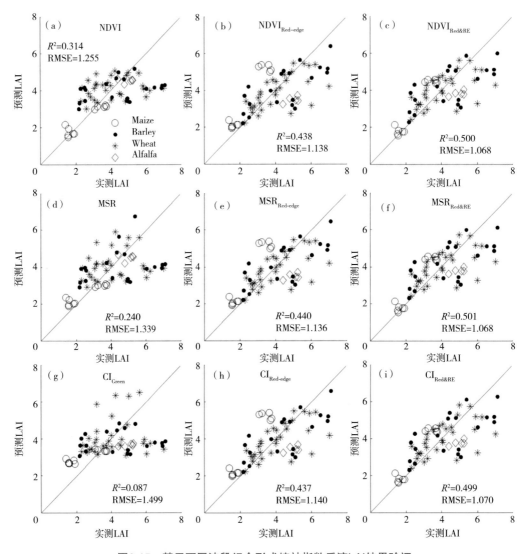

图2.15　基于不同波段组合形式植被指数反演LAI结果验证

五、小　结

针对一般红边波段代替红波段的改进植被指数多是基于单一时相、单一作物实现LAI估算中存在的对叶绿素含量的干扰考虑不足的缺陷，本节提出了基于红边波段和红波段进行组合改进的新植被指数$NDVI_{Red\&RE}$、$MSR_{Red\&RE}$和$CI_{Red\&RE}$。根据田间实测的不同生育时期的4种作物（小麦、大麦、苜蓿和玉米）的叶面积指数和与田间试验准同步的RapidEye卫星影像，建立基于植被指数的LAI反演模型，结果表明，红边改进植被指数（$NDVI_{Red-edge}$、$MSR_{Red-edge}$和$CI_{Red-edge}$）可以提高传统植被指数（NDVI、MSR和CI_{Green}）的LAI反演精度；而新提出的植被指数（$NDVI_{Red\&RE}$、$MSR_{Red\&RE}$和$CI_{Red\&RE}$）能够进一步提高LAI的反演精度，比红边改进植被指数反演结果的R^2至少提高10%。因此，本节提出的基于红边波段和红波段组合改进的新植被指数$NDVI_{Red\&RE}$、$MSR_{Red\&RE}$和$CI_{Red\&RE}$可以很好地用于LAI的反演，也为相关植被叶面积指数的反演提供理论与方法参考。

第四节　基于Sentinel-2卫星数据的冬小麦叶面积指数反演方法研究

Sentinel-2（哨兵2号）是高分辨率多光谱成像卫星，携带1枚多光谱成像仪（MSI），用于陆地监测，可提供植被、土壤和水覆盖、内陆水路及海岸区域等图像，还可用于紧急救援服务。分为2A和2B 2颗卫星，1颗卫星的重访周期为10天，2颗互补，重访周期为5天。Sentinel-2拥有13个光谱波段，包含了10m、20m和60m共3种空间分辨率，是目前唯一1颗在红边范围含有3个波段的数据的卫星，可广泛用于监测植被长势与健康状况。本节介绍基于Sentinel-2卫星数据的小麦LAI反演方法研究，尤其是多个红边波段之间的差异及其在LAI反演中的应用能力。

一、研究区与研究方法

试验于2016年在北京市顺义区冬小麦种植区开展，分别在冬小麦拔节期（4月7日、4月20日）、灌浆期（5月18日）和乳熟期（6月8日）3个生育期共开展了4次地面试验，每次试验采集了22个样点的作物LAI和叶绿素含量等农学数据，并获取了同时期的无云Sentinel-2（4月10日、4月23日、5月13日）和Landsat-8（4月18日、6月9日）卫星数据。

基于Sentinel-2卫星数据，利用LAI反演的3种经典方法：查找表、神经网络和植被指数，开展了小麦LAI反演方法研究，探讨了Sentinel-2的多个红边波段之间的差异及其在LAI反演中的应用能力。

　　针对植被指数方法，选择了在LAI反演中常用的12种植被指数进行研究，各个指数的计算公式以及所用波段组合见表2.9。由于Sentinel-2和Landsat-8的波段设置不同，很多包含红边波段的植被指数无法由Landsat-8影像反射率计算得到，如MTCI、MCARI等；此外，很多包含红边波段的植被指数，被一些学者通过选择不同的波段组合进行改进，也可以由Sentinel-2数据计算得到，例如TCARI/OSAVI原始公式中使用的波段为近红外、红边、红和绿波段，改进的植被指数TCARI/OSAVI$_{[705, 750]}$使用的波段为750nm、705nm和550nm，其中包含2个红边波段和1个绿波段。而以往搭载红边波段的多光谱卫星数据只包含1个红边波段，无法计算得到例如TCARI/OSAVI$_{[705, 750]}$和MCARI/OSAVI$_{[705, 750]}$包含2个红边波段的植被指数。最终由Sentinel-2反射率计算得到12种植被指数，由Landsat-8反射率计算只得到3种植被指数（表2.9）。不同植被指数对不同生长条件下的冬小麦（如不同LAI，不同叶绿素含量，土壤条件等）敏感性不同，因此将所有由卫星数据计算得到的植被指数逐个与田间实测LAI建立拟合方程，通过比较不同植被指数与叶面积指数拟合方程的精度（R^2），分别对Sentinel-2和Landsat-8卫星影像，筛选出精度最高的植被指数，即对LAI敏感性最强的植被指数，用于建立反演方程，进行LAI反演。

表2.9　本节选取的植被指数及卫星波段组合

植被指数	计算公式	波段组合		参考文献
		Sentinel-2	Landsat-8	
NDVI	$\dfrac{R_{NIR} - R_{Red}}{R_{NIR} + R_{Red}}$	B7，B4	B5，B4	Rouse et al., 1974
NDRE1	$\dfrac{R_{Red-edge1} - R_{Red-edge2}}{R_{Red-edge1} + R_{Red-edge2}}$	B6，B5	—	Sims et al., 2002
NDRE2	$\dfrac{R_{NIR} - R_{Red-edge}}{R_{NIR} + R_{Red-edge}}$	B7，B5	—	Barnes et al., 2000
MSR	$\dfrac{R_{NIR}/R_{Red} - 1}{\sqrt{R_{NIR}/R_{Red} + 1}}$	B7，B4	B5，B4	Chen，1996
MTCI	$\dfrac{R_{NIR} - R_{Red-edge}}{R_{Red-edge} + R_{Red}}$	B7，B5，B4	—	Dash et al., 2004
MCARI	$\left[(R_{Red-edge} - R_{Red}) - 0.2(R_{Red-edge} - R_{Green})\right]\left(\dfrac{R_{Red-edge}}{R_{Red}}\right)$	B5，B4，B3	—	Daughtry et al., 2000

（续表）

植被指数	计算公式	波段组合		参考文献
		Sentinel-2	Landsat-8	
TCARI/OSAVI	$\dfrac{3[(R_{\text{Red-edge}} - R_{\text{Red}}) - 0.2(R_{\text{Red-edge}} - R_{\text{Green}})(R_{\text{Red-edge}}/R_{\text{Red}})]}{(1+0.16)(R_{\text{NIR}} - R_{\text{Red}})/(R_{\text{NIR}} + R_{\text{Red}} + 0.16)}$	B7, B5, B4, B3	—	Rondeaux et al., 1996
TCARI/OSAVI$_{[705, 750]}$	$\dfrac{3[(R_{750} - R_{705}) - 0.2(R_{750} - R_{550})(R_{750}/R_{705})]}{(1+0.16)(R_{750} - R_{705})/(R_{750} + R_{705} + 0.16)}$	B6, B5, B3	—	Wu et al., 2008
MCARI/OSAVI	$\dfrac{[(R_{\text{Red-edge}} - R_{\text{Red}}) - 0.2(R_{\text{Red-edge}} - R_{\text{Green}})(R_{\text{Red-edge}}/R_{\text{Red}})]}{(1+0.16)(R_{\text{NIR}} - R_{\text{Red}})/(R_{\text{NIR}} + R_{\text{Red}} + 0.16)}$	B7, B5, B4, B3	—	Rondeaux et al., 1996
MCARI/OSAVI$_{[705, 750]}$	$\dfrac{[(R_{750} - R_{705}) - 0.2(R_{750} - R_{550})(R_{750}/R_{705})]}{(1+0.16)(R_{750} - R_{705})/(R_{750} + R_{705} + 0.16)}$	B6, B5, B3	—	Wu et al., 2008
CI$_{\text{Green}}$	$\dfrac{R_{\text{NIR}}}{R_{\text{Green}}} - 1$	B7, B3	B5, B3	Gitelson et al., 2006
CI$_{\text{Red-edge}}$	$\dfrac{R_{\text{NIR}}}{R_{\text{Red-edge}}} - 1$	B7, B5	—	Gitelson et al., 2006

二、基于PROSAIL模型的Sentinel-2和Landsat-8卫星波段反射率模拟分析

利用PROSAIL模型，对Sentinel-2和Landsat-8各个波段范围进行了光谱反射率模拟，如图2.16和图2.17所示。从图2.16可以看到，Sentinel-2的反射率与模拟反射率在560nm（B3）、665nm（B4）、783nm（B7）和865nm（B8A）处均呈现较好的重叠，在490nm（B2）部分Sentinel-2的反射率值大于模拟反射率，而在Sentinel-2数据的红边波段705nm（B5）和740nm（B6），反射率值与PROSAIL模拟反射率值存在较大差异。Sentinel-2的红边波段反射率值集中在模拟反射率值较低的区域，而反射率在705nm波段大于约0.2时以及在740nm波段大于约0.34时，PROSAIL模拟反射率与Sentinel-2的红边波段反射率没有重叠，表明Sentinel-2的红边波段数据可能存在数据质量问题。此外，Sentinel-2的红边波段数据与模拟反射率红边波段数据之间的差异，可能导致查找表法和神经网络法反演LAI的误差，以及基于红边波段的植被指数反演LAI的误差。

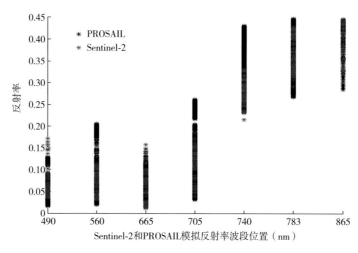

图2.16　Sentinel-2反射率及对应波段位置的PROSAIL模拟反射率

　　从图2.17可以看到，Landsat-8各个波段的反射率集中在模拟反射率值范围的低值区域，Landsat-8数据在865nm（B5）处甚至有3个点的反射率值低于模拟反射率值。Landsat-8反射率值整体偏低，除大气、土壤背景、混合像元等因素的影响外，还因为与Landsat-8影像准同步的38个田间采样点，LAI范围为2.21～6.09，而与Sentinel-2影像准同步的62个田间采样点，LAI范围为0.96～7.88。由于与Landsat-8影像准同步的田间采样点LAI值范围较小，并且不存在LAI值较低（0.96～2.21）和较高（6.09～7.88）的样点，因此Landsat-8反射率值在每个波段的变化范围小于Sentinel-2反射率值的变化范围，并且在近红外波段865nm处，Landsat-8的反射率值最大约0.4，小于Sentinel-2反射率的最大值（约0.45）。

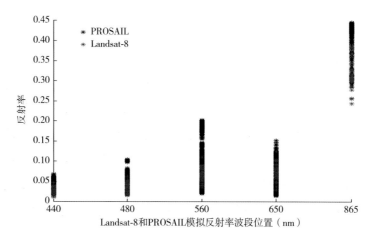

图2.17　Landsat-8反射率及对应波段位置的PROSAIL模拟反射率

三、冬小麦叶面积指数反演模型构建

基于Sentinel-2影像反射率，计算了NDVI、NDRE1、NDRE2、MSR、MTCI、MCARI、TCARI/OSAVI、TCARI/OSAVI$_{[705,750]}$、MCARI/OSAVI、MCARI/OSAVI$_{[705,750]}$、CI$_{Green}$和CI$_{Red-edge}$12种植被指数；基于Landsat-8影像反射率，计算了NDVI、MSR和CI$_{Green}$3种植被指数。将各植被指数与地面实测LAI值建立拟合方程，拟合精度R^2如表2.10所示。针对Sentinel-2数据，TCARI/OSAVI与LAI的拟合方程精度最高（R^2=0.72），其次为NDRE2（R^2=0.64）和CI$_{Red-edge}$（R^2=0.64）。因此，选择TCARI/OSAVI建立基于Sentinel-2数据的LAI反演方程。针对Landsat数据，NDVI与LAI的拟合方程精度最高（R^2=0.40）。因此，选择NDVI建立基Landsat-8数据的LAI反演方程。

表2.10　不同植被指数与LAI拟合方程的精度（R^2）

植被指数	Sentinel-2	Landsat-8
NDVI	0.55	0.40
NDRE1	0.58	—
NDRE2	0.64	—
MSR	0.57	0.36
MTCI	0.62	—
MCARI	0.28	—
TCARI/OSAVI	0.72	—
TCARI/OSAVI$_{[705,750]}$	0.49	—
MCARI/OSAVI	0.02	—
MCARI/OSAVI$_{[705,750]}$	0.60	—
CI$_{Green}$	0.55	0.35
CI$_{Red-edge}$	0.64	—

此外，表2.10显示，含有红边波段的Sentinel-2卫星，可以提供远远多于Landsat-8卫星的植被指数类型选择，为植被指数法反演LAI的精度提升起到关键作用。例如，NDVI与LAI的拟合方程决R^2为0.55，而用红边波段代替红波段计算得到的NDRE1和NDRE2与LAI的拟合方程R^2分别为0.58和0.64，有效增强了植被指数与LAI的拟合关系。MCARI/OSAVI$_{[705,750]}$和MCARI/OSAVI与LAI的拟合方程R^2分别为0.60和0.02，体现了包含2个红边波段的Sentinel-2数据，可以计算得到更多类似MCARI/OSAVI$_{[705,750]}$的植被指数，对于植被参数反演具有重要价值。

四、冬小麦叶面积指数反演结果验证

采用查找表、BP神经网络和植被指数3种模型，分别基于与田间试验准同步的Sentinel-2卫星和Landsat-8卫星数据进行LAI反演。将每种模型的反演结果与田间实测值进行精度对比验证，如图2.18所示。

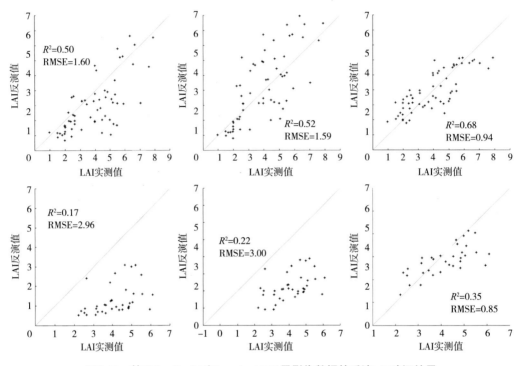

图2.18　基于Sentinel-2和Landsat-8卫星影像数据的反演LAI验证结果

对于2种卫星数据，LAI反演精度最高的均为植被指数模型，其次为神经网络模型，查找表模型的反演精度最低。其中，基于Sentinel-2数据的TCARI/OSAVI模型反演LAI的R^2为0.68，RMSE为0.94；基于Landsat-8数据的NDVI模型反演LAI对的R^2为0.35，RMSE为0.85。而基于Sentinel-2神经网络模型反演LAI的R^2为0.52，RMSE为1.59；基于Landsat-8神经网络模型反演LAI的R^2为0.22，RMSE为3.00。基于Sentinel-2查找表模型反演LAI的R^2为0.50，RMSE为1.60；基于Landsat-8查找表模型反演LAI的R^2为0.17，RMSE为2.96。

虽然2种卫星数据对应的地面采样点不完全一致，与Sentinel-2对应的地面采样点为62个，与Landsat-8对应的采样点为38个，无法将2种卫星数据的反演结果精度R^2和RMSE值进行直接对比。但是可以从图2.18中也可以看出，3种模型对Setinel-2数据的反演结果，均分布在1∶1线附近，其中LAI>3时，查找表模型和BP神经网络模型的反演结果比TCARI/OSAVI模型的反演结果分布更离散；而3种模型对Landsat-8数据的反演结果，除NDVI模型的反演值分布在1∶1线附近外，其余2种模型均严重低估了冬小麦的LAI，反演值均分布在1∶1下方，并且对于NDVI模型，存在对LAI<4的样点高估，对LAI>4的样点低估的现象。

总的来说，各种模型基于Sentinel-2数据的LAI反演精度R^2均大于0.5，对冬小麦LAI的反演精度较高；而基于Landsat-8数据的LAI反演精度R^2均小于0.35，对冬小麦LAI的反演能力较弱，表明了Sentinel-2数据更高的"时间—空间—光谱"分辨率明显提升了作物遥感参数反演的能力。此外，尽管本研究中植被指数模型相对在神经网络模型和查找表模型在LAI反演中取得了最高的精度，但由于这种经验统计方法依赖于统计样本，因此对不同区域和作物品种等的应用缺乏普适性。而神经网络模型和查找表模型均是基于PROSAIL模型进行反演，对不同研究区域和作物品种具有较好的普适性，适合用于大面积的植被LAI反演，但前提是在进行PROSAIL模型模拟时需要保障输入参数的可靠性。

五、小　结

本节采用3种叶面积指数反演的经典方法：查找表、神经网络和植被指数法，探索多个红边波段的差异，由新发射的Sentinel-2卫星和Landsat-8卫星数据、农学信息、地面实测等多元数据，反演了北京市顺义区部分样点的冬小麦叶面积指数。结果表明，具有更高的"时—空—谱"分辨率的Sentinel-2卫星，比Landsat-8卫星反演精度更高。Sentinel-2卫星搭载的中心波长为705nm和740nm的2个红边波段，比单个红边波段的多光谱数据（如RapidEye）提供了更丰富的红边区域波谱信息，以及更多与LAI高度相关的基于705nm和750nm的植被指数的选择。

第五节　基于冠层内光分布的玉米叶面积指数垂直分布模拟研究

作物冠层形态结构是影响冠层内光分布的重要因素，同时也会影响叶面积指数垂直分布的遥感反演精度。光合有效辐射（Photo-synthetically Active Radiation，PAR）是研究冠层内光分布状况的主要参数（汪涛等，2015），是植物生命活动、有机物质合成和产量形成的能量来源，控制着植被光合作用，影响植物的生长、发育、产量和质量。研究表明，作物冠层内部平均PAR的垂直分布具有向下累积叶面积指数的增加而递减的趋势。因此，研究冠层内PAR的垂直分布特征与叶面积指数变化规律之间的定量关系，对提高叶面积指数的遥感反演具有重要意义。目前，针对冠层内叶面积指数垂直分布的遥感反演研究欠成熟，章家恩等（2001）在试验观测的基础上对玉米冠层内光分布随高度及叶面积指数的变化规律进行分析探讨，得出玉米群体内辐射透过率与叶面积指数之间呈现负指数相关。此外，植被类型、冠层结构、作物生长所处的生育期均会影响光层内光的分布；对于行播作物来说，封垄前行垄结构特征往往也会影响冠层内光的分布。本节介绍基于玉米冠层内辐射分布的不同层叶面积指数模拟研究。

一、研究区与研究方法

试验于2003年在北京市农林科学院试验场内开展，试验区内地势平坦，土壤类型为壤土，气候类型为典型的暖温带半湿润大陆季风气候，全年平均气温14.0℃，年降水量480mm左右。试验选取播期为6月15日的半紧凑型玉米品种：'京玉7号'（JY7），玉米种植株距30cm，行距70cm。在夏玉米抽雄期于8月11日开始试验，试验分11个样区采集数据，数据内容包括夏玉米结构参数数据、植被组分（叶、茎）光谱数据、光合有效辐射、天空光散射比例。

基于冠层内光分布的作物叶面积指数垂直分布模拟技术流程如图2.19所示。

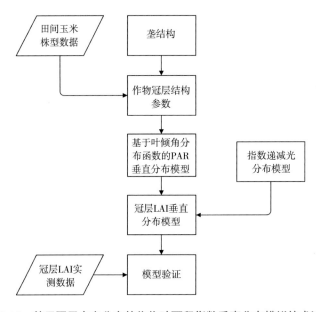

图2.19　基于冠层内光分布的作物叶面积指数垂直分布模拟技术流程

（一）玉米垄行结构冠层内PAR垂直分布模拟方法

以Gijzen等（1989）提出的垄行截面为矩形为基础计算行作物的光分布模型，由于垄行之间的相互作用，充分考虑用光线入射角度、叶面积密度分布、叶角分布以及行几何等来描述玉米冠层结构。如图2.20所示，光线入射单垄（左图）与多垄（右图）垄行结构冠层内路径。

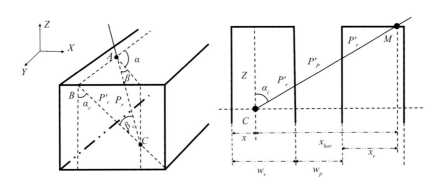

图2.20 垄行冠层结构与入射光的几何关系

注：光线从A点入射到C点，BC为光线AC在XZ平面的投影，α为光线与垄向的夹角（°）；β为高度角（°）；P_r为有效路径，P_r'为P_r在XZ平面的投影；α_c、β_c分别为光线与XZ平面、YZ平面的夹角；如右图，光线从M点入射到C点，经过路径为MC，αc为光线MC与XZ平面的夹角；Z为C点离垄行顶部的距离（cm）；w_r为垄宽（cm）；w_p为行距（cm）；x为C点距垄行左侧起点的距离（cm）；x_r为M点距垄起点的距离（cm）；x_{hor}为C点与M点的水平距离（cm）。

光线投影到垄行所在XZ平面和YZ平面，角度之间有如下关系。

$$\sin\beta = \cos\alpha_c\cos\beta_c \tag{2.12}$$

$$\sin\beta_c = \cos\alpha\cos\beta \tag{2.13}$$

$$x_{hor}=Z\tan\alpha_c,\ x_r\ |\ (x_{hor}+x)\ /\ (w_p+w_r) \tag{2.14}$$

式中，β为高度角（°）；α_c为光线与XZ平面的夹角（°）；β_c为光线与YZ平面的夹角（°）；α为光线与垄向的夹角（°）；x_{hor}为C点与M点的水平距离（cm）；Z为C点离垄行顶部的距离（cm）；x_r为M点距垄起点的距离（cm）；x为C点距垄行左侧起点的距离（cm）；w_r为垄宽（cm）；w_p为行距（cm）。

光线穿过冠层时，可能穿过多个垄行。所经过的完整垄行数N_u计算公式如下。

$$N_u=(x_{hor}+x-x_r)\ /\ (w_p+w_r) \tag{2.15}$$

P_r为光有效路径，通过垄行的有效光路径长度如下。

$$P_r^{'} = \left\{ \begin{array}{l} (N_u w_r - x + x_r)/\sin\alpha_c, x_r \leqslant w_r \\ ((N_u+1)w_r - x)/\sin\alpha_c, x_r > w_r \end{array} \right. \quad (2.16)$$

$$P_r = P_r^{'}/\cos\beta_c \quad (2.17)$$

L_t为光穿过从上到下的累积叶面积指数，L_d为垄行叶面积体密度分布，计算公式如下。

$$L_t = P_r \cdot L_d \quad (2.18)$$

叶面积体密度分布函数$u(z)$描述了植被叶面积密度的分布状况，定义为某高度z处单位体积内，叶子单面面积之和。根据其定义，可计算任意2个高度z_1和z_2间的LAI。其中$u(z)$采用指数函数型分布：h为冠层高度，Z_m为体密度最大时所对应的高度（刘镕源，2011）。

$$L_d = \mathrm{LAI}(z_1, z_2) \int_{z_1}^{z_2} u(z)\mathrm{d}z \quad (2.19)$$

$$u(z) = \frac{\mathrm{LAI}na^2}{s} e^{-na^2} \quad (2.20)$$

$$a = \frac{z}{h}, \quad n = \left(\frac{h}{Z_m}\right)^2, \quad s = \frac{1}{2}\left[\frac{1}{2}\sqrt{\frac{\pi}{n}}\mathrm{erf}(\sqrt{n}) - e^{-n}\right] \quad (2.21)$$

Gijzen等（1989）采用透过率来描述光线射入冠层时受作物组分散射吸收等作用时的衰减程度。x和z分别为冠层内点的横坐标和高度，λ是波长（nm），ρ为叶片的反射率，σ为散射系数，k为消光系数。透过率包括直射光与散射光透过率，直射光的透过率和散射光的透过率可表示如下。

$$\tau_b(x, z, \lambda) = \exp(-(1-\sigma(\lambda))^{1/2} L_t(x, z)k) \quad (2.22)$$

$$\tau_d(x, z, \lambda) = (1-\rho)\frac{1}{\pi}\int_0^{2\pi}\int_0^{\frac{\pi}{2}}\exp(-(1-\sigma(\lambda))^{1/2} \\ L_t(i, j)k_b)\sin\beta\cos\beta_c\mathrm{d}\beta_c\mathrm{d}\alpha_c \quad (2.23)$$

（二）玉米叶面积指数垂直分布模拟方法

Monsi等（1953）最早将比尔定律应用于描述植被冠层内辐射传输和分布研究，假设植被冠层为均一整体。透射率与LAI有一定的定量关系，因此可通过测量入射辐射和到达冠层内任意位置的透射辐射进一步反演LAI及LAI垂直分布（周允华等，1997）。透射率与LAI之间的定量关系可通过以下公式表示。

$$T_p=e^{-KL} \tag{2.24}$$

$$L=-\ln（T_p）/K \tag{2.25}$$

式中，L为累积叶面积指数，T_p为光的透射率，K为消光系数，与叶角分布和截获光有关。

由于实际植物群体的叶片分布状况与均一分布的假设不完全相符，本研究为封垄前垄行结构冠层的玉米，按一定间隔平行排列且具有规则的几何形态，在垄间具有离散特点，在垄内具有连续特点。Allen等（1974）将垄行结构作物群体假设成垄内随机分布，本研究在此基础上，把水平分布较均匀的玉米冠层沿垂直方向分若干个层次，且假设每个层次群体水平方向随机分布。

目前已提出的LAI反演方法主要由Beer-Lambert模型和一维反演模型发展而来。本研究利用数据反演LAI应用2种算法：一种算法基于Beer-Lambert的Bonhomme & Chartier算法，该算法将消光系数定为0.91（汪涛等，2015）；另一种算法由一维反演模型演化而来，为Campbell椭球分布算法，提出了1个用于计算以相同的比例和对称面分布在以纵轴为轴心的椭圆旋转体表面的叶片消光系数K的方法（Campbell，1986；Bonhomme，1972）。椭圆旋转体的垂直半轴为a，水平半轴为b，椭圆叶角分布参数x=b/a，x为ELADP，θ为入射角的垂直角度。

$$K（x,\theta）=\frac{\sqrt{x^2+\tan^2(\theta)}}{x+1.702（x+1.12）^{-0.708}} \tag{2.26}$$

式中，x表示椭圆叶角分布参数，为圆旋转体的水平半轴与垂直半轴的比值；θ为入射角的垂直角度。

二、玉米冠层内PAR透过率垂直分布模拟

将实测株型行垄几何等数据输入模型，模拟冠层自上到下平均分10层的各层PAR透过率，记为"S"；将实测的顺垄方向各层PAR透过率记为"P"，实测的垂直于垄方向各层PAR透过率记为"V"，对比分析了不同太阳高度角下S、P和V的分布规律。从图2.21和表2.11可以看出，光在玉米冠层内传输，从上到下随高度减小透光率总体上呈递减的趋势。冠层内的PAR透过率沿光路径呈递减的规律，与比尔朗伯定律一致。模拟结果与实测结果保持了相似的趋势，整体来说与实测值也较为接近。由PAR的垂直分布可知，玉米群体的叶片主要分布在中层和上层，下层叶片量较少。从不同高度角的模拟结果来看，30°高度角的RMSE为0.07和45度高度角的RMSE

为0.08，对同时期同株型的60°高度角的RMSE为0.11，可以发现30°与45°高度角模拟结果稍优于60°高度角，并且平行于垄行测量结果更接近于模拟值。不同高度角PAR透过率垂直分布不尽相同，60°高度角下层透光率随高度层的增加并不呈正相关性增加，而是呈先减小趋于平缓趋势后逐步增大。随高度角的增加，冠层下部PAR透光率趋势趋于平缓。这是由于透过率的分布大小受太阳高度角与垄行结构间距的相对关系的影响。章家恩等（2001）研究认为作物冠层内光合有效辐射分布受光照条件、作物的群体结构影响，研究结果相吻合。总体而言，本研究建立的PAR透光率垂直分布模型较好反映了玉米封垄前冠层内PAR透光率垂直分布的趋势。

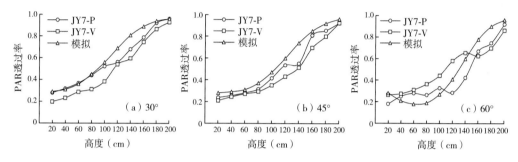

图2.21　冠层内不同太阳高度角光合有效辐射透过率模拟值与实测值的比较

表2.11　PAR模拟值与实测值的均方根误差

高度角	类别	高度（cm）										RMSE
		20	40	60	80	100	120	140	160	180	200	
	P	0.28	0.32	0.37	0.44	0.52	0.56	0.68	0.79	0.92	0.96	0.07
30°	V	0.20	0.23	0.29	0.31	0.38	0.54	0.60	0.75	0.87	0.93	0.13
	S	0.29	0.31	0.36	0.45	0.56	0.69	0.81	0.89	0.94	0.96	—
	P	0.24	0.26	0.28	0.32	0.42	0.54	0.55	0.81	0.85	0.92	0.08
45°	V	0.21	0.24	0.27	0.29	0.35	0.43	0.51	0.70	0.80	0.92	0.12
	S	0.28	0.29	0.31	0.37	0.47	0.6	0.74	0.85	0.92	0.96	—
	P	0.18	0.25	0.28	0.26	0.33	0.29	0.42	0.67	0.75	0.92	0.11
60°	V	0.26	0.28	0.31	0.36	0.44	0.58	0.66	0.63	0.70	0.86	0.14
	S	0.28	0.21	0.18	0.19	0.27	0.41	0.6	0.78	0.9	0.96	—

三、玉米冠层内叶面积指数垂直分布模拟

PAR透过率在冠层内垂直变化与叶面积的垂直分布有关。为了进一步直观的

观察不同算法模型对研究区样本的适应性，运用回归统计方法，并利用RMSE进行精度评价。采用11个样区32个样本点数据，将冠层均分为上、中、下3层（上层为136～200cm，中层为66～135cm，下层为0～65cm），分别用Bonhomme & Chartier算法和Campbell椭球分布算法进行LAI反演。将反演LAI值与实测LAI值进行回归拟合比较不同算法的叶面积指数垂直分布情况。图2.22结果表明：不同算法反演精度有一定差距，Bonhomme & Chartier算法各层反演LAI精度均较高，均方根误差（RMSE）值较小，下层RMSE值为0.09，中层RMSE值为0.55，上层RMSE值为0.18。2种算法反演中层LAI结果均不理想，RMSE分别为0.55及1.46。由此，本研究考虑不同太阳高度角反演不同层次LAI并进行模拟值与实测值比较及精度评价。

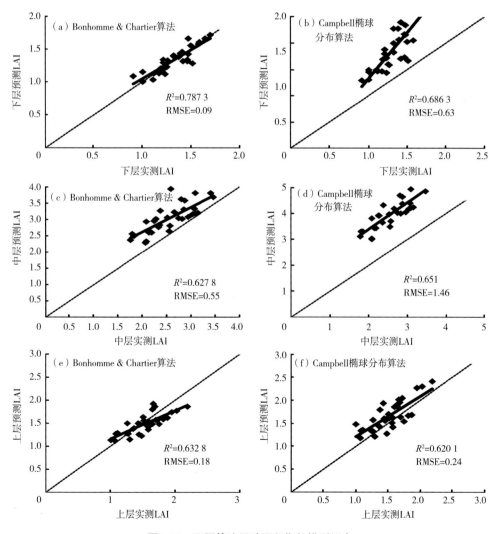

图2.22 不同算法层叶面积指数模型拟合

由于Bonhomme & Chartier算法各层反演LAI精度较高，且60°高度角时PAR透过率模拟值与实测值RMSE较大，不能用于反演层LAI。因此运用Bonhomme & Chartier算法将不同太阳高度角（30°和45°）LAI的模拟值与实测值分层进行比较。如图2.23所示，30°和45°高度角均能较好地反演下层LAI，均方根误差RMSE分别为0.11和0.09；中上层反演精度相差较大，中层30°高度角时反演精度较高，RMSE为0.30；上层45°高度角时反演精度较高，RMSE为0.18。相比同一太阳高度角反演层LAI精度提高很多，验证了不同太阳高度角构建的层LAI反演模型反演层LAI具有更好的拟合效果。

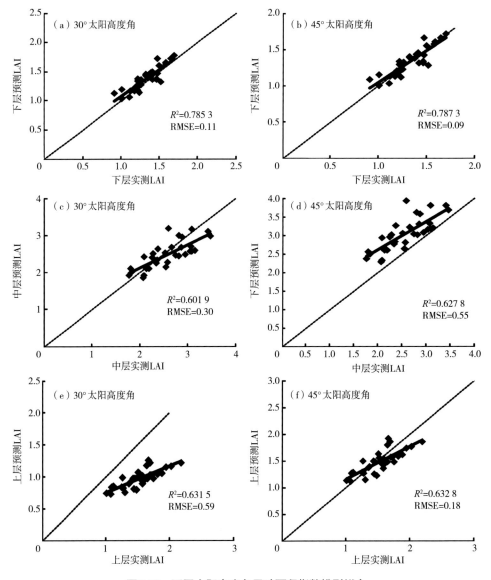

图2.23　不同太阳高度角层叶面积指数模型拟合

四、小 结

本节基于考虑行垄结构关系、叶倾角分布函数、叶面积体密度分布函数等构建冠层内光辐射传输模型，模拟玉米封垄前抽雄期冠层内光合有效辐射透过率垂直分布。通过不同太阳高度角光合有效辐射透过率的垂直分布模型，结合消光系数，运用Bonhomme & Chartier算法和Campbell椭球分布算法分别反演冠层不同层次的叶面积指数。结果表明，模型能很好的模拟封垄前抽雄期玉米冠层内光合有效辐射透过率垂直分布，随高度减小，PAR总体上呈递减趋势。受垄行结构的影响，30°与45°高度角模拟结果稍优于60°高度角。说明此方法适用于PAR垂直分布的反演。Bonhomme & Chartier算法对各层叶面积指数的反演精度较高；针对不同层次，下层叶面积指数以30°和45°高度角反演效果最好，中层叶面积指数以30°高度角反演效果最好，上层叶面积指数以45°高度角反演效果最好。

第三章　作物叶绿素含量遥感监测研究

叶绿素（Chlorophyll），是植物进行光合作用的主要色素，是表征作物光合作用能力和生长状况的重要指示因子。叶绿素主要存在于执行叶片光合作用的叶绿体中，其含量的高低直接影响作物的光合和物质积累能力。植物叶绿素的合成受多种条件影响，如光照、适宜的温度、必需的矿质元素和一定的水肥条件，当作物在遭受水肥胁迫时会阻碍叶绿素的合成。此外，已有研究表明，作物氮素含量在冠层内部存在垂直异质性，由于氮素的易转移特性，在作物受到缺氮胁迫时，下层叶片会首先出现早衰；随着胁迫程度加重，中、上层叶片也逐渐变黄衰老，作物叶绿素含量的垂直分布也会相应发生变化。田间观察时，肉眼可见中、下层叶片颜色由深绿慢慢变成浅绿，直至变黄，但此时上层叶片却变化不明显或仍然为绿色。如果利用遥感技术对作物叶绿素含量垂直分布进行监测，无疑对及时捕捉作物中下层叶片的长势信息，有效地反映作物真实氮素营养状况和及时地实施田间管理提供有用的信息，为确保粮食安全具有重要意义。因此，研究作物叶绿素含量及其垂直分布规律对于作物长势监测、养分胁迫诊断、制定施肥决策和指导农业生产等均具有十分重要的作用。

作物叶绿素含量传统测定方法多采用试验室化验方法，该方法费时、费力且具有时间滞后性，较难快速获取大面积农田作物的叶绿素含量状况，难以满足农田作物养分快速诊断与精准管理的实际需求。随着技术发展，遥感已成为作物叶绿素含量快速、无损和动态监测的一种新技术手段。经验植被指数法因其灵活便捷的优势成为目前作物叶绿素含量遥感反演的主要方法，改进或构建植被指数以提高叶绿素含量反演精度是国内外学者一直以来致力研究的方向之一。传统的植被指数多是选用绿色植物强吸收的可见光红波段以及绿色植物高反射和高透射的近红外波段进行组合，但研究发现红边波段光谱特征与叶绿素含量表现出更加密切的关系。尽管已有基于高光谱红边波段开展作物叶绿素含量反演研究的相关报道，但由于红边波段反射特征受叶绿素含量和叶面积指数的共同影响，如何解析叶绿素和叶面积指数的相互作用以降低叶面积指数的影响，从而提高叶片叶绿素含量反演精度是悬而未决的问题，仍需进一步研究。

为了满足区域尺度农作物生长及营养状况快速监测的需求，越来越多卫星传感器上设置了对植被观测至关重要的红边波段，这也为开展大面积作物叶绿素含量反演提供了宝贵契机。德国于2008年发射的RapidEye，是最早包含红边波段的商业卫星。随后，美国、欧洲航天局（ESA）和中国也相继发射搭载红边波段的卫星，并且将红边波段数量从1个增加到3个，对农作物不同生育期的长势与营养、病虫害监测与产量估算具有重要的意义。但总体来说，由于红边波段的卫星遥感数据获取尚处于起步阶段，基于这些数据开展作物叶绿素含量反演的研究则更少。现有的不同红边波段卫星数据反演叶绿素含量的能力如何？如何充分利用有限的红边波段提高叶绿素含量反演精度等亟须开展系统研究。本章探讨基于不同遥感平台的作物叶绿素含量遥感检测方法，并结合使用地面多角度高光谱遥感数据对作物冠层内部叶绿素垂直分布进行监测。

第一节　基于地面高光谱数据的冬小麦叶绿素含量监测研究

高光谱遥感数据具有波段个数多、光谱分辨率高的优势，能够反映出作物理化组分间光谱反射特性的细微差异，而这种细微差异正是实现作物不同理化组分遥感定量反演的基础。基于敏感植被指数方法是开展作物叶绿素含量定量遥感反演中应用最广泛的方法，构建或改进植被指数以提高叶绿素反演精度是这一方法主要研究方向。构建叶绿素植被指数传统上多是基于叶绿素吸收特征波段（670nm附近的红波段）的光谱特性开展。但近年研究表明红边波段光谱特征表现出与叶绿素含量更强的敏感性。如何改进传统波段选择，选择更有利于叶片叶绿素含量反演的特征波段，充分发挥高光谱数据的波段优势，实现数据资源的充分利用，仍需要进一步探讨。此外，红边区域受叶绿素与叶面积指数共同影响，所以利用红边特征开展作物叶片叶绿素含量反演时同样需要考虑叶面积指数的影响。那么如何有效地降低叶面积指数的影响从而提高作物叶片叶绿素含量反演精度是遥感监测研究中需要解决的问题。本节利用近地高光谱数据开展冬小麦叶片叶绿素含量反演研究，重点研究不同叶片叶绿素含量的红边波段响应特征，通过选择对叶绿素含量敏感而对叶面积指数不敏感的最佳波段，构建新的红边植被指数，以降低叶面积指数的影响，从而提高叶片叶绿素含量反演精度。

一、研究区与研究方法

（一）研究区与试验概况

试验数据采用在北京市昌平区小汤山国家精准农业研究示范基地2001—2002年开展的冬小麦不同肥水及品种耦合试验（试验Ⅰ）和2009—2010年开展的冬小麦不同肥量、播期及品种耦合试验（试验Ⅱ）实测的冬小麦生理生化组分和冠层高光谱数据。具体试验情况如下。

试验Ⅰ：冬小麦不同肥水及品种耦合试验

在2001—2002年冬小麦生长季内开展不同肥水及品种耦合试验。试验田共划分成48个32.4m×30m的小区，小区之间设有1m隔离行。共设置4种氮肥处理（0kg/hm²、150kg/hm²、300kg/hm²和450kg/hm²）、4种灌溉量处理（0m³/hm²、225m³/hm²、450m³/hm²和675m³/hm²）以及3个冬小麦品种（披散型'中优9507'、披散型'京9428'和直立型'京冬8'）。本试验在冬小麦6个主要生育时期进行田间采样及指标测量，分别为起身期、拔节期、挑旗期、抽穗期、灌浆期和乳熟期。测量指标有叶面积指数、叶片叶绿素含量以及冠层光谱数据，共获得288个样本数据。

试验Ⅱ：冬小麦不同肥量、播期及品种耦合试验

在2009—2010年冬小麦生长季内开展不同施氮量、播期及品种耦合试验。试验区总面积为5 040m²，被划分成面积大小一样的36个小区，不同小区间设立隔离行。本试验中共设计3个冬小麦品种，分别是披散型'农大195'、披散型'京9428'和直立型'京冬13'；3个播期处理，分别是9月25日、10月5日和10月15日，对应播种量分别是152kg/hm²、217kg/hm²和279kg/hm²。在冬小麦生长季内，所有小区氮肥分2次施入，第1次是作为底肥在9月23日冬小麦播种前施入，施肥量为56kg/hm²；第2次是在4月21日施入，其中9月25日播种的小区设计4个施氮量处理，分别为0kg/hm²、26kg/hm²、53kg/hm²和79kg/hm²；10月5日和10月15日播种的小区不设施肥量处理，均施入53kg/hm²氮肥。其他的田间管理与大田管理措施一样。在冬小麦生长期内共开展5次田间取样及指标测量，分别为拔节期、孕穗期、开花期、灌浆期和乳熟期。测量指标包括叶面积指数、叶片叶绿素含量以及冠层光谱数据，共获得168个样本数据（灌浆期只测量播期9月25日处理24个小区数据，其余时期分别测36个小区数据）。

（二）新植被指数构建

绿色植物叶片内叶绿素的光谱特性主要体现在可见光谱段。在蓝波段和红波段由于叶绿素强烈吸收辐射能而呈现吸收谷，在这2个吸收谷之间（绿波段处）吸收相对

减少，形成反射峰。为了进一步了解不同叶片叶绿素含量下作物冠层反射率的变化规律，采用PROSAIL辐射传输模型模拟出不同叶片叶绿素含量下植被冠层光谱反射曲线（图3.1）。从图3.1可知，随着叶片叶绿素含量增加，叶绿素强烈吸收辐射能，可见光波段冠层反射率呈降低趋势，在绿波段和红边波段不同叶绿素含量下冠层反射率差异较大，而近红外波段冠层反射率差异最小，逐渐趋近于一个固定值。基于这个现象，构建一个新的植被指数，基本思想是：近红外波段反射率与红边波段反射率的差值除以绿波段反射率。叶片叶绿素含量越低，该指数值越小；反之亦然。

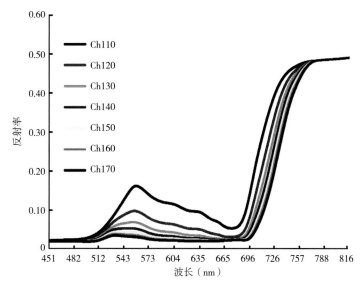

图3.1　基于PROSAIL模型模拟的不同叶片叶绿素含量下作物冠层光谱反射曲线

为了说明叶绿素和叶面积指数对红边波段光谱反射率的共同影响，图3.2和图3.3分别展示了不同叶绿素含量、叶面积指数下植被冠层反射率差值图。根据图3.2和图3.3可知，对叶绿素含量变化敏感的谱段主要集中在550nm附近的绿波段和720nm附近的红边波段，并且在550nm和720nm处，冠层反射率对不同叶面积指数变化不敏感。根据上述特征，新构建的植被指数中绿波段选择550nm，红边波段选择720nm，近红外波段选择常用的800nm。同时，为了降低非光合物质的影响，根据Daughtry等（1994）的发现，即550nm和700nm处反射率之比不随叶片叶绿素含量的变化而变化，是恒定不变的，故新植被指数中引入R_{700}/R_{550}以降低非光合物质的影响。最终，构建了基于红边波段的红边叶绿素吸收植被指数（RECAI），计算公式如下。

$$RECAI=(R_{800}-R_{720})/R_{550}(R_{700}/R_{550}) \tag{3.1}$$

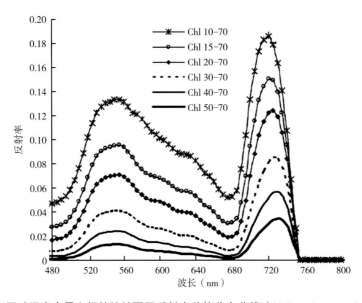

图3.2　不同叶绿素含量之间的植被冠层反射率差值分布曲线（Haboudane et al.，2008）

注：Chl 10-70表示叶绿素含量为10μg/cm^{2}时的冠层反射率与叶绿素含量为70μg/cm^{2}时的冠层反射率的差值，以此类推。

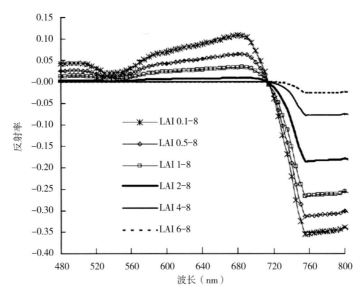

图3.3　不同叶面积指数之间的植被冠层反射率差值分布曲线（Haboudane et al.，2008）

注：LAI 0.1-8表示LAI为0.1时的冠层反射率与LAI为8时的冠层反射率的差值，以此类推。

由于植被红边波段反射率受叶绿素和叶面积指数共同影响，导致大多数植被指数预测叶片叶绿素含量时均易受到叶面积指数的影响。为降低叶面积指数的影响，在RECAI基础上，又提出3个植被指数，即RECAI/OSAVI、RECAI/TVI和RECAI/MTVI2，具体计算公式见表3.1。构建这些植被指数的基本思路是：选用对冠层叶绿素含量敏感的植被指数除以对叶面积指数敏感的植被指数，从而降低叶面积指数的影响（Daughtry et al.，2000）。OSAVI、TVI和MTVI2已被广泛证实与叶面积指数密切相关，可用于与RECAI指数构建新的比值指数，从而降低RECAI对叶面积指数的敏感性。此外，由于RECAI/TVI数值太小，在实际计算中该数值要扩大100倍。

（三）已有植被指数选择

除上述新构建的RECAI、RECAI/OSAVI、RECAI/TVI和RECAI/MTVI2 4个植被指数外，选择8个常用的用于反演叶片叶绿素含量的植被指数，用于与新构建植被指数的反演精度对比分析，见表3.1。

表3.1 本节用于叶绿素含量反演的植被指数

植被指数		计算公式	参考文献
缩写	名称		
CI_{Green}	绿色叶绿素指数	$R_{783}/R_{550}-1$	Schlemmer et al.，2013
$CI_{Red-edge}$	红边叶绿素指数	$R_{783}/R_{705}-1$	Schlemmer et al.，2013
MTCI	陆地叶绿素指数	$(R_{750}-R_{710})/(R_{710}-R_{680})$	Boochs et al.，1990
R-M	红边模型指数	$(R_{750}/R_{720})-1$	Gitelson et al.，2005
DCNII	双峰冠层氮指数	$[(R_{750}-R_{670}+0.09)(R_{750}-R_{700})]/(R_{700}-R_{670})$	Gitelson et al.，1997
MCARI/ OSAVI	改进叶绿素吸收比值指数/ 优化土壤调节植被指数	$[(R_{700}-R_{670})-0.2(R_{700}-R_{550})](R_{700}/R_{670})/[1.16(R_{800}-R_{670})/(R_{800}+R_{670}+0.16)]$	Haboudane et al.，2008
TCARI/ OSAVI	转换叶绿素吸收反射指数/ 优化土壤调节植被指数	$3[(R_{700}-R_{670})-0.2(R_{700}-R_{550})(R_{700}/R_{670})]/[1.16(R_{800}-R_{670})/(R_{800}+R_{670}+0.16)]$	Dash et al.，2004
TCI/ OSAVI	三角叶绿素植被指数/优化 土壤调节植被指数	$[1.2(R_{700}-R_{550})-1.5(R_{670}-R_{550})(R_{700}/R_{670})^{0.5}]/[1.16(R_{800}-R_{670})/(R_{800}+R_{670}+0.16)]$	Gitelson et al.，2005
RECAI	红边叶绿素吸收植被指数	$(R_{800}-R_{720})/R_{550}(R_{700}/R_{550})$	新建
RECAI/ OSAVI	红边叶绿素吸收植被指数/ 优化土壤调节植被指数	RECAI/OSAVI	新建
RECAI/ TVI	红边叶绿素吸收植被指数/ 三角植被指数	RECAI/TVI×100	新建

（续表）

植被指数		计算公式	参考文献
缩写	名称		
RECAI/MTVI2	红边叶绿素吸收植被指数/改进三角植被指数	RECAI/MTVI2	新建

（四）建模与验证方法

选用2001—2002年和2009—2010年冬小麦田间试验实测数据，数据集被随机分成2部分，其中80%数据作为训练样本，剩余20%数据作为验证样本。利用经典的5种回归模型（线性、指数、幂函数、多项式、对数函数）来拟合冬小麦叶片叶绿素含量与植被指数之间关系。反演模型的精度用决定系数（R^2）和均方根误差（RMSE）评判。

二、冬小麦叶片叶绿素含量反演模型构建

利用表3.1中植被指数与田间实测的叶片叶绿素含量数据进行相关性拟合，构建冬小麦叶片叶绿素含量反演模型，如图3.4所示。从图3.4可知，基于新建RECAI/TVI指数的预测模型对叶片叶绿素含量的预测精度最高（R^2=0.573和RMSE=0.663mg/g），其次为TCARI/OSAVI模型（R^2=0.498和RMSE=0.707mg/g）、TCI/OSAVI模型（R^2=0.373和RMSE=0.795mg/g）和MCARI/OSAVI模型（R^2=0.301和RMSE=0.841mg/g）。然而，MTCI、CI_{Green}和$CI_{Red-edge}$指数并没有表现出好的反演精度。根据拟合模型的形式来看，CI_{Green}、$CI_{Red-edge}$、R-M、DCNII、RECAI和RECAI/TVI等6个植被指数的最佳拟合模型为指数模型，而MTCI、MCARI/OSAVI、TCARI/OSAVI、TCI/OSAVI、RECAI/OSAVI、RECAI/MTVI2等6个植被指数的最佳拟合模型为对数模型。从散点图分布来看，叶片叶绿素含量与RECAI/TVI、TCARI/OSAVI、TCI/OSAVI和MCARI/OSAVI指数的散点图分布趋势性较好，而与其他植被指数的分布较为分散，趋势性较差。叶片叶绿素含量与RECAI/TVI的散点分布更趋近于线性分布，可见其有效地缓解了叶片叶绿素含量高时的饱和问题。

此外，组合型植被指数较单一型植被指数表现出较强的叶片叶绿素含量预测能力。例如，组合型植被指数MCARI/OSAVI、TCARI/OSAVI、TCI/OSAVI、RECAI/TVI、RECAI/OSAVI和RECAI/MTVI2的反演模型预测精度为$0.272 \leqslant R^2 \leqslant 0.573$，而单一型植被指数$CI_{Green}$、$CI_{Red-edge}$、MTCI、R-M和DCNII反演模型的预测精度为$0.065 \leqslant R^2 \leqslant 0.256$，说明组合型植被指数可以提高作物叶片叶绿素含量反演精度。

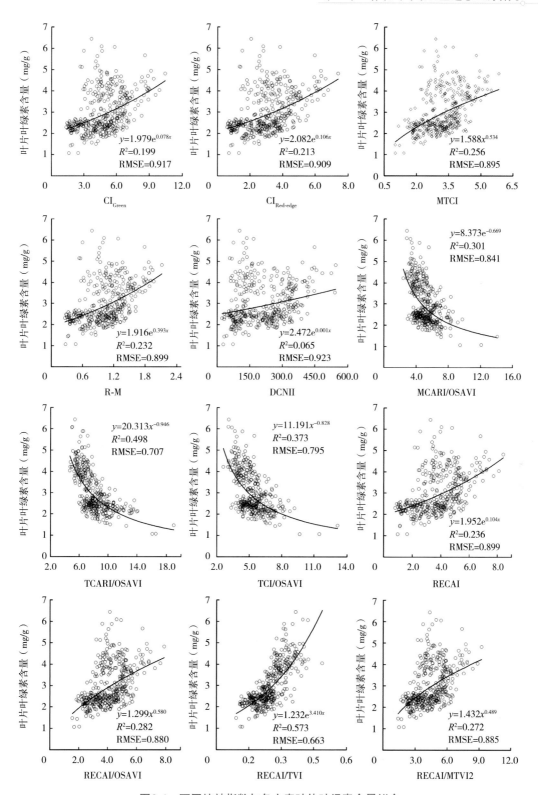

图3.4 不同植被指数与冬小麦叶片叶绿素含量拟合

三、冬小麦叶片叶绿素含量反演模型验证

利用验证样本数据（91个样本）对上述反演模型进行验证，将上述反演模型计算得出的叶片叶绿素含量估测值与田间实测真实值进行对比，如图3.5所示。从图3.5可知，

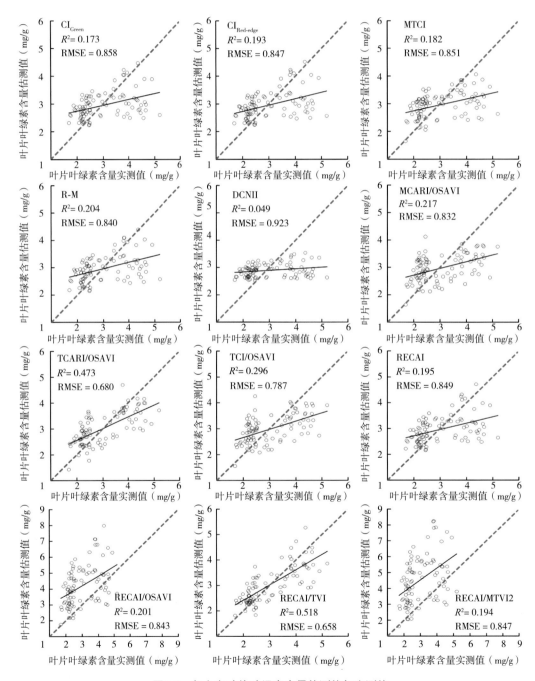

图3.5 冬小麦叶片叶绿素含量估测值与实测值

RECAI/TVI反演模型的验证精度最高，R^2=0.518，RMSE=0.658mg/g；其次为TCARI/OSAVI，R^2=0.473和RMSE=0.680mg/g；再次为TCI/OSAVI（R^2=0.296和RMSE=0.787mg/g）、MCARI/OSAVI（R^2=0.217和RMSE=0.832mg/g）、R-M（R^2=0.204和RMSE=0.840mg/g）、RECAI/OSAVI（R^2=0.201和RMSE=0.843mg/g）等。不同植被指数反演模型的验证精度排序与反演模型预测精度基本一致。此外，从图3.5可知，相比于其他植被指数模型，RECAI/TVI模型的叶片叶绿素含量反演值与实测值拟合线性方程斜率更接近于1。综合来看，RECAI/TVI为反演冬小麦叶片叶绿素含量的最佳植被指数。

四、不同植被指数叶面积指数敏感性分析

为了进一步探讨叶面积指数对不同植被指数反演叶片叶绿素含量的影响，本研究基于实测数据分析了在不同叶面积指数水平（0<LAI<1，1≤LAI<2，2≤LAI<3，3≤LAI<4，LAI≥4）下不同植被指数与冬小麦叶面积指数、叶片叶绿素含量的相关性，相关结果见表3.2。

在0<LAI<1范围，除了DCNII指数之外，所有植被指数均在0.01水平上与叶片叶绿素含量极显著相关，尤其RECAI/TVI指数表现出最强相关性（r^2=0.777）；而绝大多数植被指数与LAI不相关，如MTCI、MCARI/OSAVI、TCARI/OSAVI、TCI/OSAVI、RECAI、RECAI/OSAVI、RECAI/TVI和RECAI/MTVI2，仅少数植被指数与LAI密切相关。在1≤LAI<2范围，大部分植被指数（除了DCNII）与叶片叶绿素含量呈极显著相关性，尤其是RECAI/TVI具有最高的相关系数（r=0.819）；与LAI敏感性方面，RECAI/TVI和MCARI/OSAVI、TCI/OSAVI与LAI无相关性（0.109≤r≤0.150），其他指数与LAI具有显著相关性。在2≤LAI<3范围，所有的植被指数均与叶片叶绿素含量显著相关，尤其是RECAI/TVI依旧表现出最高的相关性（r=0.708），其次是TCARI/OSAVI（r=0.669）；除MCATI/OSAVI、TCARI/OSAVI、TCI/OSAVI和RECAI/TVI指数与LAI无相关性外（0.040≤r≤0.146），其余植被指数均表现出与LAI极显著相关。对于3≤LAI<4，所有植被指数均表现出与叶片叶绿素含量极显著相关，RECAI/TVI依旧表现出最强相关性（r=0.722）；但与LAI敏感性分析中，MCARI/OSAVI、TCARI/OSAVI和TCI/OSAVI表现出与LAI显著相关，其他植被指数均与LAI无相关性。对于LAI≥4数据集，不同植被指数与叶片叶绿素含量的相关性明显减弱，但RECAI、RECAI/OSAVI、RECAI/TVI和RECAI/MTVI2依旧表现出与叶片叶绿素含量极显著相关（0.730≤r≤0.750）；所有植被指数均与LAI无

相关性。总之，无论是在高叶面积指数还是在低叶面积指数条件下，相较于其他植被指数，RECAI/TVI指数均表现出对叶片叶绿素含量强敏感而对叶面积指数不敏感的特点，表明RECAI/TVI是最适于反演冬小麦叶片叶绿素含量的植被指数。

表3.2 不同植被指数分别与冬小麦叶片叶绿素含量、叶面积指数的皮尔逊相关系数（r）统计

植被指数	0<LAI<1 （n=52）		1≤LAI<2 （n=143）		2≤LAI<3 （n=154）		3≤LAI<4 （n=94）		LAI≥4 （n=13）	
	叶绿素	LAI	叶绿素	LAI	叶绿素	LAI	叶绿素	LAI	叶绿素	LAI
CI_{Green}	0.665**	0.422**	0.468**	0.469**	0.426**	0.366**	0.692**	0.014	0.613*	0.116
$CI_{Red-edge}$	0.661**	0.422**	0.465**	0.481**	0.464**	0.346**	0.725**	−0.004	0.581*	0.182
MTCI	0.526**	0.233	0.432**	0.453**	0.454**	0.293**	0.758**	−0.111	0.673*	−0.043
R-M	0.664**	0.426**	0.486**	0.497**	0.485**	0.347**	0.746**	−0.024	0.630*	0.085
DCNII	0.102	0.333*	0.022	0.508**	0.177*	0.388**	0.533**	0.078	0.359	0.049
MCARI/ OSAVI	−0.570**	0.185	−0.526**	−0.150	−0.524**	0.146	−0.519**	0.364**	−0.523	0.249
TCARI/ OSAVI	−0.668**	0.054	−0.652**	−0.246**	−0.669**	0.040	−0.676**	0.264*	−0.568*	0.017
TCI/ OSAVI	−0.608**	0.155	−0.588**	−0.148	−0.585**	0.133	−0.568**	0.338**	−0.551	0.186
RECAI	0.688**	0.398**	0.542**	0.427**	0.454**	0.357**	0.698**	−0.009	0.730**	−0.103
RECAI/ OSAVI	0.621**	0.255	0.545**	0.341**	0.450**	0.335**	0.693**	−0.041	0.750**	−0.207
RECAI/ TVI	0.777**	0.029	0.819**	0.109	0.708**	0.053	0.722**	−0.167	0.730**	−0.106
RECAI/ MTVI2	0.615**	0.238	0.535**	0.353**	0.445**	0.342**	0.694**	−0.035	0.742**	−0.177

注：**和*分别代表在0.01和0.05水平上显著相关；n代表样本数。

五、小 结

利用大量田间实测数据开展冬小麦叶片叶绿素含量遥感监测研究，旨在提出一个反演精度高、受叶面积指数影响小的叶绿素植被指数。通过与已有植被指数对比分析，发现基于RECAI/TVI指数和TCARI/OSAVI指数的反演模型对冬小麦叶片叶绿素含量预测能力最佳，尤其是RECAI/TVI模型，其反演精度R^2较TCARI/OSAVI模型提高13.09%，RMSE较TCARI/OSAVI模型降低6.22%。RECAI/TVI指数在不同叶面积指数

水平下均与叶面积指数无相关性而与叶片叶绿素含量密切相关。综上所述，RECAI/TVI指数可被认为是冬小麦叶片叶绿素含量反演的最佳植被指数。

第二节　基于地面多角度高光谱数据的冬小麦冠层叶绿素垂直分布监测研究

叶绿素是作物最主要的营养指标之一，其在冠层内部存在垂直异质性，如若能够探测到叶绿素含量在不同垂直层的分布规律，将对反映作物真实营养状况和生长状态、精准指导农业施肥管理具有实际应用价值。Huang等（2011）以冬小麦为研究对象，基于多角度高光谱数据对叶绿素含量垂直分布进行了初步探测，但还有一些反演机理有待进一步研究揭示。本节旨在通过综合考虑叶绿素不同光谱吸收波段在冠层内部的穿透能力和光谱指数形式等因素系统地探究不同光谱指数的最佳波段组合，以期实现冬小麦冠层内部叶绿素含量垂直分布的遥感高精度监测。

一、研究区与研究方法

（一）研究区概况

试验于2005—2007年在北京市昌平区小汤山国家精准农业示范基地开展，以直立型冬小麦为研究对象，选取11个品种，每个品种种植在45m×10.8m的样方地块中。冬小麦光谱和叶片叶绿素含量测定在小麦不同关键生育期进行，即2005年4月24日（拔节期，Z34）、5月10日（孕穗期，Z47）、5月20日（抽穗期，Z59），2006年5月20日（抽穗期，Z59）和5月30日（灌浆期，Z73），2007年4月17日（拔节期，Z31）、4月28日（拔节期，Z39）、5月9日（孕穗期，Z47）、5月19日（抽穗期，Z59）和5月29（灌浆期，Z73）。样本总数为67个。

（二）多角度冠层光谱测量

测量仪器使用ASD FieldSpec Pro FR 型地物光谱仪，采样间隔为1.4nm（350～1 000nm）和2nm（1 000～2 500nm）。测量过程使用1个旋转的支架固定光谱仪，获取主平面以及垂直主平面不同天顶角（-60°～+60°，间隔10°）条件下的多角度光谱反射率数据。支架示意图如图3.6所示，光谱仪探头可沿着轨道运动，改变观测角度，轨道可绕着旋转轴旋转，当观测天顶角与太阳同侧时为正（后向），与太阳异侧为负（前向）。

（三）叶绿素含量垂直分布测定

小麦冠层叶片不同叶位分为3个垂直层：倒一和倒二叶为上层，倒三叶为中层，倒四叶及以下为下层。在拔节期（Z31）由于小麦叶片数目有限，将植株分为上层和下层2层。

将不同分层的叶片样品分别进行室内叶绿素含量化学分析，采用叶片叶绿素密度（Chl）来表征冬小麦叶绿素含量状况，其计算公式如下。

$$Chl=（Chl_a\%+Chl_b\%）\times SLW \times LAI \times 100 \qquad （3.2）$$

式中，$Chl_a\%$和$Chl_b\%$分别表示叶片叶绿素a和叶绿素b的浓度，SLW表示比叶重，LAI表示叶面积指数。

（四）光谱指数选择与构建

采用一系列前人研究提出的光谱指数，将其分为2大类：双波段光谱指数和三波段光谱指数，见表3.3。

表3.3 研究所选双波段植被指数与三波段植被指数

植被指数	表达式	参考文献
双波段指数		
PSSRa	R_{800}/R_{680}	Blackburn，1998
PSSRb	R_{800}/R_{635}	Blackburn，1998
PSNDa	$（R_{800}-R_{680}）/（R_{800}+R_{680}）$	Blackburn，1998
PSNDb	$（R_{800}-R_{635}）/（R_{800}+R_{635}）$	Blackburn，1998
GI	R_{554}/R_{677}	Zarco-Tejada et al.，2005
PRI	$（R_{531}-R_{570}）/（R_{531}+R_{570}）$	Gamon et al.，1997
NDVI	$（R_{800}-R_{670}）/（R_{800}+R_{670}）$	Tucker，1979
NDVI2	$（R_{750}-R_{750}）/（R_{750}+R_{750}）$	Gitelson et al.，1994

（续表）

植被指数	表达式	参考文献
三波段指数		
MCARI	$[(R_{700}-R_{670})-0.2(R_{700}-R_{550})](R_{700}/R_{670})$	Daughtry et al.，2000
TCARI		Haboudane et al.，2002
MTCI	$(R_{754}-R_{709})/(R_{709}-R_{681})$	Dash et al.，2004
CI_{Green}	$(R^{-1}_{550}-R^{-1}_{840-870})R_{840-870}$	Gitelson et al.，2006
$CI_{Red-edge1}$	$(R^{-1}_{695-740}-R^{-1}_{750-800})R_{750-800}$	Gitelson et al.，2006
$CI_{Red-edge2}$	$(R^{-1}_{720-730}-R^{-1}_{840-870})R_{750-800}$	Gitelson et al.，2006
SIPI	$(R_{800}-R_{445})/(R_{800}-R_{680})$	Penuelas et al.，1995

选用2个常用的双波段光谱指数形式，即比值植被指数（SR）、归一化植被指数（NDVI），计算400nm到1 000nm波段范围内的任意2波段组合。此外，由于叶绿素指数CI被广泛应用于估测不同作物品种的叶绿素含量（Gitelson et al，2006），本研究还采用CI形式计算绿光到红光波段（470~730nm）、红光到红边波段（680~800nm）和近红外波段（740~1 000nm）范围内任意3波段组合。以上3种指数形式表达式见公式3.3至公式3.5。使用以上光谱指数优化得到反演每一层叶绿素含量的最佳波段组合，记为优化的SR-like（λ_1，λ_2）、优化的NDVI-like（λ_1，λ_2）和优化的CI-like（λ_1，λ_2，λ_3）。

$$\text{SR-like}(\lambda_1,\lambda_2)=\frac{R_{\lambda_1}}{R_{\lambda_2}} \tag{3.3}$$

$$\text{NDVI-like}(\lambda_1,\lambda_2)=\frac{R_{\lambda_1}-R_{\lambda_2}}{R_{\lambda_1}+R_{\lambda_2}} \tag{3.4}$$

$$\text{CI-like}(\lambda_1,\lambda_2,\lambda_3)=(R^{-1}_{\lambda_2}-R^{-1}_{\lambda_2})\times R_{\lambda_3} \tag{3.5}$$

（五）建模和验证方法

研究采用了线性回归模型，分析光谱指数与不同垂直层叶绿素含量之间的关系，基于决定系数（R^2），均方根误差（RMSE）作为指标评价光谱指数模型的反演精度。此外，相对均方根误差（RRMSE）被用来比较光谱指数对不同垂直层叶绿素含量的反演精度。由于数据获取的3个年份的冬小麦生育期不同，在每个生育期中随机选出2/3的样本建模，剩余1/3独立样本用来对模型进行验证。对于小麦上层和下层来说，45个样本用来建模，剩余22个用于模型验证；对于中层来说，由于2007年拔节期（Z31）小麦叶片有限，38个样本用来建模，剩余20个用来验证。

二、冬小麦冠层叶片叶绿素含量垂直分布规律

图3.6显示了不同生育期内冬小麦叶片叶绿素含量在冠层内部的垂直分布情况。选取华北平原广泛种植的2个小麦品种'京411'和'农大3291'作为代表，其叶片颜色分别为浅绿色和深绿色。如图3.6所示，在每个生育期，叶绿素含量呈现从上到下递减趋势；拔节期（Z39）后，叶绿素在中下2层的差异大于上中2层，可能是由于氮素由老叶向新叶转移和下层叶片逐渐衰老引起的（Wang et al.，2005）。在整个生育期内，2个小麦品种的叶绿素垂直分布规律非常相似，各层叶片均先增加后降低，在抽穗期（Z59）叶绿素含量达到最高。

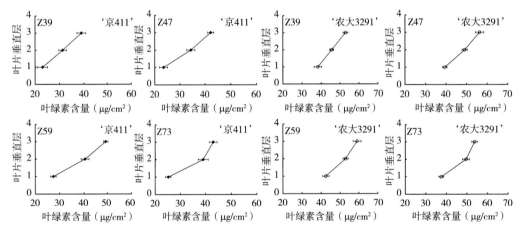

图3.6　不同生育期冬小麦叶片叶绿素含量在冠层内部的垂直分布规律

注：Z39，Z47，Z59和Z73分别表示拔节期、孕穗期、抽穗期和灌浆期；
y轴上的数字3，2，1表示冬小麦冠层上、中、下层。

三、不同观测天顶角下光谱指数与冬小麦叶绿素垂直分布敏感性　分析

为探究光谱指数对叶绿素垂直分布反演的敏感性，本研究对所有观测天顶角下的光谱指数与每个垂直分层的叶绿素含量之间建立线性模型，模型决定系数R^2见表3.4

至表3.6。从表中可看出，不同观测角度的R^2值差异较大，与后向散射方向相比，基于前向观测数据的叶绿素垂直分布反演模型的精度较低，前向和后向观测方向的R^2值之差在0.02~0.70。因此，后续分析重点针对后向和垂直观测角度的光谱数据与叶绿素垂直分布的关系进行。对于上层叶片来说，大多数叶绿素含量估测模型的决定系数R^2值随着观测角度的增大而增大，在+50°时达到最大，其次是垂直角度（表3.4）。最佳的反演模型为+50°角度下的CI_{Green}模型，R^2为0.70。对于中层叶片来说，模型决定系数R^2随着后向观测角度的增大先增大后减小，最大值出现在+30°散射方向。值得注意的是，上层叶片叶绿素含量与由绿光和近红外波段构成的光谱指数R^2较高，而对于中层叶片叶绿素，由红光到红边波段和近红外波段构成的光谱指数与其相关性较好，如+30°角度下的NDVI、PSNDa和$CI_{Red-edge1}$指数，R^2分别为0.75，0.72和0.69。2个SR-like指数PSSRa和PSSRb也得到了较为满意的反演结果（表3.5）。在垂直观测角度下，几乎所有的光谱指数与上层叶绿素含量相关性较高，然而，它们对下层叶绿素含量的敏感性较低，此结果表明，与下层叶片相比，上层叶片对垂直观测的光谱贡献率较大。对于下层叶片来说，除PRI、MCARI和TCARI 3个指数外，+20°观测角度的所有光谱指数均可较高精度地反演其叶绿素信息；其中，双波段指数PSSRa构建的反演模型R^2最高（$R^2=0.58$），其估测精度甚至高于三波段的CI-like模型（表3.6）。

表3.4　不同观测天顶角下的冠层上层叶片叶绿素含量与光谱指数之间模型决定系数（R^2）

光谱指数	−60°	−50°	−40°	−30°	−20°	−10°	Nadir	+10°	+20°	+30°	+40°	+50°	+60°
双波段指数													
PSSRa	0.15	0.14	0.03	0.03	0.06	0.14	0.60	0.27	0.32	0.28	0.51	0.67	0.27
PSSRb	0.19	0.16	0.07	0.04	0.09	0.16	0.62	0.34	0.39	0.31	0.46	0.67	0.27
PSNDa	0.17	0.11	0.05	0.02	0.09	0.12	0.56	0.36	0.45	0.33	0.61	0.66	0.41
PSNDb	0.16	0.10	0.02	0.01	0.04	0.08	0.54	0.27	0.33	0.27	0.46	0.63	0.32
GI	0.19	0.19	0.16	0.11	0.19	0.20	0.51	0.26	0.33	0.27	0.46	0.41	0.32
PRI	0.23	0.18	0.07	0.07	0.08	0.10	0.42	0.09	0.11	0.14	0.20	0.37	0.29
NDVI	0.16	0.11	0.04	0.01	0.06	0.10	0.57	0.33	0.41	0.31	0.53	0.65	0.35
NDVI2	0.10	0.06	0.00	0.00	0.01	0.06	0.43	0.17	0.26	0.22	0.35	0.56	0.24

（续表）

光谱指数	−60°	−50°	−40°	−30°	−20°	−10°	Nadir	+10°	+20°	+30°	+40°	+50°	+60°
三波段指数													
MCARI	0.02	0.02	0.09	0.10	0.13	0.08	0.04	0.06	0	0	0	0.01	0.02
TCARI	0.00	0.00	0.04	0.08	0.10	0.05	0.00	0.02	0	0	0.04	0.12	0.07
MTCI	0.07	0.03	0	0	0	0.03	0.36	0.03	0.11	0.12	0.17	0.42	0.15
CI_{Green}	0.09	0.04	0	0	0	0.05	0.62	0.12	0.26	0.21	0.35	0.70	0.19
$CI_{Red-edge1}$	0.09	0.04	0.01	0	0	0.05	0.49	0.08	0.21	0.19	0.28	0.64	0.18
$CI_{Red-edge2}$	0.07	0.02	0	0	0	0.03	0.30	0.03	0.14	0.12	0.19	0.43	0.14
SIPI	0.12	0.12	0.05	0.04	0.12	0.09	0.39	0.18	0.18	0.15	0.18	0.24	0.19

表3.5 不同观测天顶角下的冠层中层叶片叶绿素含量与光谱指数之间模型决定系数（R^2）

光谱指数	−60°	−50°	−40°	−30°	−20°	−10°	Nadir	+10°	+20°	+30°	+40°	+50°	+60°
双波段指数													
PSSRa	0.08	0.18	0.15	0.22	0.34	0.40	0.52	0.47	0.51	0.73	0.57	0.34	0.14
PSSRb	0.10	0.21	0.19	0.22	0.34	0.35	0.48	0.49	0.53	0.70	0.55	0.32	0.14
PSNDa	0.23	0.22	0.18	0.20	0.36	0.37	0.49	0.55	0.58	0.72	0.62	0.46	0.41
PSNDb	0.19	0.19	0.17	0.22	0.33	0.39	0.57	0.50	0.56	0.70	0.61	0.41	0.38
GI	0.29	0.29	0.26	0.26	0.31	0.32	0.35	0.22	0.25	0.49	0.37	0.31	0.32
PRI	0.40	0.29	0.32	0.32	0.38	0.40	0.48	0.32	0.39	0.56	0.42	0.42	0.41
NDVI	0.22	0.22	0.18	0.20	0.35	0.36	0.50	0.50	0.54	0.75	0.61	0.41	0.38
NDVI2	0.07	0.10	0.09	0.14	0.23	0.28	0.49	0.43	0.53	0.70	0.58	0.36	0.26
三波段指数													
MCARI	0.09	0.07	0.07	0.11	0.12	0.04	0.03	0.02	0.01	0	0.01	0	0.02
TCARI	0.03	0.01	0.02	0.04	0.05	0.01	0.03	0	0.04	0.01	0.07	0.03	0.07
MTCI	0.01	0.03	0.02	0.06	0.10	0.24	0.30	0.20	0.39	0.47	0.42	0.22	0.09
CI_{Green}	0.02	0.05	0.02	0.07	0.15	0.30	0.37	0.29	0.43	0.60	0.51	0.23	0.08
$CI_{Red-edge1}$	0.03	0.08	0.05	0.11	0.18	0.30	0.40	0.32	0.50	0.69	0.55	0.29	0.13
$CI_{Red-edge2}$	0.01	0.04	0.02	0.06	0.11	0.21	0.29	0.16	0.38	0.43	0.41	0.20	0.08
SIPI	0.36	0.24	0.31	0.21	0.40	0.39	0.40	0.42	0.43	0.49	0.45	0.37	0.40

表3.6　不同观测天顶角下的冠层下层叶片叶绿素含量与光谱指数之间模型决定系数（R^2）

光谱指数	−60°	−50°	−40°	−30°	−20°	−10°	Nadir	+10°	+20°	+30°	+40°	+50°	+60°
双波段指数													
PSSRa	0.04	0.14	0.19	0.24	0.32	0.35	0.50	0.53	0.58	0.47	0.29	0.24	0.01
PSSRb	0.06	0.20	0.28	0.26	0.33	0.32	0.46	0.53	0.56	0.49	0.29	0.22	0.01
PSNDa	0.08	0.09	0.19	0.17	0.27	0.31	0.43	0.54	0.54	0.47	0.36	0.33	0.13
PSNDb	0.05	0.05	0.12	0.15	0.22	0.29	0.50	0.46	0.51	0.40	0.26	0.26	0.09
GI	0.21	0.37	0.37	0.31	0.27	0.25	0.28	0.28	0.31	0.39	0.24	0.24	0.14
PRI	0.17	0.18	0.21	0.27	0.29	0.33	0.49	0.31	0.41	0.36	0.25	0.28	0.14
NDVI	0.06	0.08	0.17	0.15	0.23	0.27	0.44	0.47	0.53	0.43	0.27	0.26	0.10
NDVI2	0.01	0.01	0.04	0.09	0.17	0.29	0.47	0.50	0.52	0.35	0.24	0.21	0.04
三波段指数													
MCARI	0.14	0.21	0.17	0.17	0.11	0.02	0	0.05	0	0	0.03	0.02	0.04
TCARI	0.08	0.10	0.06	0.08	0.04	0	0.01	0.01	0	0.02	0.01	0	0.02
MTCI	0	0	0.01	0.04	0.11	0.26	0.33	0.28	0.39	0.32	0.16	0.13	0
CI$_{Green}$	0	0.01	0.03	0.07	0.15	0.30	0.35	0.39	0.48	0.34	0.20	0.14	0
CI$_{Red-edge1}$	0	0.01	0.04	0.08	0.17	0.31	0.38	0.45	0.53	0.40	0.24	0.18	0.01
CI$_{Red-edge2}$	0	0	0.02	0.04	0.11	0.24	0.30	0.33	0.39	0.31	0.15	0.11	0
SIPI	0.10	0.08	0.12	0.11	0.21	0.24	0.37	0.43	0.37	0.36	0.23	0.23	0.14

四、基于优化的双波段和三波段光谱指数的冬小麦叶绿素垂直分布反演

将垂直观测和后向观测角度下的光谱反射率任意两双波段进行组合，然后分别与3层叶绿素含量建立线性反演模型，各模型的模型系数R^2等势图，图3.7和图3.8分别为NDVI-like和SR-like型指数得到的R^2等势图。以NDVI-like为例，+50°、垂直和+40°观测角度下的NDVI-like指数可较好地估测上层叶绿素含量；+30°和+40°观测角度、+20°和+10°观测角度分别是反演中层和下层叶绿素含量的最佳观测角度。基于+50°、+30°和+20°观测天顶角数据得到的NDVI-like和SR-like型指数分别在估测上、中、下层叶绿素含量中的精度最高。

对于特定的某一垂直层来说，在对应最佳的2个或3个观测角度下，R^2值较高的波段区域的图形模式非常相似。然而，对于不同的垂直层，其图形模式不同。

具体来说，与上层叶片叶绿素相关系数较高的波段组合主要集中在以下3个波段区域：绿光波段（470～530nm）和近红外波段（740～1 000nm）组合、绿光到红光波段（530～650nm）和红边波段（710～740nm）、红光波段（650～680nm）和近红外波段（740～1 000nm）。绿光和近红外波段组合与中、下层叶绿素含量也具有较好的相关性，但所涉及的光谱波段范围相比上层较窄，具体组合分别为500～520nm和740～1 000nm、500～520nm和740～850nm。值得注意的是，与中层叶绿素相关系数较大的区域主要集中在红光到红边波段（590～700nm）和近红外波段（740～1 000nm）组合，与下层叶绿素相关系数较大的区域主要集中在620～700nm和740～1 000nm范围内的双波段组合。

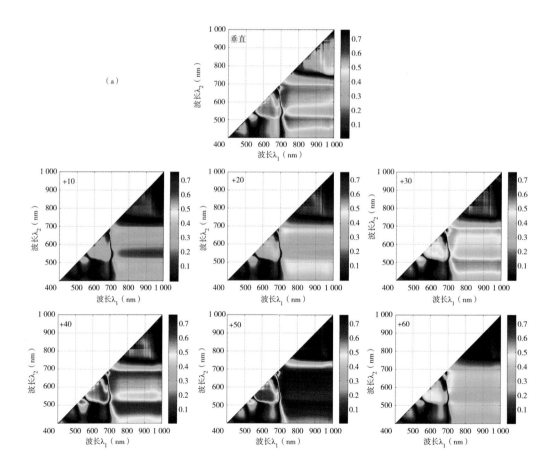

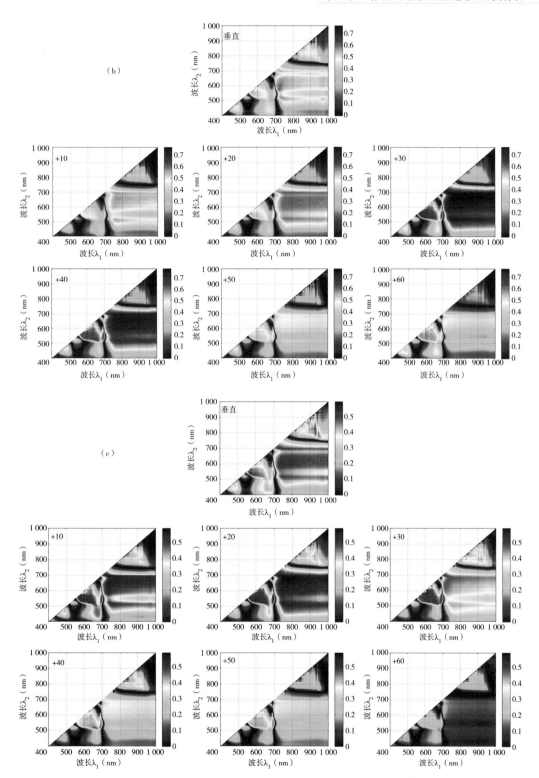

图3.7 NDVI-like型光谱指数与上层（a）、中层（b）和下层（c）叶绿素含量的相关系数R^2等势图

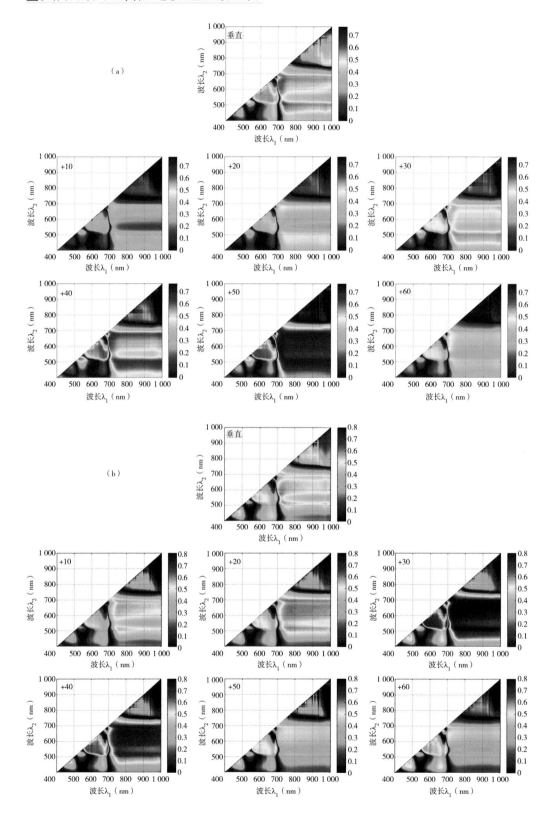

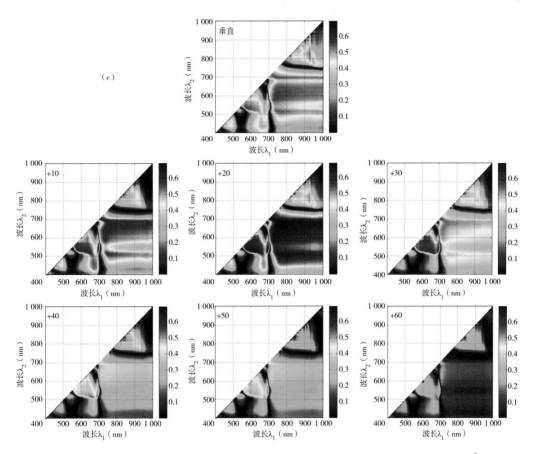

图3.8　SR-like型光谱指数与上层（a）、中层（b）和下层（c）叶绿素含量的相关系数R^2等势图

综上所述，与3层叶绿素含量相关性较高的3个光谱波段范围分别为：绿光到红边波段（470～730nm）、红光到近红外波段（680～800nm）和近红外波段（740～1 000nm），本书以光谱指数CI的形式对以上3个光谱波段范围进行任意3波段组合，得到一系列的CI-like指数，并分别与3个垂直层叶绿素含量建立线性反演模型。由于同一层叶片的几个最佳角度下敏感波段组合R^2三维等势图图形模式相似，现只列出反映上、中、下层叶片信息的最佳角度（+50°、+30°和+20°）下CI-like指数与叶绿素含量之间的相关系数R^2等势图，见图3.9。然后，进一步得到优化的2波段和3波段光谱指数：优化的SR-like$_{[\lambda1, \lambda2]}$、优化的NDVI-like$_{[\lambda1, \lambda2]}$和优化的CI-like$_{[\lambda1, \lambda2, \lambda3]}$，即以相关系数最高的波段区域的中心波长构成的3类光谱指数。将每一层优化的光谱指数与对应层的叶绿素含量建立反演模型，并对比分析了3类优化的光谱指数和对应形式的最佳既有光谱指数对叶绿素垂直分布的反演结果，散点图如图3.10所示。从图3.9和图3.10可以看出，对于上层叶片来说，3种类型的指数优化选出的最佳敏感波段组

合为绿光波段520nm和近红外波段780nm和760nm，3波段优化的CI-like$_{[520, 780, 760]}$反演叶绿素含量的精度高于其他2类2波段指数，模型R^2为0.84，优化的NDVI-like型指数在叶绿素含量超过63μg/cm^{2}时，略微出现饱和现象。与上层叶片不同，对于下2层叶片来说，3种类型的指数优化选出的波段为红边波段695nm和近红外波段760nm和780nm。优化的CI-like$_{[695, 780, 760]}$与中层叶绿素含量相关关系最强，R^2为0.82，但其精度并没有显著高于其他2类2波段指数；对于下层叶片，3类指数的反演能力远不如上2层，R^2值都低于0.70，且当叶绿素含量低于27μg/cm^{2}时，优化的CI-like$_{[695, 760, 780]}$和优化的SR-like$_{[760, 695]}$出现饱和，说明它们对低含量的叶绿素敏感性较低。总体来说，相比前人提出的相同形式的光谱指数，优化后的3种类型的光谱指数反演每一层的叶绿素含量精度均有所提高，特别是优化的CI-like型指数，其对于上、中和下层的叶绿素含量反演精度分别提高了20%、19%和30%。

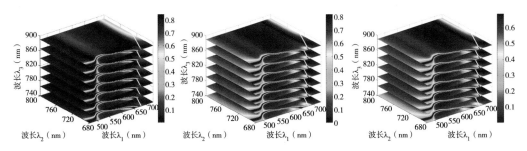

图3.9　CI-like型光谱指数分别与上层（a）、中层（b）和下层（c）叶绿素含量
在+50°、+30°和+20°角度下的相关系数R^2三维等势图

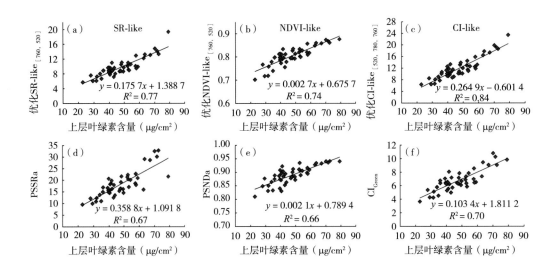

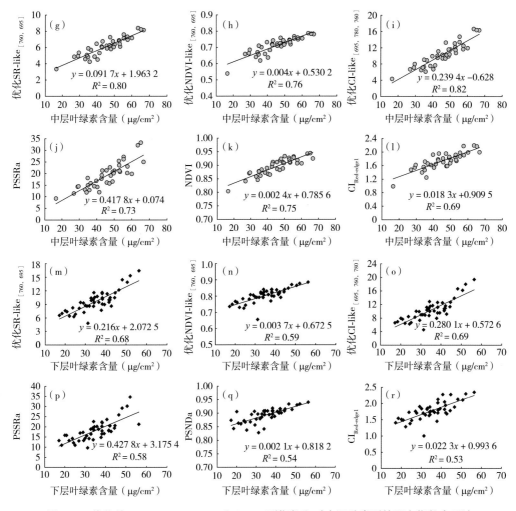

图3.10　优化的SR-like、NDVI-like和CI-like型指数和对应同种类型的既有指数在反演
上层（a~f）、中层（g~l）和下层（m~r）叶绿素含量的对比结果

五、冬小麦叶绿素含量垂直分布反演模型验证

基于2类最佳的优化光谱指数得到叶绿素预测含量和实测含量之间的散点图如图3.11所示。对于上层叶片来说，CI-like$_{[520,780,760]}$指数构建的模型预测能力最高，R^2和RMSE分别为0.77（$P<0.01$）和5.46μg/cm^2，其散点分布基本与1∶1直线吻合；对于中层叶片来说，基于CI-like$_{[695,780,760]}$指数的模型同样表现出较满意的结果，其预测模型的R^2远高于基于SR-like$_{[760,695]}$指数的模型；但对于下层叶片来说，CI-like$_{[695,760,780]}$和SR-like$_{[760,695]}$2个指数的预测能力相当，前者R^2和RMSE分别为0.61（$P<0.01$）和5.57μg/cm^2，后者R^2和RMSE分别为0.61（$P<0.01$）和5.56μg/cm^2，然

而，当叶绿素含量低于30μg/cm²时，两者出现含量高估的现象。此外，从RRMSE值可以看出，3类优化的指数对上层和中层的叶绿素含量的反演效果均优于下层。

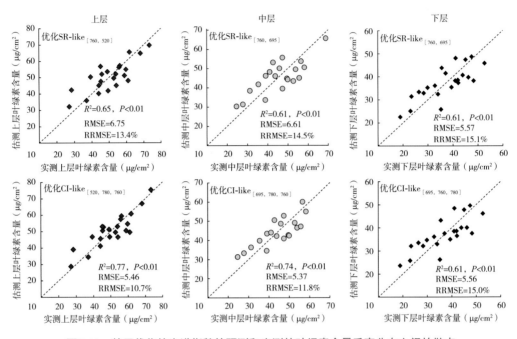

图3.11　基于优化的光谱指数的预测和实测的叶绿素含量垂直分布之间的散点

六、小　结

基于多角度高光谱数据对冬小麦冠层内叶绿素含量垂直分布进行了反演，研究结果表明，传统的垂直观测方式获取的光谱反射率包含小麦下层叶绿素信息较少，非垂直多角度观测对于探测叶绿素垂直分布规律具有较大的应用潜力。接近太阳热点方向的观测角度可最大程度地反演上层叶片叶绿素含量，非垂直小角度观测对于中下层叶绿素含量的监测精度更高。对于不同垂直层叶绿素含量的估测，最为敏感的光谱波段组合不同：对上层叶片而言，最佳光谱波段组合是短波绿光和近红外波段组合；对中下层叶片而言，则为红边和近红外波段组合，说明植物叶片重叠效应和叶绿素敏感波段在冠层内部的穿透特征影响了叶绿素含量垂直分布反演。此外，采用的光谱指数形式也是影响因子之一。三波段CI-like型指数能够较高精度地反演小麦上层和中层叶绿素含量，然而，其对下层低含量的叶片叶绿素含量变化不敏感，与双波段SR-like型指数反演精度相当。研究结果为作物冠层内部叶绿素垂直分布遥感监测提供理论支持，为更精确地反映作物真实营养和生长状况、优化设计地基传感器提供科学指导。

第三节 基于航空高光谱红边波段的冬小麦叶片叶绿素含量监测研究

航空高光谱影像具有较高的光谱分辨率和空间分辨率，既可以提供近似连续的光谱信息，捕捉不同地物间精细光谱差异，又可以较好地表达地物空间特征。相对于近地高光谱遥感，航空高光谱遥感在大田农作物种类识别、生理生化参数反演等方面具有一定的优势。目前国内外已研制出多种航空高光谱成像仪，如20世纪80年代末加拿大的紧凑式机载摄谱成像仪CASI和荧光线成像仪FLI、美国的HYDICE以及我国的推帚式超光谱成像仪（PHI）。航空高光谱数据已广泛应用在作物叶面积指数、氮素含量、病虫害等生理生化参数反演及应用研究。尽管航空高光谱数据在光谱分辨率上可近似比拟近地高光谱数据，但由于大气、飞行等因素影响，其与近地高光谱数据仍存在一定差异，基于近地高光谱数据的反演方法并不一定适用于航空高光谱数据。因此有必要开展航空高光谱数据反演作物叶片叶绿素含量研究，探讨其在叶片叶绿素含量反演的可行性以完善作物叶片叶绿素含量遥感反演方法。本节介绍基于航空PHI高光谱数据的冬小麦叶片叶绿素含量反演研究进展。

一、研究区与研究方法

研究区和小区设置同本章第一节"试验Ⅰ：冬小麦不同肥水及品种耦合试验"，研究区相关介绍见本章第一节。在冬小麦拔节期、灌浆期和乳熟期3个生育期，开展了3次航空飞行试验及准同步田间调查试验，获取了3景研究区域PHI影像。PHI原始影像分辨率为0.25m，研究过程中对影像进行重采样至1m分辨率。利用试验获取的PHI高光谱数据及对应的田间实测数据，采用红边特征参数、植被指数等经验统计回归法进行冬小麦叶片叶绿素含量估测研究。试验数据集被随机分成2部分，其中70%数据作为训练样本，剩余30%数据作为验证样本。

选取的红边特征参数包括：红边位置、红边反射率平均值、红边振幅、最小振幅、红边振幅与最小振幅的比值、红边峰值面积、红谷位置、红谷反射率和红边宽度等9个参数。红边特征参数的确定通过计算冬小麦冠层光谱红边波段区域680～780nm之间光谱反射率的一阶微分来得到。

各红边特征参数定义如下。

红边位置：一阶微分值达最大时所对应的波长（λ_{Red}）；

红边反射率平均值：680～780nm之间光谱反射率的平均值（$\bar{\lambda}$）；

红边振幅：当波长为红边时的一阶微分值（$d\lambda_{Red}$）；

最小振幅：波长在680～780nm之间的最小一阶微分值（$d\lambda_{min}$）；

红边振幅与最小振幅的比值（$d\lambda_{Red}/d\lambda_{min}$）；

红边峰值面积：680～780nm之间的光谱一阶微分值包围的面积（$\sum d\lambda_{680-780}$）；

红谷位置：红波段吸收最大时波长；

红谷反射率：红谷位置的光谱反射率；

红边宽度：红边位置与红谷之间的波长距离。

选取的植被指数：CI_{Green}、$CI_{Red-edge}$、MTCI、R-M、DCNII、MCARI/OSAVI、TCARI/OSAVI、TCI/OSAVI、RECAI、RECAI/OSAVI、RECAI/TVI、RECAI/MTVI2。

二、冬小麦不同红边特征参数变化分析

基于PHI高光谱数据计算了9个红边特征参数并分析了这些参数在冬小麦不同生育期、施氮量、灌溉量、品种下的变化规律（表3.7）。在不同生育期，从拔节期到乳熟期，红边反射率平均值和红谷反射率表现为先降低后增加的趋势，主要原因是从拔节期到灌浆期作物迅速生长、植被覆盖度增大、叶绿素含量增多，导致整体上光谱吸收增强，反射降低；从灌浆期开始作物逐渐衰老、植被覆盖度降低、叶绿素含量减少，导致整体上光谱吸收减弱、反射增强。红边位置在拔节期、灌浆期和乳熟期呈现"蓝移"现象，这与赵春江等（2014）研究结果一致，从起身期到抽穗期出现"红移"现象，从灌浆期开始出现"蓝移"现象。红谷位置先向短波段方向移动再向长波段方向移动，红边宽度呈减小趋势。红边位置和红边宽度变化幅度较大，分别为5～13nm和4～15nm，红谷位置的变化幅度较小（2～4nm）。红边峰值面积和红边振幅呈现先增大后降低趋势，最小振幅和红边振幅/最小振幅呈现先减小后增大趋势。

对于不同株型品种，直立型'京冬8号'小麦的红边反射率平均值和红谷反射率均低于其他2个品种；不同品种间红边位置、红谷位置及红边宽度间变化幅度不大，分别为2nm、4nm和6nm左右；红边振幅、最小振幅、红边振幅/最小振幅和红边峰值面积均表现为直立型小麦品种高于披散型小麦品种。可见，冬小麦株型品种对红边特征具有明显影响。

表3.7　冬小麦不同试验处理的红边特征参数统计特征

试验处理		红边振幅	红边位置(nm)	最小振幅	红边振幅/最小振幅	红边反射率平均值(%)	红边峰值面积	红谷反射率(%)	红谷位置(nm)	红边宽度(nm)
生育期	拔节期	0.94	732	0.07	17.97	24.23	12.18	4.01	668	64.21
	灌浆期	0.57	727	0.02	7.70	16.36	7.34	3.89	666	60.35
	乳熟期	0.41	719	0.06	10.33	22.49	6.13	11.26	670	48.95
品种	V1	0.62	727	0.05	14.86	21.22	8.35	7.09	666	61.57
	V2	0.66	725	0.05	10.4	21.58	8.80	6.23	670	55.23
	V3	0.70	727	0.06	11.82	20.76	9.17	5.30	669	58.05
施氮量	N1	0.66	723	0.04	8.71	20.35	8.53	5.27	669	53.83
	N2	0.64	726	0.03	17.17	21.81	8.74	6.97	665	61.00
	N3	0.64	729	0.05	11.65	20.85	8.76	6.05	669	59.60
	N4	0.69	727	0.07	12.05	21.76	9.02	6.54	668	58.33
灌溉量	W1	0.58	724	0.05	11.37	22.19	7.60	8.96	667	57.28
	W2	0.62	724	0.06	12.56	21.94	8.31	7.41	668	56.26
	W3	0.67	728	0.05	10.35	20.21	8.97	4.95	668	59.59
	W4	0.74	729	0.04	14.93	20.70	9.93	4.20	669	59.70

注：表格中V1、V2和V3分别指披散型'中优9507'、披散型'京9428'和直立型'京冬8'冬小麦品种；N1、N2、N3和N4分别指施氮量为0kg/hm²、150kg/hm²、300kg/hm²和450kg/hm²；W1、W2、W3和W4分别指灌溉量0m³/hm²、225m³/hm²、450m³/hm²和675m³/hm²。

对于不同施氮量处理，随着施氮量的增加，红边峰值面积逐渐增大；红边位置出现"红移"现象，但对于N4处理出现"蓝移"现象；其他红边参量并没有表现出规律性变化；红边位置、红谷位置及红边宽度整体上变化幅度不大，分别为2～5nm、1～4nm和2～8nm。

对于不同灌溉量处理，随着灌溉量增大，红边反射率平均值、红谷反射率呈现逐渐降低趋势，红边振幅、红边峰值面积逐渐增大趋势，红边波段出现"红移"现象，红谷位置出现向长波段移动现象，红边宽度呈现逐渐增大趋势，其他红边参量未表现出规律性变化；红边位置、红谷位置及红边宽度整体上变化幅度不大，分别为1～5nm、1～2nm和0～3nm。

三、基于红边参数的冬小麦叶片叶绿素含量反演研究

基于红边振幅、红边位置、最小振幅、红边振幅/最小振幅、红边反射率平

均值、红边峰值面积、红谷反射率、红谷位置及红边宽度共9个红边特征参数，进行了冬小麦叶片叶绿素含量反演模型构建研究，如图3.12所示。从图中可以看到，红边反射率平均值与叶片叶绿素含量相关性最强，其构建的反演模型预测精度最高（R^2=0.556，RMSE=12.253μg/cm²），其次为红谷反射率（R^2=0.346，RMSE=15.861μg/cm²），再次为红边位置（R^2=0.264，RMSE=27.939μg/cm²）、红边峰值面积（R^2=0.226，RMSE=16.181μg/cm²）、红边振幅（R^2=0.204，RMSE=16.413μg/cm²）。最小振幅、红边振幅/最小振幅、红谷位置和红边宽度与叶片叶绿素含量的相关很差，反演精度很低。

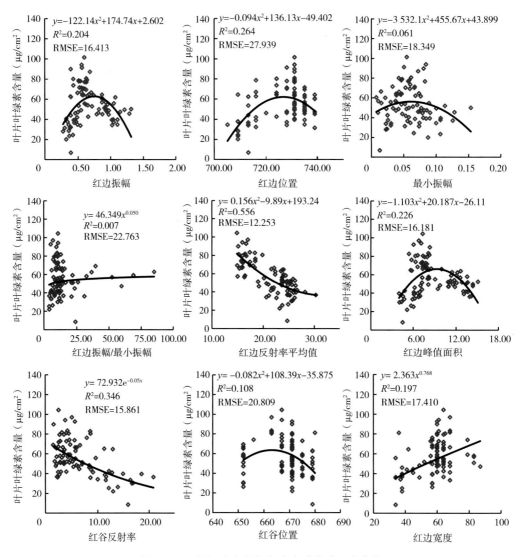

图3.12　不同红边参数与冬小麦叶片叶绿素含量

利用剩余的样本数据开展不同红边参数反演模型精度验证，表3.8列出了验证结果有关参数。根据结果可知，基于红边反射率平均值的预测模型精度最高（R^2=0.495，RMSE=9.335μg/cm^2），而其他红边参数的验证均较低（0.017≤R^2≤0.181，9.709μg/cm^2≤RMSE≤21.148μg/cm^2）。可见，基于红边反射率平均值红边参数与冬小麦叶片叶绿素含量具有密切相关性。

表3.8　不同红边参数叶绿素含量反演模型的精度验证结果

红边特征参数	真实值与估算值拟合方程	R^2	RMSE（μg/cm^2）
红边振幅	y=0.166 2x+49.401	0.087	10.994
红边位置	y=0.150 3x+26.588	0.027	21.148
最小振幅	y=0.143 8x+48.164	0.127	9.709
红边振幅/最小振幅	y=−0.02x+53.416	0.017	10.095
红边反射率平均值	y=0.909x+7.057 8	0.495	9.335
红边峰值面积	y=0.314 1x+40.945	0.181	10.435
红谷反射率	y=0.243 4x+43.324	0.069	11.912
红谷位置	y=0.159 6x+58.063	0.107	16.364
红边宽度	y=0.1681x+44.401	0.041	11.464

四、基于植被指数的冬小麦叶片叶绿素含量反演研究

利用PHI高光谱数据，基于本节的12个植被指数进行了冬小麦叶片叶绿素含量进行反演研究，各植被指数与实测叶片叶绿素含量的拟合关系如图3.13所示。从图中可以看到，RECAI/TVI表现出最优的叶片叶绿素含量预测精度（R^2=0.586，RMSE=12.048μg/cm^2）；其次为TCARI/OSAVI（R^2=0.488，RMSE=13.398μg/cm^2）和RECAI/OSAVI（R^2=0.415，RMSE=14.594μg/cm^2）；再次为RECAI（R^2=0.398，RMSE=15.392μg/cm^2）、RECAI/MTVI2（R^2=0.353，RMSE=15.236μg/cm^2）、CI$_{Red-edge}$（R^2=0.320，RMSE=15.433μg/cm^2）、CI$_{Green}$（R^2=0.313，RMSE=16.550μg/cm^2）和MTCI（R^2=0.311，RMSE=16.960μg/cm^2）；R-M、MCARI/OSAVI、TCI/OSAVI、DCNII指数估算叶片叶绿素含量的精度均很低。总的来看，无论是基于地面高光谱还是航空高光谱，RECAI/TVI对冬小麦叶片叶绿素含量均具有较好的预测能力。

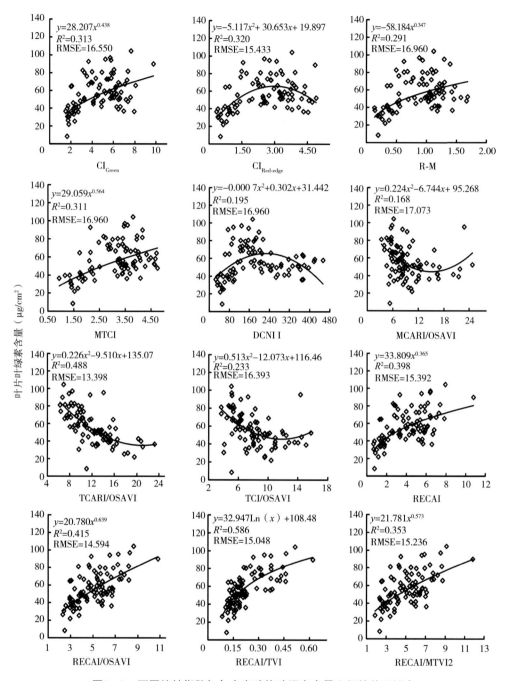

图3.13 不同植被指数与冬小麦叶片叶绿素含量之间的关系拟合

为了验证不同植被指数反演模型的精度，表3.9列出了利用验证样本对上述构建反演模型的精度验证结果。根据表3.9可知，基于RECAI/TVI指数的预测模型精度最高（$R^2=0.422$，RMSE=9.739μg/cm²），其次为TCI/OSAVI（$R^2=0.225$，

RMSE=10.524μg/cm^2）和TCARI/OSAVI（R^2=0.208，RMSE=12.733μg/cm^2）。MCARI/OSAVI、RECAI/MTVI2等植被指数反演模型的验证精度偏低。通过反演模型精度验证结果，可知RECAI/TVI指数较其他植被指数表现出较高的预测能力。

表3.9　不同植被指数反演模型精度验证结果

植被指数	真实值与估算值拟合方程	R^2	RMSE（μg/cm^2）
CI$_{Green}$	y=0.227x+40.884	0.049	12.418
CI$_{Red-edge}$	y=0.240x+39.48	0.041	12.646
MTCI	y=0.205x+41.617	0.030	12.674
R-M	y=0.053x+50.551	0.002	13.361
DCNII	y=0.158x+43.549	0.025	12.881
MCARI/OSAVI	y=0.434x+28.667	0.149	10.269
TCARI/OSAVI	y=0.376x+31.505	0.279	12.059
TCI/OSAVI	y=0.455x+27.633	0.217	10.177
RECAI	y=0.237x+40.368	0.053	12.363
RECAI/OSAVI	y=0.319x+35.313	0.102	12.134
RECAI/TVI	y=0.534x+23.333	0.485	9.846
RECAI/MTVI2	y=0.316x+36.325	0.102	11.697

五、小　结

本节以PHI航空高光谱数据为数据源，探讨了红边参数在不同生育期、品种及肥水处理下变化规律，利用基于红边参数和植被指数的统计方法开展了冬小麦叶片叶绿素含量反演研究。结果表明，基于RECAI/TVI指数和红边反射率平均值的冬小麦叶片叶绿素含量反演模型表现出较强的预测精度。因此，基于PHI航空高光谱数据红边波段开展冬小麦叶片叶绿素含量研究是可行的。此外，综合本章第一节和第三节的研究结果可以看出，无论是基于地面高光谱还是航空高光谱，RECAI/TVI对冬小麦叶片叶绿素含量均具有较好的预测能力。

第四节　基于Sentinel-2多光谱卫星数据的冬小麦叶绿素含量监测研究

目前，在估算叶绿素含量间接指示作物氮素营养状况诊断方法研究中，许多学者针对叶绿素含量研究提出了不同的估算方法，主要包括：半经验性植被指数方法，线性或非线性多元回归方法以及辐射传输模型反演方法。在区域尺度作物养分监测研究中，快速、准确地获取多时相作物理化参数信息，如叶绿素含量，可为作物氮素营养状况诊断提供可靠信息。然而，受传感器技术限制，鲜有研究开展区域尺度多时相作物叶绿素含量估算研究，而且不同估算方法应用于区域尺度多时相影像数据估算作物叶绿素含量的鲁棒性有待研究。近年来新发射的Sentinel-2卫星是目前唯一拥有3个红边波段的民用观测卫星，具有高时空分辨率，对于植被定量遥感、农业应用遥感研究具有重要意义。针对上述问题，本节基于Sentinel-2卫星多时相影像及同步调查数据，结合叶绿素反演方法，包括半经验性植被指数方法以及非线性多元回归方法，探讨鲁棒性强且精度高的区域尺度多时相作物叶片叶绿素含量估算方法，获取区域尺度多时相作物叶片叶绿素含量结果，间接指示作物氮素营养状况变化状况，发展Sentinel-2卫星遥感数据在叶绿素含量估算研究方面的应用能力。

一、研究区与研究方法

（一）研究区概况

试验于2016年小麦生育期在北京市顺义区农田样地开展（图3.14）。通过野外调研，选取了24个采样区，每个样区地块面积1hm^{2}以上，便于对应大尺度遥感影像数据，所选样区小麦种植品种单一且均匀，通过了解，样区小麦种植品种主要包括'农大212''中麦12'和'农大5181'3个优势品种。小麦生长期间，种植管理由当地种植户执行正常田间水肥管理。结合Sentinel-2卫星参数特征，在顺义区小麦的拔节初期（4月8日）、拔节中期（4月21日）、抽穗期（5月3日）、灌浆期（5月18日）、乳熟期（6月8日）开展了同步调查采样试验，并获取了对应观测时间的Sentinel-2卫星影像数据。试验观测指标包括冠层光谱、色素含量、叶片含水量以及叶面积指数等。

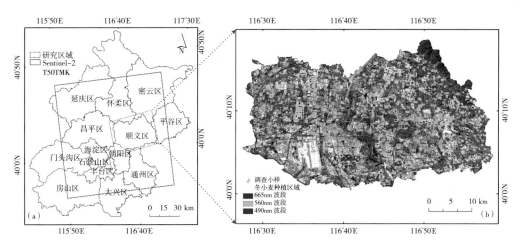

图3.14 2016年北京市顺义区冬小麦卫星—地面同步观测试验采样点分布

（二）研究方法

分别利用植被指数方法和高斯过程回归方法进行冬小麦叶片叶绿素含量的估算研究。模型验证研究采用了K次（K=10）交叉验证方法评价植被指数估算模型精度，所有植被指数方法均采用同等K次数据分割模式。与植被指数方法中数据分割一致，高斯过程回归方法也采用了10次交叉验证评价叶片叶绿素含量估算模型精度。

1. 植被指数选择

结合Sentinel-2传感器波段设置，研究选取了估算叶绿素含量的植被指数，包括：NPCI、ND_{705}、SR_{705}、CI_{Green}、$CI_{Red-edge}$、MTCI、MCARI/OSAVI、TCARI/OSAVI、REIP等植被指数。MCARI/OSAVI和TCARI/OSAVI组合型植被指数是用于减小叶绿素含量估算研究中土壤环境以及叶面积指数的影响（Daughtry et al.，2000；Haboudane et al.，2002）。结合这些组合型植被指数优势，研究采用了这些植被指数应用于Sentinel-2卫星数据估算叶绿素含量。Sentinel-2卫星数据REIP参数计算采用了四点线性插值方法（Clevers et al.，2012）。详细植被指数及红边拐点信息参见表3.10。

表3.10 本节选用的光谱特征参数与植被指数

植被指数		计算公式	参考文献
缩写	名称		
NPCI	归一化色素比率指数	$(R_{665}-R_{443})/(R_{665}+R_{443})$	Peñuelas et al.，1994
ND_{705}	红边归一化植被指数	$(R_{740}-R_{705})/(R_{740}+R_{705})$	Sims et al.，2002

（续表）

植被指数		计算公式	参考文献
缩写	名称		
SR_{705}	比值植被指数	R_{740}/R_{705}	Sims et al.，2002
CI_{Green}	绿色叶绿素指数	$R_{783}/R_{560}-1$	Gitelson et al.，2003，2006
$CI_{Red-edge}$	红边叶绿素指数	$R_{783}/R_{705}-1$	Gitelson et al.，2003，2006
MTCI	陆地叶绿素指数	$(R_{740}-R_{705})/(R_{705}-R_{665})$	Dash et al.，2004
MCARI/ OSAVI	转换叶绿素吸收反射指数/ 优化土壤调节植被指数	$[(R_{705}-R_{665})-0.2(R_{705}-R_{560})]$ $(R_{705}/R_{665})/[(1+0.16)(R_{783}/R_{665})/(R_{783}+R_{665}+0.16)]$	Daughtry et al.，2000
TCARI/ OSAVI	转换叶绿素吸收反射指数/ 优化土壤调节植被指数	$3\times[(R_{705}-R_{665})-0.2(R_{705}-R_{560})$ $(R_{705}/R_{665})]/[(1+0.16)(R_{783}-R_{665})/(R_{78}3+R_{665}+0.16)]$	Haboudane et al.，2002
REIP	红边拐点	$705+35[(R_{665}+R_{783})/2-R_{705}]/(R_{740}-R_{705})$	Clevers et al.，2012

2. 高斯过程回归方法

除植被指数方法外，非线性回归模型方法，包括：神经网络（NN），支持向量机（SVM）以及相关向量机（RVM）等，也被成功用于植被理化参数估算研究。虽然这些方法能用于高精度估算植被理化参数含量，但这些方法存在一定弊端，如计算量大、"黑箱问题"等（Verrelst et al.，2013）。相比上述非线性回归方法，高斯过程回归（GPR）克服了一些弊端。其训练过程简单（相比NN）；具有灵活核函数以及自由参数（相比SVM）；能克服数据过度稀疏问题（相比RVM）以及"黑箱问题"等。然而，高斯过程回归应用于植被理化参数估算研究不多，而在Sentinel-2卫星影像数据应用研究则更少。在本节中，高斯过程回归方法反演Sentinel-2卫星影像数据叶绿素含量研究借助ARTMO软件完成。

二、基于植被指数方法的冬小麦叶片叶绿素含量反演方法研究

利用所选的植被指数和特征参数，基于Sentinel-2卫星影像数据和冬小麦实测叶片叶绿素含量数据，进行了冬小麦叶片叶绿素含量反演方法研究。图3.15为不同植被指数与冬小麦叶片叶绿素含量之间的关系拟合。结果表明，SR_{705}和ND_{705}估算叶片叶绿素含量模型精度最高（$R^2>0.78$，$RMSE<7.90\mu g/cm^2$），其次是$CI_{Red-edge}$和CI_{Green}植被指数。红边拐点参数REIP估算叶片叶绿素含量模型精度一般（$R^2=0.531$，

RMSE=11.588μg/cm²）。MTCI和NPCI植被指数模型精度较差，决定系数值低于0.50，而且两者与叶片叶绿素含量散点图分散性较大。MCARI/OSAVI植被指数模型精度最低，其与叶片叶绿素含量散点图呈显著分散特征。相比之下，TCARI/OSAVI植被指数估算精度较MCARI/OSAVI稍有提高。不同于其他植被指数，NPCI、MCARI/OSAVI和TCARI/OSAVI与叶片叶绿素含量呈负线性关系。虽然不同植被指数估算叶片叶绿素含量模型精度相差较大，但可以发现，由红边波段构建的植被指数，如ND₇₀₅，SR₇₀₅等，估算叶片叶绿素含量模型精度优于非红边波段构成的植被指数（如NPCI、MCARI/OSAVI和TCARI/OSAVI）。

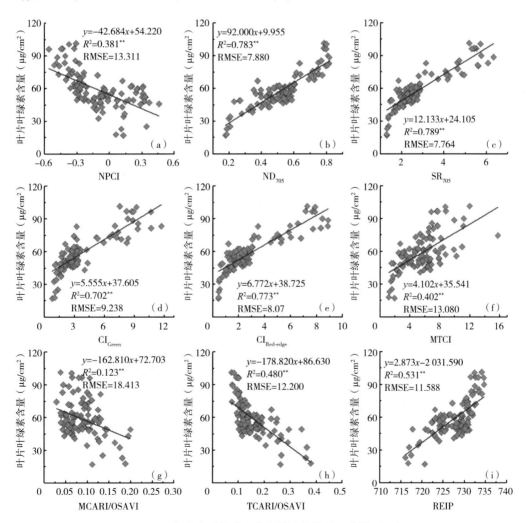

图3.15　冬小麦叶片叶绿素含量植被指数反演模型拟合

利用交叉验证方法进一步对上述构建的模型进行验证，如图3.16所示。从图中可以看到，SR₇₀₅和ND₇₀₅植被指数估算叶片叶绿素含量模型验证精度最高（R^2>0.77，

RMSE<8.08μg/cm²），拟合直线斜率数值大于0.77，截距接近于0。然而，SR_{705}模型验证结果中，叶片叶绿素含量低于30μg/cm²的样点存在明显高估现象；而ND_{705}模型验证结果中，叶片叶绿素含量高于90μg/cm²的样点存在低估现象。相比于CI_{Green}模型验证结果，$CI_{Red-edge}$模型验证结果精度更高（R^2=0.764，RMSE=8.221μg/cm²），而且，$CI_{Red-edge}$模型叶片叶绿素含量估算值与实测值散点图较CI_{Green}植被指数更集聚于1∶1直线附近。然而，$CI_{Red-edge}$和CI_{Green}模型验证结果都表现出明显的"低值高估"现象。红边拐点REIP模型验证精度一般（R^2=0.506，RMSE=11.887μg/cm²），MTCI和NPCI模型验证结果较差，决定系数R^2约为0.36。MCARI/OSAVI植被指数验证模型精度最低，估算叶片叶绿素含量结果误差最大。相比之下，TCARI/OSAVI验证模型精度明显提高。这些植被指数模型验证结果中"低值高估"和"高值低估"现象更显著。

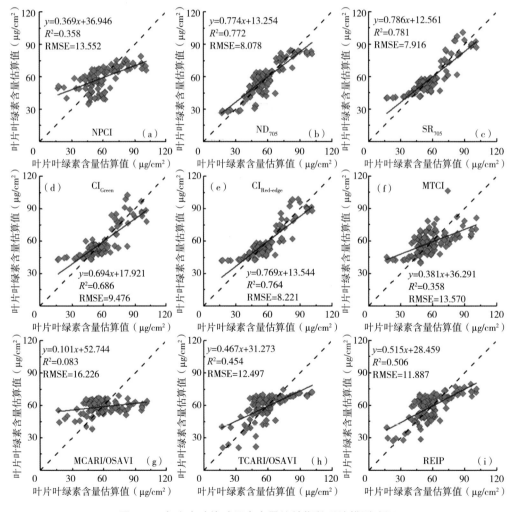

图3.16　冬小麦叶片叶绿素含量植被指数反演模型验证

三、基于高斯过程回归方法的冬小麦叶片叶绿素含量反演方法研究

进一步利用高斯过程回归方法，进行了冬小麦叶片叶绿素含量反演方法研究，并对叶绿素含量反演模型进行验证，如图3.17所示。结果表明，高斯过程回归模型估算叶片叶绿素含量结果精度较高（R^2=0.798，RMSE=7.611μg/cm^2），优于所有植被指数模型估算结果。高斯过程回归模型估算叶片叶绿素含量与实测数值散点图拟合直线斜率为0.814，相比植被指数验证模型结果更接近于1，而且，散点结果均匀分布在1∶1直线附近，无明显"低值高估"和"高值低估"现象。说明高斯过程回归方法能用于高精度估算叶片叶绿素含量。为分析不同波段对叶片叶绿素模型的影响，研究分析了Sentinel-2卫星数据不同波段在叶片叶绿素含量估算模型中的sigma（σ）系数结果。结果表明，B4（665nm），B5（705nm），B6（740nm），B7（783nm），B8a（865nm），B9（945nm），B11（1 610nm）和B12（2 190nm）波段对叶片叶绿素估算模型非常重要。同时，从图3.17c可看出，B5波段（705nm）在10次交叉验证结果中用到10次；B4波段（665nm）被用到9次；而B7波段（783nm）则被用到7次，分别在这些重要波段中排序前三位。表明这3个波段（2个红边波段、1个红波段）对叶片叶绿素含量反演极其重要。

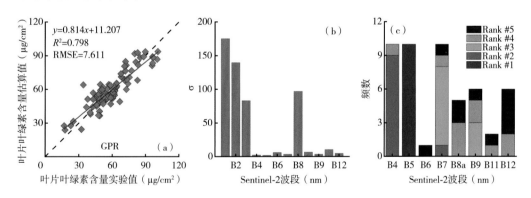

图3.17　高斯过程回归方法估算叶片叶绿素含量结果

四、基于多时相卫星数据的区域尺度冬小麦叶片叶绿素含量动态监测

通过对比上述植被指数方法与高斯过程回归方法估算冬小麦叶片叶绿素含量结果，发现高斯过程回归方法估算叶片叶绿素含量结果更佳，而且，针对影像数据叶片叶绿素含量反演，高斯过程回归方法可逐像素提供预测值的不确定性及变异系数参

数。为此，进一步采用了高斯过程回归方法，以北京市顺义区为例，基于多时期的Sentinel-2进行了区域尺度的冬小麦含量动态监测研究。图3.18至图3.20分别为冬小麦叶片叶绿素含量及其标准差和变异系数分布。结果表明，随着冬小麦生育期的推进，多时相叶片叶绿素含量呈先上升后降低变化趋势。在灌浆期前后（5月10日），叶片叶绿素含量达到最大。而叶片叶绿素含量标准差结果显示，在冬小麦生育早期（3月24日），叶片叶绿素含量标准差数值最大，随后呈下降趋势。此外，叶片叶绿素含量变异系数结果也呈现出一致的变化趋势：在3月24日，变异系数数值最大，随后呈下降区域。叶片叶绿素含量标准差和变异系数变化特征表明，在冬小麦生育早期，叶片叶绿素含量估算结果存在较大波动性。这可能与生育早期冬小麦植株幼小，对应Sentinel-2影像数据像元中，冬小麦植株信号可能较少，而影像光谱反射率数据中叶绿素的吸收特征不显著有关。

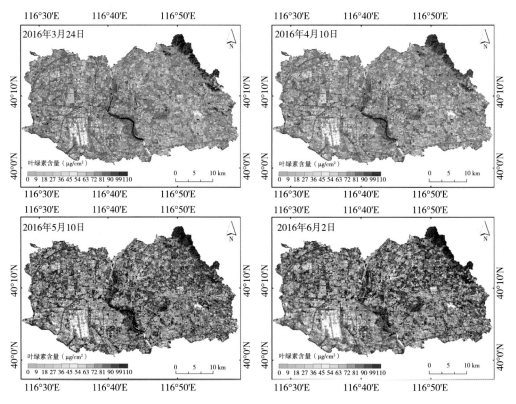

图3.18　基于高斯过程回归方法估算的冬小麦不同生育期叶片叶绿素含量分布

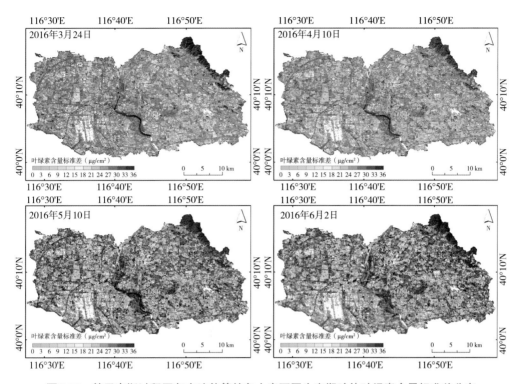

图3.19 基于高斯过程回归方法估算的冬小麦不同生育期叶片叶绿素含量标准差分布

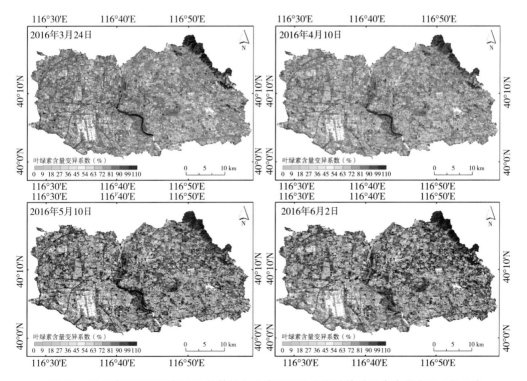

图3.20 基于高斯过程回归方法估算的冬小麦不同生育期叶片叶绿素含量变异系数分布

五、小 结

本研究利用Sentinel-2卫星数据优势，研究了北京市顺义区多时相冬小麦叶片叶绿素含量估算方法。结果表明，植被指数方法估算叶片叶绿素含量结果差异较大，红边波段植被指数，如$CI_{Red-edge}$，ND_{705}和SR_{705}，估算叶片叶绿素含量精度高。植被指数方法估算叶片叶绿素含量结果存在"低值高估"和"高值低估"现象。高斯过程回归方法相比植被指数方法估算叶片叶绿素含量精度更高，红波段以及红边波段对叶片叶绿素含量估算模型非常重要。基于高斯过程方法，进一步对北京市顺义区的冬小麦关键生育期的叶片叶绿素含量进行了动态监测，发现生育早期与末期冬小麦叶绿素含量变化差异较大，高斯过程模型估算其他生育期叶片叶绿素含量精度较高。通过分析多时相叶片叶绿素含量变化，认为叶片叶绿素含量变化能间接反映冬小麦氮素营养状况，可为作物氮素营养状况监测提供基础资料。

第四章　作物类胡萝卜素含量遥感监测研究

　　类胡萝卜素（Carotenoids）是植被叶绿体中第二大主要色素，普遍存在于动物、高等植物、真菌、藻类的黄色、橙红色或红色的色素之中。类胡萝卜素主要由叶黄素循环色素和胡萝卜素组成，具有吸收和传递光能以及光保护功能。研究表明，类胡萝卜素含量的变化可用于植物生理状态研究。此外，叶黄素循环是玉米黄质、紫黄质和花药黄质类之间的相互转换，当外界光能较强时，类胡萝卜素能够发挥光保护的作用，使得植株免受强光的伤害。并且当植株处于胁迫或者衰老状态时，叶绿素和类胡萝卜素的含量及其比值会相应发生变化。相比于类胡萝卜素含量变化，叶绿素含量降低的趋势更快。色素含量这些变化特征使得利用光谱分析技术开展作物生理状态研究成为可能。相比于利用叶绿素或类胡萝卜素含量开展植被养分营养状况诊断研究，研究类胡萝卜素含量与叶绿素含量比值估算方法可能更具有实用意义，因为色素含量比值能够消除植被物种及品种的差异，从而更准确地指示植被衰老特征。因此，定量估算类胡萝卜素含量、类胡萝卜素含量与叶绿素含量比值对于植被生理状态研究具有重要意义。然而，目前鲜有研究开展类胡萝卜素含量、色素含量比值指示作物养分状况诊断研究。近年来，高光谱数据在反演植被类胡萝卜素含量、色素含量比值中受到研究学者的青睐（Kong et al., 2016, 2017；Zhou et al., 2019）。本章从叶片和冠层2个尺度，较系统地介绍基于高光谱遥感的作物类胡萝卜素含量监测、基于高光谱遥感的作物类胡萝卜素与叶绿素比值估算、基于多角度高光谱遥感的类胡萝卜素含量监测等方面的研究进展。

第一节　基于高光谱遥感的作物类胡萝卜素含量监测研究

　　目前，学者针对类胡萝卜素反演提出了一些植被指数，并且由于叶绿素和类胡萝卜素具有较好的相关性，一些学者利用原始窄波段指数估测叶绿素含量或类胡萝卜素含量与叶绿素含量比值来估测植被类胡萝卜素含量。然而，这些植被指数对于高含量的类胡萝卜素含量存在饱和局限性，从而降低了其反演精度。针对这个问题，本章主要目标是结合近地实测高光谱数据和植被辐射传输模型PROSAIL模型模拟数据构建新型抗饱和性且对作物类胡萝卜素含量变化敏感的植被指数。以冬小麦和夏玉米为研究对象，具体研究目标为：目标一，在既有植被指数的基础上新建植被指数，基于田间实测数据对比和分析新建指数和前人提出的植被指数在反演作物类胡萝卜素含量的应用效果；目标二，基于PROSAIL模拟数据对各个植被指数的饱和性进行分析。

一、研究区与研究方法

（一）研究区数据获取

冬小麦试验于2004年和2005年在北京市昌平区、顺义区和通州区冬小麦种植区进行，冬小麦品种为'京旺10''9428'和'农大3291'，实行常规的农田管理。在冬小麦和夏玉米的不同关键生育期测定其冠层光谱和生化参数。冬小麦地面ASD高光谱数据和胡萝卜素含量等农学参数获取时间为：4月17日、4月28日、5月18日和6月3日，样本总数为153个（2004年72个，2005年81个）。

夏玉米试验于2003年在北京市农林科学院内（$39°57'N$，$116°18'E$）试验田进行，设置了3个氮水平梯度试验，即$0kg/hm^2$、$75kg/hm^2$和$150kg/hm^2$尿素，分别在玉米拔节和大喇叭口期按以上氮梯度施肥；玉米品种有：'京玉7''唐玉10''高油115''唐抗5号''中原单32''户单''中单9409'和'京试白1号'。夏玉米地面ASD高光谱数据和胡萝卜素含量等农学参数获取时间为：7月8日、7月19日、7月28日、8月6日、8月11日、8月20日、8月29日和9月8日，样本总数为108个。

（二）植被指数选择与构建

选用一系列植被指数来反演类胡萝卜素含量（表4.1），按照植被指数提出的原始反演参量将其分为3大类：与类胡萝卜素相关的指数（PSSRc、PSNDc、CRI_{550}和CRI_{700}）、与色素比值相关的指数（PRI、SIPI和PSRI）和与叶绿素相关的指数（MCARI、MCARI/OSAVI、TCARI、TCARI/OSAVI、TVI、TGI）。

表4.1　本节采用的用于反演作物类胡萝卜素含量的植被指数

植被指数	表达式	参考文献
PSSRc	$\dfrac{R_{800}}{R_{470}}$	Blackburn，1998a
PSNDc	$\dfrac{R_{800}-R_{470}}{R_{800}+R_{470}}$	Blackburn，1998a
CRI_{550}	$R_{510}{}^{-1}-R_{550}{}^{-1}$	Gitelson et al.，2002
CRI_{700}	$R_{510}{}^{-1}-R_{700}{}^{-1}$	Gitelson et al.，2002
PRI	$\dfrac{R_{531}-R_{570}}{R_{531}+R_{570}}$	Gamon et al.，1992
SIPI	$\dfrac{R_{800}-R_{445}}{R_{800}-R_{680}}$	Penuelas et al.，1995
PSRI	$\dfrac{R_{680}-R_{500}}{R_{750}}$	Merzlyak et al.，1999
MCARI	$\left[(R_{700}-R_{670})-0.2(R_{700}-R_{550})\right]\left(\dfrac{R_{700}}{R_{670}}\right)$	Daughtry et al.，2000
MCARI/OSAVI	$\dfrac{\left[(R_{700}-R_{670})-0.2(R_{700}-R_{550})\right]\left(\dfrac{R_{700}}{R_{670}}\right)}{(1+0.16)(R_{800}-R_{670})/(R_{800}+R_{670}+0.16)}$	Daughtry et al.，2000
TCARI	$3[(R_{700}-R_{670})-0.2(R_{700}-R_{550})\dfrac{R_{700}}{R_{670}}]$	Haboudane et al.，2002
TCARI/OSAVI	$\dfrac{3\left[(R_{700}-R_{670})-0.2(R_{700}-R_{550})\dfrac{R_{700}}{R_{670}}\right]}{(1+0.16)(R_{800}-R_{670})/(R_{800}+R_{670}+0.16)}$	Haboudane et al.，2002
TVI	$0.5[120(R_{750}-R_{550})-200(R_{670}-R_{550})]$	Broge et al.，2001
TGI	$-0.5[(\lambda_{670}-\lambda_{480})(R_{670}-R_{550})-(\lambda_{670}-\lambda_{550})(R_{670}-R_{480})]$	Hunt et al.，2011
MTVI1	$1.2[1.2(R_{800}-R_{550})-2.5(R_{670}-R_{550})]$	Haboudane et al.，2004
CTRI	$\dfrac{MTVI1}{R_{531}}$	新建

此外，为了实现更高精度的作物类胡萝卜素含量遥感反演，本研究提出1个新的植被指数：类胡萝卜素三角形比值指数（CTRI），其目的是最大化反映类胡萝卜素含量的光谱信息，且能够克服类胡萝卜素含量较高时植被指数易饱和的弊端。CTRI由既有植被指数改进型三角形植被指数MTVI1和531nm处的光谱反射率的比值构成，其表达式如公式4.1所示。MTVI1指数是由波段550nm、670nm和800nm处的光谱反射率与波长组成的三角形面积乘以1个比例因子构成，其示意图如图4.1所示，

选择该指数的原因有：原因一，它由绿光、红光和近红外3个波段组成，可综合反映可见光到近红外的光谱信息；原因二，与植被指数TVI相比，近红外800nm的光谱反射率替代了TVI中的750nm波段，可减弱由叶片表面和冠层结构引起的光散射的影响（Sims et al.，2002）；原因三，其原始反演对象为叶面积指数LAI，为消除叶片叶绿素在LAI反演中的影响而被提出，与本节目标一致，也是为了更大程度地减弱叶绿素对反演类胡萝卜素含量的影响。此外，前人研究表明植被指数MTVI1可克服饱和局限性（Haboudane et al.，2004）。531nm被认为是反映不同叶黄素转化信号波段，即当植物叶片吸收的光能超过光合作用利用时，产生过剩光能，紫黄质转化成花药黄质和玉米黄质（Demmigadams，1990）；此外，由于植物叶片类胡萝卜素包含叶黄素，531nm的波段反射率被应用到光化学指数PRI中用来反演类胡萝卜素含量（Filella et al.，2009）。新构建指数CTRI将对类胡萝卜素含量遥感反演具有广泛的应用潜力。

$$CTRI = \frac{MTVI1}{R_{531}} = \frac{1.2\left[1.2(R_{800} - R_{550}) - 2.5(R_{670} - R_{550})\right]}{R_{531}} \quad (4.1)$$

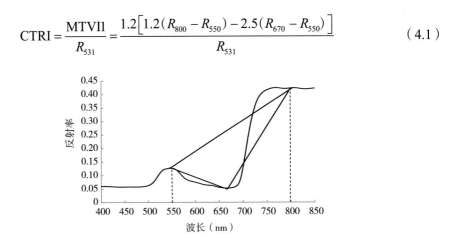

图4.1　植被指数MTVI1（Haboudane et al.，2004）

（三）PROSAIL模型模拟

为了进一步分析各植被指数对类胡萝卜素含量估测的饱和性，利用PROSPECT-5模型加SAIL模型模拟冠层光谱反射率。PROSPECT-5模型输入参数如表4.2所示。为了对植被指数的饱和度进行分析，设置输入参数中只有类胡萝卜素含量变化，其他参数根据实测含量确定，即类胡萝卜素含量从1μg/cm²到24μg/cm²以步长1μg/cm²增加。为了探究叶绿素含量变化对类胡萝卜素含量反演模型的影响，输入参数设置类胡萝卜素和叶绿素含量2个参数变化，其他参数不变。根据2种色素实测值的比例，实测类胡萝卜素与叶绿素比值在0.15到0.3之间变化，均值为0.25，为反映作物真实状况，设定叶绿素含量由4μg/cm²到96μg/cm²以步长4μg/cm²增加。将上述PROSPCT-5模拟的叶片光谱反射率作为输入参数输入到SAIL模型中，以模拟冠层光谱反射率。

表4.2　PROSAIL模型输入参数

模型	输入参数	输入值
PROSPECT-5模型	单位面积叶绿素含量（μg/cm^2）	4~96
	单位面积类胡萝卜素含量（μg/cm^2）	1~24
	单位面积叶片氮素含量（μg/cm^2）	1.55
	等效水厚度（cm）	0.013
	干物质含量（g/cm^2）	0.004 5
SAIL模型	叶面积指数LAI	4
	叶倾角分布LAD	球状
	太阳天顶角（°）	30
	观测天顶角（°）	0
	观测方位角（°）	0
	热点系数	0.15
	土壤亮度参数	1
	天空漫散射比例	0.23

（四）数据分析方法

研究采用线性回归分析建立植被指数和作物类胡萝卜素含量反演模型，采用决定系数（R^2）和均方根误差（RMSE指标）作为评价植被指数模型的反演精度。此外，相对敏感度（Sr）被用来对比任意2个植被指数对类胡萝卜素含量的反演效果，其表达式如下。

$$Sr = (dx / dy) \times (\Delta x / \Delta y)^{-1} \tag{4.2}$$

x和y表示2个不同的植被指数，dx和dy表示线性反演模型（类胡萝卜素为自变量，植被指数为因变量）的斜率，Δx和Δy分别表示x和y的最大值和最小值之差。当$Sr>1$时，植被指数x比y对类胡萝卜素敏感，当$Sr=1$时，2个指数对类胡萝卜素敏感度相当，当$Sr<1$时，植被指数y比x更敏感。

对于冬小麦而言，使用2005年81个样本数据进行建模，2004年72个样本数据对模型进行检验。对于夏玉米而言，随机选取72个样本建模，剩下36个独立样本进行验证。

二、冬小麦冠层类胡萝卜素含量遥感反演模型构建与验证

将表4.2中的植被指数与冬小麦冠层类胡萝卜素含量建立线性模型，如图4.2所示。从图中可以看出，在所有模型中，新建指数CTRI与类胡萝卜素含量具有很强的线性相关性，模型估测精度最高，R^2达到0.92，并且与其他各个指数计算得到的相对敏感度Sr值均大于1（表4.3），说明此指数对类胡萝卜素含量的敏感性最高，可较好地反映其含量的动态变化。其次是PSSRc和PRI模型，模型决定系数均大于0.86，且PRI模型精度相对较高，对类胡萝卜素含量变化更敏感（$Sr=1.02$）。对于2个指数TVI和MTVI1来说，两者呈现相似的散点图分布，但MTVI1模型决定系数略高（$R^2=0.82$），同时，CRI$_{550}$和CRI$_{700}$模型对类胡萝卜素含量的估测效果也较好。然而，除了MCARI和TVI，与叶绿素相关的植被指数反演模型的R^2值相对较低。

前人研究表明，植被指数值随着类胡萝卜素含量的增大会出现饱和现象（Blackburn，1998a）。从图4.2可看出，虽然PSNDc指数与类胡萝卜素具有很好的线性相关性，模型决定系数R^2为0.78，但是从图中散点图的分布可看出，PSNDc、SIPI和PSRI 3个指数与类胡萝卜素含量呈非线性关系，说明它们对高含量的类胡萝卜素敏感性较低，存在饱和现象。

利用2004年独立样本对上述线性模型进行检验，结果如表4.4所示，可见CTRI，PSSRc和PRI 3个指数模型具有较好的模型预测能力，R^2均在0.70以上，RMSE值也相对较低。为了探求类胡萝卜素含量估测精度最高的指数，我们分别做出了这3个指数的预测模型散点图（图4.3），从图中可以看到，CTRI指数模型具有最高的预测能力，R^2为0.79，RMSE为6.01ug/cm^2，同时，实测和预测类胡萝卜素含量的回归线与1∶1线最接近，预测模型的斜率和截距分别为1.03和0.98，表现出了较强的稳定性。

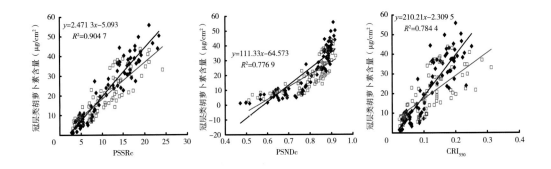

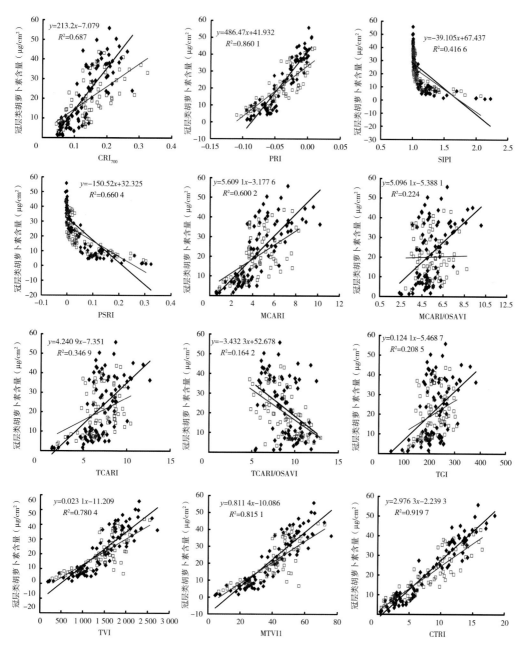

图4.2　冬小麦冠层类胡萝卜素含量遥感反演模型

注：黑色实心点为建模样本（*n*=81），红色方框为验证样本（*n*=72）。

表4.3 冬小麦冠层类胡萝卜素含量植被指数相对敏感度分析 (S_r)

X \ Y	PSSRc	PSND	CRI$_{550}$	CRI$_{700}$	PRI	SIPI	PSRI	MCARI	MCARI/OSAVI	TCARI	TCARI/OSAVI	TGI	TVI	MTVI1	CTRI
PSSRc	1														
PSNDc	0.88	1													
CRI$_{550}$	0.91	1.04	1												
CRI$_{700}$	0.78	0.88	0.85	1											
PRI	1.02	1.16	1.12	1.31	1										
SIPI	−0.49	−0.56	−0.54	−0.63	−0.48	1									
PSRI	−0.75	−0.85	−0.82	−0.96	−0.74	1.53	1								
MCARI	0.63	0.71	0.69	0.81	0.62	−1.28	−0.84	1							
MCARI/OSAVI	0.32	0.37	0.36	0.42	0.32	−0.66	−0.43	0.52	1						
TCARI	0.41	0.46	0.45	0.52	0.40	−0.83	−0.54	0.65	1.26	1					
TCARI/OSAVI	−0.38	−0.43	−0.41	−0.49	−0.37	0.77	0.50	−0.60	−1.17	1.26	1				
TGI	0.29	0.32	0.31	0.37	0.28	−0.58	−0.38	0.45	0.88	0.70	−0.93	1			
TVI	0.75	0.85	0.82	0.97	0.74	−1.53	−1.00	1.20	2.32	1.85	−1.99	2.64	1		
MTVI1	0.79	0.90	0.87	1.02	0.78	−1.61	−1.05	1.26	2.44	1.94	−2.09	2.77	1.05	1	
CTRI	1.02	1.10	1.06	1.25	1.01	−1.97	−1.29	1.54	2.99	2.38	−2.56	3.40	1.29	1.23	1

表4.4 冬小麦冠层类胡萝卜素含量反演模型验证结果

植被指数	R^2	RMSE（μg/cm²）	斜率	截距
PSSRc	0.74	6.67	0.990	1.97
CRI₅₅₀	0.52	10.48	0.930	4.71
CRI₇₀₀	0.43	11.19	0.800	8.24
PRI	0.71	8.28	0.710	5.79
MCARI	0.30	9.92	0.460	12.21
MCARI/OSAVI	0.04	12.73	0.012	21.69
TCARI	0.14	10.92	0.250	16.74
TCARI/OSAVI	0.31	9.47	0.340	15.56
TGI	0.12	10.59	0.190	17.59
TVI	0.58	7.76	0.790	5.58
MTVI1	0.61	7.60	0.800	5.56
CTRI	0.79	6.01	1.020	0.99

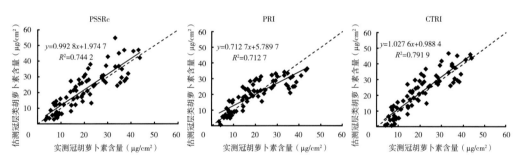

图4.3 冬小麦冠层类胡萝卜素含量PSSRc，PRI和CTRI反演模型验证结果

三、夏玉米冠层类胡萝卜素含量遥感反演模型构建与验证

对于夏玉米而言，随机选取72个样本数据建立反演模型，各植被指数与冠层类胡萝卜素含量所构建的线性模型如图4.4所示。从图4.4中可看出，与冬小麦结果类似，在所有指数中，新建指数CTRI的模型决定系数最高，R^2为0.75。与其他指数相比，CTRI的相对敏感度Sr值远大于1，说明在所有指数中，CTRI对类胡萝卜素含量变化最敏感（表4.5）。同时PSSRc和PRI模型估测精度也较高，这与Garrity等（2011）研究结果一致。2个指数TVI和MTVI1构建的模型的R^2分别达0.52和0.56。但是与小麦相比，CRI₅₅₀和CRI₇₀₀模型精度有所降低，其他先前用来估测叶绿素含量的指数在本研究

对类胡萝卜素含量的估测精度均较低，R^2均小于0.15。而PSNDc，PSRI和SIPI在进行类胡萝卜素含量反演时存在饱和现象。

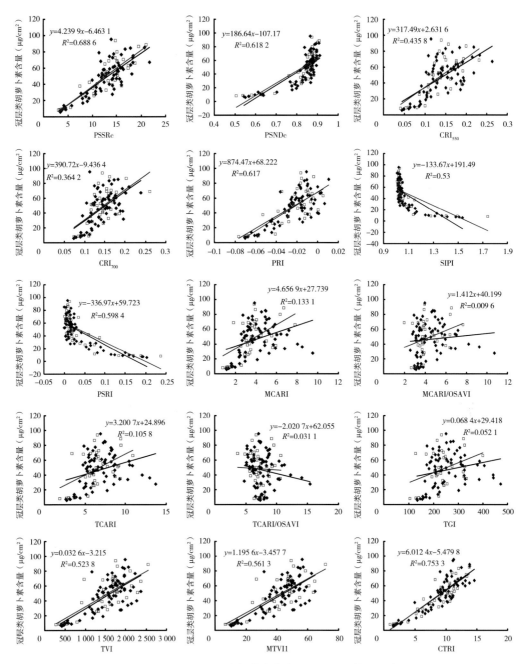

图4.4　夏玉米冠层类胡萝卜素含量遥感反演模型拟合

注：黑色实心点为建模样本，红色方框为验证样本。

表4.5 夏玉米冠层类胡萝卜素含量植被指数相对敏感度分析（Sr）

x \ y	PSSRc	PSNDc	CRI$_{550}$	CRI$_{700}$	PRI	SIPI	PSRI	MCARI	MCARI/OSAVI	TCARI	TCARI/OSAVI	TGI	TVI	MTVI1	CTRI
PSSRc	1														
PSNDc	1.01	1													
CRI$_{550}$	0.72	0.71	1												
CRI$_{700}$	0.62	0.61	0.86	1											
PRI	0.97	0.96	1.35	1.57	1										
SIPI	−0.86	−0.85	−1.19	−1.39	−0.89	1									
PSRI	−1.00	−1.00	−1.40	−1.63	−1.04	1.17	1								
MCARI	0.38	0.38	0.53	0.62	0.40	−0.45	−0.38	1							
MCARI/OSAVI	0.09	0.09	0.13	0.15	0.10	−0.11	−0.09	0.24	1						
TCARI	0.34	0.33	0.47	0.55	0.35	−0.39	−0.34	0.88	3.59	1					
TCARI/OSAVI	−0.16	−0.16	−0.23	−0.26	−0.17	0.19	0.16	−0.42	−1.73	3.59	1				
TGI	0.25	0.25	0.35	0.41	0.26	−0.29	−0.25	0.66	2.69	0.75	−0.48	1			
TVI	0.92	0.91	1.27	1.49	0.95	−1.07	−0.91	2.39	9.75	2.71	−5.64	3.62	1		
MTVI1	0.96	0.95	1.34	1.56	0.99	−1.12	−0.96	2.51	10.24	2.85	−5.91	3.80	1.05	1	
CTRI	6.49	6.43	9.03	10.55	6.71	−7.56	−6.46	16.93	69.10	19.23	−39.92	25.65	7.08	6.75	1

为了评价各指数所构建模型的预测能力，利用剩余36个独立样本进行检验，结果如表4.6所示。同样地，CTRI模型具有最大的R^2和最小的RMSE值，并且相比其他指数，其预测值与实测值的回归线与1：1线最为吻合，斜率和截距值分别为0.83和8.75，说明CTRI模型具有较高的预测能力。其次是PSSRc模型，R^2和RMSE值分别为$0.74\mu g/cm^2$和$12\mu g/cm^2$。然而，与小麦相比，各指数对玉米冠层类胡萝卜素含量的预测能力降低。

表4.6　夏玉米冠层类胡萝卜素含量反演模型验证结果

植被指数	R^2	RMSE（$\mu g/cm^2$）	斜率	截距
PSSRc	0.74	12.00	0.71	12.28
CRI$_{550}$	0.45	17.39	0.39	27.09
CRI$_{700}$	0.36	18.64	0.35	29.47
PRI	0.57	15.36	0.60	17.18
TVI	0.50	16.58	0.53	21.27
MTVI1	0.54	15.89	0.55	19.06
CTRI	0.81	9.70	0.83	8.75

四、植被指数饱和度分析

从以上分析可看出，有些植被指数当类胡萝卜素含量较高时敏感性较低，存在饱和现象。为了进一步分析各植被指数对类胡萝卜素含量估测的饱和性，利用PROSAIL模型模拟作物冠层光谱反射率。图4.5表示各模拟指数与类胡萝卜素含量之间的关系。从图中可看出，随着类胡萝卜素含量的增加，CTRI呈线性增长趋势，其值变化范围较大（11.24～29.66），对类胡萝卜素含量的变化较为敏感，说明其具有较强的抗饱和性。其次是PRI指数，其与类胡萝卜素含量基本呈线性关系，与Garrity等（2011）研究结果一致。对于PSSRc指数，与实测结果不同，其对于较高含量的类胡萝卜素表现出饱和局限性。而PSNDc、PSRI和SIPI 3个指数，当类胡萝卜素含量大于$28\mu g/cm^2$均呈现出饱和现象，与实测结果一致。CRI$_{550}$和CRI$_{700}$ 2个指数在类胡萝卜素含量大于$64\mu g/cm^2$逐渐趋于饱和。此外，MCARI、MCARI/OSAVI、TCARI、TCARI/OSAVI、TGI、TVI和MTVI1指数表现出相似的特征，均随着类胡萝卜素含量的增加而变化较小，说明它们对类胡萝卜素含量的变化不敏感。综上所述，新建的CTRI指数在估测冠层类胡萝卜素含量时精度较高，并且具有较强的抗饱和性。

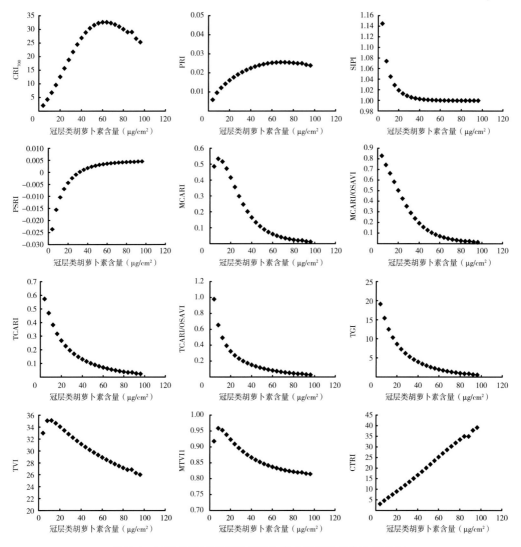

图4.5　植被指数对冠层类胡萝卜素含量变化的饱和度分析

五、小　结

以冬小麦和夏玉米为研究对象，结合近地实测高光谱数据构建了用于类胡萝卜素含量反演的新型植被指数——类胡萝卜素三角形比值指数（CTRI），并对CTRI的类胡萝卜素含量反演效果进行了评估。结果表明，CTRI在选取的一系列用于类胡萝卜素含量反演的植被指数中表现最佳，对冠层类胡萝卜素含量的反演精度和预测精度最高，且具有较强的抗饱和性。研究结果对开展作物类胡萝卜素含量遥感估测，特别是在作物早期胁迫阶段，对反映作物生理生态状况和指导农田管理具有重要意义。

第二节 基于高光谱遥感的作物类胡萝卜素与 叶绿素比值估算研究

相比于类胡萝卜素含量估算研究，类胡萝卜素与叶绿素含量比值（以下简称"色素比值"）估算研究更具实用意义，因为色素含量比值能够消除植被物种及品种差异，从而更准确地指示植被生理及养分状态。因此，定量估算色素比值对于植被生理状态研究具有重要意义。可见光波段类胡萝卜素与叶绿素吸收特征存在重叠，使得色素比值估算较为困难。已有研究多数利用叶片光谱数据开展了色素比值估算研究，然而，鲜有研究基于冠层光谱数据开展色素含量比值估算研究。针对这些问题，本节结合辐射传输模型模拟数据以及多种实测数据，构建适用于色素比值估算的植被指数，为利用色素比值指示作物氮素营养状况研究提供基础。

一、研究区与研究方法

（一）试验数据概况

实测数据包括3部分数据，分别为：2003年夏玉米试验数据（记为"Data_2003"）、2004年和2005年2年的冬小麦和夏玉米试验数据（记为"Data_2004&2005"）以及ANGERS数据（记为"Data_ANGERS"）。其中，Data_2003、Data_2004&2005试验情况同上一节，详见本章第一节"研究区与研究方法"，ANGERS数据特征见表4.7。

表4.7 ANGERS数据特征

数据集特征	ANGERS
时间	2003年
样品数目	276
植被种类	43
光谱测试仪器	ASD FieldSpec
光谱范围	400～2 500nm
光谱采样间隔	1.4nm（350～1 050nm），2nm（1 000～2 500nm）
色素分析测试溶剂	95%乙醇溶液

（续表）

数据集特征	ANGERS
叶片叶绿素（μg/cm²）	
最小值	0.7
最大值	106.7
均值	33.4
叶片类胡萝卜素（μg/cm²）	
最小值	0
最大值	25.3
均值	8.7
叶片等效水厚度（cm）	
最小值	0.004 4
最大值	0.034 0
均值	0.011 6
叶片干物质重量（g/cm²）	
最小值	0.001 7
最大值	0.033 1

在数据处理与分析过程中，将数据随机并平均分成了2部分，一部分用于模型构建，另一部分用于模型验证，详细数据分组及用途情况如表4.8所示。模型总体精度评价采用了决定系数（R^2）、均方根误差（RMSE）、相对均方根误差（RRMSE）以及平均绝对误差（MAE）等指标。

表4.8　ANGERS数据集和试验数据集色素比值特征

	数据集	n	最小值	最大值	均值	标准差	变异系数（%）
	模型构建						
叶片光谱	Data_ANGERS_C	123	0.186	0.505	0.265	0.048	18.152
	Data_2004&2005_C	53	0.140	0.516	0.210	0.054	25.891
	总和	176	0.140	0.516	0.249	0.058	23.474

（续表）

数据集	n	最小值	最大值	均值	标准差	变异系数（%）
模型验证						
叶片光谱 Data_ANGERS_V	124	0.190	0.407	0.263	0.044	16.892
Data_2004&2005_V	52	0.147	0.397	0.213	0.044	20.514
总和	176	0.147	0.407	0.248	0.050	20.069
模型构建						
Data_2003_C	98	0.129	0.318	0.188	0.048	25.643
Data_2004&2005_C	53	0.140	0.516	0.210	0.054	25.891
冠层光谱 总和	151	0.129	0.516	0.196	0.052	26.338
模型验证						
Data_2003_V	99	0.122	0.338	0.191	0.051	26.879
Data_2004&2005_V	52	0.147	0.397	0.213	0.044	20.514
总和	151	0.122	0.397	0.198	0.050	25.141

叶片光谱反射率模拟数据采用PROSPCT-5模拟，参数设置详见"本章第一节研究区与研究方法"。

（二）植被指数选取与构建

现有的色素含量比值估算研究主要集中于植被指数方法，依据实测数据，一些研究分析了类胡萝卜素、叶绿素及其比值的吸收特征，并基于这些光谱特征提出了适用于色素含量比值估算的植被指数，如表4.9所示。

为开展色素比值估算研究，本节提出了一个假设，即类胡萝卜素和叶绿素比值可由类胡萝卜素指数与叶绿素指数相除而组合的植被指数进行估算。前提是选用的类胡萝卜素植被指数及叶绿素植被指数能与各自对应色素含量相关性最大，并受其他色素影响较小。选用类胡萝卜素指数（CARI）和红边叶绿素植被指数（$CI_{Red-edge}$），构建了新的色素比值植被指数（Carotenoid/Chlorophyll Ratio Index，CCRI），基于大量模拟数据和实测数据，用以评估该指数进行色素比值监测的可行性和效果。

表4.9　选择与新建的用于类胡萝卜与叶绿素比值估算的植被指数

植被指数	敏感参数	计算公式	参考文献
NPCI	色素总含量/叶绿素a	$(R_{680}-R_{430})/(R_{680}+R_{430})$	Peñuelas et al.，1993
SIPI	类胡萝卜素与叶绿素a比值	$(R_{800}-R_{445})/(R_{800}-R_{680})$	Peñuelas et al.，1995
PSRI	色素比值	$(R_{678}-R_{500})/R_{750}$	Merzlyak et al.，1999
PRI	光能利用效率	$(R_{531}-R_{570})/(R_{531}+R_{570})$	Gamon et al.，1992
$CI_{Red-edge}$	叶绿素	$(R_{783}-R_{705})/R_{705}$	Gitelson et al.，2005
CARI	类胡萝卜素	$(R_{720}-R_{521})/R_{521}$	Zhou et al.，2017
CCRI	色素比值	$CARI/CI_{Red-edge}$	新建

二、基于PROSPECT-5模型叶片模拟数据的色素比值估算

基于PROSPECT-5模型的叶片模拟数据，植被指数与色素比值相关性分析如图4.6所示。结果显示，CARI与叶片类胡萝卜素含量呈显著线性关系（R^2=0.943），而与叶片叶绿素相关性较差（R^2=0.315）。与CARI不同，叶绿素指数$CI_{Red-edge}$则与叶片叶绿素含量呈显著线性关系（R^2=0.984），而与叶片类胡萝卜素相关性较差（R^2=0.220）。这些模拟数据结果表明，CARI指数可解释绝大多数（94.3%）叶片类胡萝卜素含量变化，而较少受到叶片叶绿素含量变化影响；同时，$CI_{Red-edge}$指数能解释绝大部分（98.4%）叶片叶绿素含量变化，而不受叶片类胡萝卜素含量变化影响。由图4.6e可知，新构建的CCRI与色素比值总体上呈显著线性关系（R^2=0.959）表明CCRI指数可用于估算色素比值。然而，在图4.6e散点图中，样点的色素比值在0.1～0.6分布不均匀，且大多数色素比值数值在0.1～0.4。这主要是由于模拟数据中，利用了色素比值0.1～0.6筛选模拟数据，而大多数样点的比值数值在0.1～0.4，这主要是由模拟数据特征所决定。

NPCI、SIPI和PSRI等已有植被指数也均与色素含量比值表现出较差相关性，其散点图表现出较大的分散性（图4.6f，图4.6g和图4.6h）。不同于这些植被指数，PRI与色素含量比值呈现显著的负线性关系（R^2=0.946）。这一结果与Garrity et al.（2011）研究结果一致。与CCRI指数散点图类似，PRI指数与色素含量比值的散点图中多数样点的色素含量比值集聚在0.1～0.4。尽管叶片模拟数据中，不同植被指数与色素含量比值相关性差异较大，但模拟数据研究结果表明，本节提出的用于估算色素比值的假设是成立的，而且所有指数中，新构建的CCRI指数最大程度上解释了色素比值的变化特征。

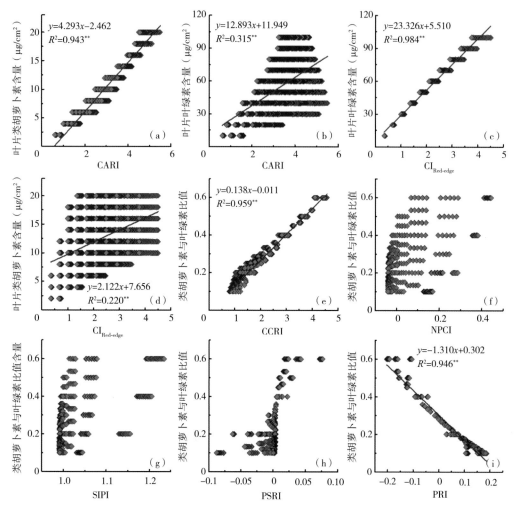

图4.6　基于叶片模拟数据植被指数与色素含量比值关系（n=1 700）

三、基于叶片实测数据的色素比值估算

研究利用Data_2004&2005冬小麦实测叶片数据、Data_ANGERS数据，进一步探讨了CCRI指数估算实测数据色素比值的能力。研究首先分别利用50%的Data_ANGERS数据，以及50%的Data_2004&2005冬小麦叶片数据用于构建模型，然后2类数据组合用于模型构建，建模结果如表4.10所示。结果显示，在单独ANGERS和冬小麦实测数据以及组合数据中，CCRI构建的色素比值模型精度最高，决定系数R^2分别是0.363，0.726以及0.545。PRI，NPCI以及SIPI指数表现稍显逊色。PRI与色素比值呈负线性关系，这与其在模拟数据中结果一致。PSRI指数估算ANGERS和冬小麦数据色素比值模型存在较大差异，导致其在组合数据中估算结果最差。同时，研究分析了

模型精度较高的指数（CCRI和PRI）与色素比值间的散点图（图4.7）。结果表明，CCRI和PRI指数与ANGERS数据（或冬小麦数据）的色素比值均呈较好的线性关系，然而，当数据组合时，PRI指数与色素比值相关性明显降低，而CCRI指数仍保持与色素比值较好相关性（R^2=0.545）。

表4.10 基于叶片数据的色素比值模型构建结果

植被指数	数据集	排序	模型方程	R^2	RMSE	MAE	RRMSE
NPCI	Data_ANGERS_C		$y=0.483x+0.214$	0.309[**]	0.040	0.032	15.085
	Data_2004&2005_C	3	$y=0.527x+0.153$	0.536[**]	0.037	0.028	17.629
	总和		$y=0.497x+0.195$	0.303[**]	0.047	0.036	18.845
SIPI	Data_ANGERS_C		$y=1.689x-1.463$	0.347[**]	0.039	0.031	14.664
	Data_2004&2005_C	4	$y=0.733x-0.551$	0.672[**]	0.031	0.024	14.833
	总和		$y=0.717x-0.488$	0.222[**]	0.050	0.038	19.917
PSRI	Data_ANGERS_C		$y=-2.183x+0.256$	0.288[**]	0.050	0.035	18.800
	Data_2004&2005_C	5	$y=1.672x+0.193$	0.622[**]	0.033	0.026	15.915
	总和		$y=-0.146x+0.249$	0.002	0.056	0.040	22.552
PRI	Data_ANGERS_C		$y=-0.973x+0.285$	0.336[**]	0.039	0.028	14.790
	Data_2004&2005_C	2	$y=-1.767x+0.240$	0.631[**]	0.033	0.025	15.737
	总和		$y=-1.105x+0.270$	0.293[**]	0.047	0.037	18.979
CCRI	Data_ANGERS_C		$y=0.046x+0.170$	0.363[**]	0.038	0.031	14.492
	Data_2004&2005_C	1	$y=0.075x+0.098$	0.726[**]	0.028	0.022	13.544
	总和		$y=0.060x+0.134$	0.545[**]	0.038	0.030	15.228

注：Data_2004&2005_C中只选用冬小麦数据；排序根据统计指标（R^2，RMSE，MAE和RRMSE）综合而定。

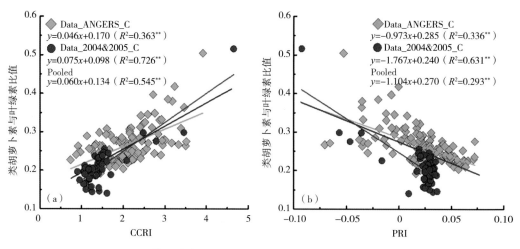

图4.7　基于叶片实测光谱数据CCRI和PRI指数与色素比值

利用余下ANGERS数据以及冬小麦叶片数据，对植被指数模型估算色素比值进行了模型验证（表4.11）。结果表明，这些植被指数的模型验证结果与其模型构建结果保持较高的一致性。在ANGERS和冬小麦实测数据，以及组合数据中，CCRI指数模型验证精度最高，决定系数R^2分别是0.414，0.524以及0.515，表明CCRI指数估算色素比值具有较高鲁棒性。研究分析了CCRI和PRI指数模型验证结果的散点图（图4.8）。结果表明，单独利用ANGERS数据进行CCRI和PRI指数模型验证精度较满意，然而，利用冬小麦的数据以及组合数据进行模型验证时，CCRI指数模型精度优于PRI指数模型：CCRI指数模型的拟合直线斜率更接近于1，且CCRI模型估算结果更聚集（图4.8b和图4.8c）。从图4.8b和图4.8e可知，大部分冬小麦试验数据的色素比值集中在0.2左右，这主要是由于冬小麦试验数据中大部分样品是在冬小麦生育中期采集得到，因此，色素比值变异性较小。基于这些模型构建及验证研究，认为新构建的CCRI指数可用于叶片尺度数据估算不同植被种类的色素比值研究。

表4.11　基于叶片数据的色素比值模型验证结果

植被指数	数据集	排序	拟合直线	R^2	RMSE	MAE	RRMSE
NPCI	Data_ANGERS_V		$y=0.300x+0.184$	0.243	0.039	0.030	14.819
	Data_2004&2005_V	3	$y=0.405x+0.125$	0.279	0.039	0.030	18.111
	总和		$y=0.240x+0.188$	0.170	0.046	0.037	18.608
SIPI	Data_ANGERS_V		$y=0.274x+0.190$	0.232	0.039	0.030	14.874
	Data_2004&2005_V	4	$y=0.395x+0.125$	0.301	0.037	0.027	17.617
	总和		$y=0.108x+0.221$	0.075	0.048	0.038	19.446

（续表）

植被指数	数据集	排序	拟合直线	R^2	RMSE	MAE	RRMSE
PSRI	Data_ANGERS_V		$y=0.307x+0.183$	0.294	0.037	0.029	14.208
	Data_2004&2005_V	5	$y=0.276x+0.149$	0.162	0.042	0.031	19.770
	总和		$y=0.014x+0.245$	0.100	0.049	0.038	19.811
PRI	Data_ANGERS_V		$y=0.387x+0.162$	0.421	0.034	0.025	12.884
	Data_2004&2005_V	2	$y=0.554x+0.091$	0.430	0.034	0.027	16.053
	总和		$y=0.302x+0.172$	0.282	0.042	0.034	17.030
CCRI	Data_ANGERS_V		$y=0.434x+0.149$	0.414	0.034	0.027	12.939
	Data_2004&2005_V	1	$y=0.635x+0.074$	0.524	0.031	0.024	14.576
	总和		$y=0.580x+0.103$	0.515	0.035	0.028	14.104

注：Data_2004&2005_V中只选用冬小麦数据；排序根据统计指标（R^2，RMSE，MAE和RRMSE）综合而定。

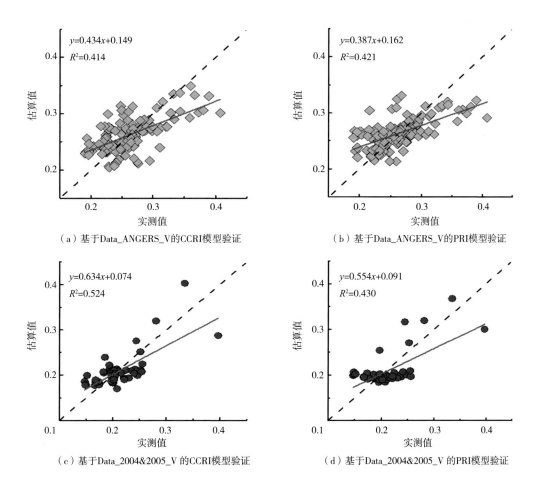

（a）基于Data_ANGERS_V的CCRI模型验证　　　　（b）基于Data_ANGERS_V的PRI模型验证

（c）基于Data_2004&2005_V的CCRI模型验证　　　　（d）基于Data_2004&2005_V的PRI模型验证

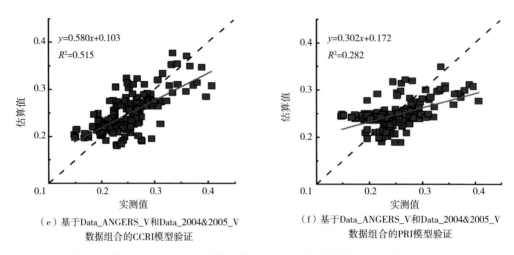

（e）基于Data_ANGERS_V和Data_2004&2005_V
数据组合的CCRI模型验证

（f）基于Data_ANGERS_V和Data_2004&2005_V
数据组合的PRI模型验证

图4.8　基于CCRI和PRI指数的叶片尺度色素比值估算值与实测值对比验证

四、基于冠层实测数据的色素比值估算

利用试验获取的不同作物（包括冬小麦和夏玉米）冠层光谱数据，进一步研究分析了植被指数方法估算色素比值的可行性。基于冠层数据的植被指数估算色素比值模型构建结果如表4.12所示。与其在叶片数据估算结果类似，CCRI指数基于冠层光谱数据（包括夏玉米数据、冬小麦数据以及两者组合数据）估算色素比值精度最高，决定系数R^2分别为0.721，0.600和0.581。值得注意的是，对于PSRI指数，基于冠层光谱数据进行色素比值估算的精度比基于叶片光谱数据获得的精度要高。由CCRI和PSRI指数与色素比值之间的散点图可知，PSRI指数与色素比值散点图存在明显的分散性（图4.9），特别是夏玉米和冬小麦数据散布较明显。而在CCRI指数与色素比值散点图中，不同数据之间基本无分散性（图4.9a）。

表4.12　基于冠层数据的色素比值模型构建结果

指数	数据集	排序	模型公式	R^2	RMSE	MAE	RRMSE
NPCI	Data_2003_C	5	$y=0.553x+0.059$	0.615[**]	0.030	0.024	15.909
	Data_2004&2005_C		$y=0.230x+0.180$	0.351[**]	0.044	0.028	20.857
	总和		$y=0.225x+0.151$	0.233[**]	0.045	0.038	23.062
SIPI	Data_2003_C	3	$y=0.300x-0.138$	0.665[**]	0.028	0.020	14.841
	Data_2004&2005_C		$y=0.368x-0.171$	0.473[**]	0.039	0.026	18.790
	总和		$y=0.289x-0.114$	0.483[**]	0.037	0.028	18.931

（续表）

指数	数据集	排序	模型公式	R^2	RMSE	MAE	RRMSE
PSRI	Data_2003_C		$y=0.828x+0.157$	0.787^{**}	0.022	0.016	11.830
	Data_2004&2005_C	2	$y=0.717x+0.198$	0.500^{**}	0.038	0.026	18.307
	总和		$y=0.723x+0.174$	0.559^{**}	0.034	0.027	17.492
PRI	Data_2003_C		$y=-2.124x+0.139$	0.756^{**}	0.024	0.019	12.661
	Data_2004&2005_C	4	$y=-1.003x+0.196$	0.412^{**}	0.042	0.028	19.850
	总和		$y=-1.315x+0.170$	0.453^{**}	0.038	0.032	19.476
CCRI	Data_2003_C		$y=0.111x+0.090$	0.721^{**}	0.025	0.020	13.550
	Data_2004&2005_C	1	$y=0.052x+0.159$	0.600^{**}	0.034	0.024	16.375
	总和		$y=0.069x+0.132$	0.581^{**}	0.033	0.027	17.054

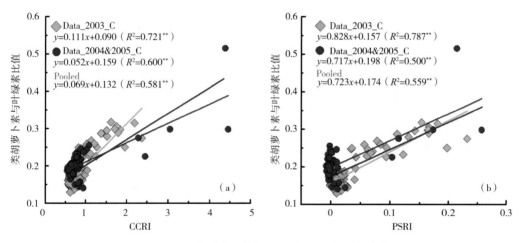

图4.9 基于冠层实测光谱数据CCRI和PSRI指数与色素比值

利用余下的夏玉米以及冬小麦冠层数据，对植被指数模型估算色素比值进行了模型验证（表4.13）。结果表明，PSRI和CCRI指数模型验证结果均具有较高的精度，其中PSRI指数模型精度更佳，在夏玉米数据、冬小麦数据以及两者组合数据中验证模型决定系数分别是0.797，0.451和0.561。PSRI和CCRI指数模型的验证结果与其模型构建结果一致。SIPI和PRI指数模型同样也取得满意的估算精度，而NPCI指数模型估算精度仍然最差。研究分析了PSRI和CCRI指数模型验证结果散点图发现，在夏玉米数据中，PSRI指数模型验证精度较CCRI指数高（图4.10），在冬小麦数据中，CCRI指数模型验证精度比PSRI指数高。CCRI指数模型验证结果散点图比PSRI指数更聚集，特别是夏玉米和冬小麦组合数据的验证结果（图4.10c和图4.10f）。基于冠层光谱数据估算结果表明，CCRI指数也适用于冠层光谱数据估算色素比值，并且具有较高鲁棒性特征。

表4.13　基于冠层数据的色素比值模型验证结果

植被指数	数据集	排序	拟合直线	R^2	RMSE	MAE	RRMSE
NPCI	Data_2003_V		$y=0.508x+0.095$	0.530	0.035	0.029	18.449
	Data_2004&2005_V	5	$y=0.432x+0.120$	0.307	0.038	0.028	17.701
	总和		$y=0.210x+0.156$	0.172	0.046	0.040	22.998
SIPI	Data_2003_V		$y=0.610x+0.072$	0.727	0.028	0.021	14.583
	Data_2004&2005_V	3	$y=0.460x+0.112$	0.449	0.033	0.025	15.288
	总和		$y=0.473x+0.102$	0.526	0.035	0.029	17.451
PSRI	Data_2003_V		$y=0.719x+0.052$	0.797	0.024	0.017	12.371
	Data_2004&2005_V	1	$y=0.531x+0.098$	0.451	0.033	0.026	15.409
	总和		$y=0.546x+0.088$	0.561	0.033	0.028	16.686
PRI	Data_2003_V		$y=0.657x+0.067$	0.745	0.026	0.020	13.889
	Data_2004&2005_V	4	$y=0.527x+0.101$	0.395	0.035	0.026	16.537
	总和		$y=0.443x+0.111$	0.406	0.039	0.034	19.436
CCRI	Data_2003_V		$y=0.668x+0.063$	0.763	0.026	0.020	13.416
	Data_2004&2005_V	2	$y=0.636x+0.075$	0.548	0.030	0.025	14.039
	总和		$y=0.525x+0.093$	0.540	0.034	0.029	17.078

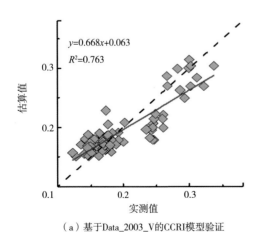

（a）基于Data_2003_V的CCRI模型验证

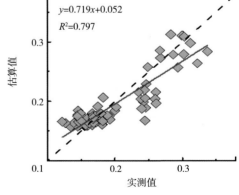

（b）基于Data_2033_V的PRI模型验证

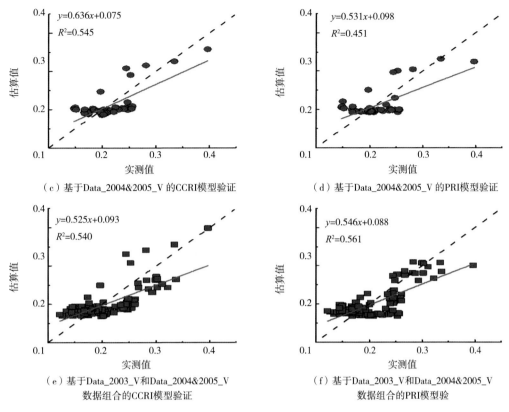

（c）基于Data_2004&2005_V 的CCRI模型验证　　（d）基于Data_2004&2005_V 的PRI模型验证

（e）基于Data_2003_V和Data_2004&2005_V
数据组合的CCRI模型验证

（f）基于Data_2003_V和Data_2004&2005_V
数据组合的PRI模型验

图4.10　基于CCRI和PRI指数的冠层尺度色素比值估算值与实测值对比验证

五、小　结

本节提出了估算类胡萝卜素与叶绿素含量比值假设，即色素比值可由类胡萝卜素指数和叶绿素指数相除构建的植被指数估算得到，前提是选用的类胡萝卜素植被指数及叶绿素植被指数能与各自对应色素含量相关性最大，并受其他色素影响较小。研究利用大量叶片辐射传输模型PROSPECT-5模拟数据，证实了该假设可行性，并构建新的色素比值植被指数（CCRI）。结合大量的实测叶片和冠层数据，包括ANGERS数据，冬小麦数据以及夏玉米数据，综合评价了CCRI指数估算色素比值的准确性与鲁棒性。结果表明，与已有色素比值植被指数相比，CCRI估算叶片实测数据（ANGERS数据、冬小麦数据以及两者组合数据）的色素比值精度排序第一，估算冠层实测数据（夏玉米数据、冬小麦数据以及两者组合数据）的色素比值精度排序第一，表明CCRI指数估算作物色素比值具有较好的精度和鲁棒性，可为利用色素比值进行作物氮素营养状况诊断研究提供理论基础。

第三节　基于多角度高光谱遥感的冬小麦类胡萝卜素含量监测研究

在作物类胡萝卜素含量遥感反演中，土壤背景反射率和作物株型也是影响其反演精度的2个主要因素。国内外学者大多是基于垂直观测方式获取的光谱数据来估测类胡萝卜素含量，然而，此观测方式土壤背景在传感器视场中所占比例较大，从而影响植被光谱信息，对作物参数的反演产生一定影响（Sims et al.，2002）。近年来，国内外学者基于非垂直多角度观测方式获取的光谱数据开展了植被生化参数反演方面的研究，但此技术应用到作物类胡萝卜素反演的研究较少。本节的主要目的是探究多角度非垂直光谱数据在反演作物冠层类胡萝卜素含量的应用潜力。具体目标如下：目标一，探究多角度光谱反射率对冠层类胡萝卜素含量的估测能力；目标二，在垂直观测方式和非垂直观测角度下，建立光谱特征参数/植被指数与冠层类胡萝卜素含量之间的线性反演模型，并对比分析各光谱特征参数/植被指数在不同观测角度下的类胡萝卜素含量反演精度；目标三，探讨作物不同株型品种对多角度数据反演类胡萝卜素含量反演结果的影响，最后得到估测冠层类胡萝卜素含量的最佳光谱特征参数和指数。

一、研究区与研究方法

（一）研究区概况

研究区位于北京市昌平区小汤山国家精准农业研究示范基地，试验于2004年和2007年开展，选取直立型和披散型小麦为研究对象，每个小麦品种种植在45m×10.8m的样方中，所有样方实行统一正常水肥管理。

在小麦不同生育期获取冠层光谱和生化参数数据，具体数据采集时间为2007年4月28日（拔节期）、5月9日（孕穗期）、5月19日（抽穗期）和5月29（灌浆期）；2004年采样时间除灌浆期外，其他时期与2007年小麦生育期相同，即2004年4月24日（拔节期）、5月11日（孕穗期）和5月19日（抽穗期）。2007年选取6个小麦品种：3种直立型（'京411''莱州3279'和'I-93'）和3种披散型（'临抗2''9428'和'9507'）；2004年选取4种小麦品种：2种直立型（'京411'和'莱州3279'）和2种披散型（'临抗2'和'9507'）。所采集的样本总数为36个。

（二）多角度冠层光谱测量与类胡萝卜素含量测定

多角度冠层光谱测量通过将ASD Fieldspec 3地物光谱仪探头安置在自制简易的半圆形多角度观测架上进行（图2.1）。选择晴朗无云的天气，光谱采集时间为11：00—14：00，在太阳主平面方向上，采集垂直0°、±20°、±30°、±40°、±50°和±60°天顶角下的光谱数据，"+"表示后向观测（即与太阳相同方向），"-"表示前向观测（即与太阳相对方向）。当传感器探头垂直向下时，距小麦冠层约为1.3m。每个样点的光谱数据1日获取1次，在进行光谱测量之前，先进行白板校正，以最大程度降低天气等外界环境变化对被测对象光谱的干扰。在每1个天顶角下，采集20次光谱，并求其平均值作为此样点在该角度下的最终光谱。

在多角度光谱测定对应位置，采集小麦样本，置于塑料袋中密封，并放置内置冰袋的保温箱中，迅速带回试验室进行类胡萝卜素含量测定。摘取冠层叶片，一部分叶片采集其中间部位（约0.5g）用来进行类胡萝卜素含量的测定，另一部分叶片进行叶片面积、叶片干重的测定。

（三）选取的光谱特征参数和植被指数

本研究中不同角度的冬小麦冠层光谱作为独立的数据集进行处理和分析。将400～530nm波段的光谱进行连续统去除变换，变换后反射率最大值出现在500nm附近，与Chappelle等（1992）研究结果一致，其目的在于突出类胡萝卜素在波段区间内的吸收特征，减少其他色素的影响。经过连续统去除变换后可得到吸收深度（AD）和吸收面积（AA）2个光谱特征指数，如图4.11所示。此外，本节也选用了前人提出的用于类胡萝卜素含量反演的植被指数，如表4.14所示。

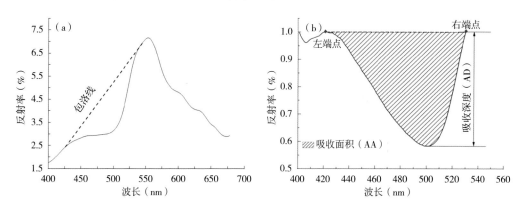

图4.11　冬小麦冠层光谱连续统去除变换示意（a）；吸收深度和吸收面积特征指数（b）

表4.14　本研究选用的用于反演类胡萝卜素含量的植被指数

植被指数	计算公式	参考文献
PSSRc	$PSSRC=\dfrac{R_{800}}{R_{500}}$	Blackburn，1998b
PSNDc	$PSNDS=\dfrac{R_{800}-R_{500}}{R_{800}+R_{500}}$	Blackburn，1998b
Car_{Green}	$Car_{Green}=\left(R_{510}{}^{-1}-R_{550}{}^{-1}\right)R_{770}$	Gitelson et al.，2006
$Car_{Red\text{-}edge}$	$Car_{Red\text{-}edge}=\left(R_{510}{}^{-1}-R_{700}{}^{-1}\right)R_{770}$	Gitelson et al.，2006

（四）数据分析方法

研究采用线性回归分析方法来建立基于光谱特征指数和植被指数的作物类胡萝卜素含量反演模型，采用决定系数（R^2）和均方根误差（RMSE）作为指标评价植被指数模型的反演精度。由于本节中样本数有限（36个），采用留一交叉验证方法来评价模型的预测能力。

二、类胡萝卜素含量与原始光谱反射率的相关性分析

不同观测天顶角下的冠层光谱反射率与类胡萝卜素含量在400～1 000nm波段内的相关性分析见图4.12。总体上，除了±60°天顶角外，其他角度下的光谱反射率相关性曲线趋势大体一致：在蓝光区域（450～530nm）和红光区域（580～690nm）有2个负相关峰值，在红边波段（719～730nm）处负相关性变为正相关性，在近红外区域（745～820nm）有1个正相关峰值。虽然类胡萝卜素在红光波段没有吸收特征，但由于其与叶绿素较好的相关性（Blackburn，1998a），使得反射率与类胡萝卜素含量在上述红光区域相关系数较高。

从图4.12可以看出，在所有观测角度中，30°后向观测角光谱反射率与类胡萝卜素含量相关性最高，在波段648nm和507nm处达到最大，相关系数分别为-0.71和-0.65，其次是40°和20°后向观测角。以上结果说明相比垂直方向观测，非垂直后向观测方式获取的光谱信息可提高类胡萝卜素含量的反演精度，与前人（Huber et al.，2010）研究结果一致。相反，前向观测角度下的光谱反射率与类胡萝卜素含量相关性均较低，最大相关性出现在-50°观测角度下。

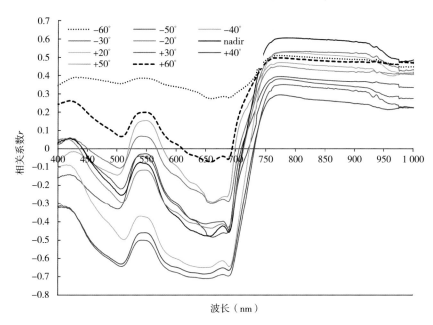

图4.12　不同观测天顶角下冬小麦类胡萝卜素含量与原始光谱反射率的相关性

三、类胡萝卜素含量与连续统去除后光谱反射率的相关性分析

不同观测天顶角下的冠层连续统去除后的光谱反射率与类胡萝卜素含量在400~1 000nm波段内的相关性分析结果如图4.13所示。在蓝光区域（400~530nm），除-60°角度外，其他所有角度下的连续统去除光谱反射率与类胡萝卜素含量的相关性均高于原始光谱反射率，说明连续统去除后的光谱可提高类胡萝卜素含量的反演精度，主要是由于此变换减弱了外部因素对类胡萝卜素含量估测的影响（Kokaly，2001）。

从图4.13可看出，类胡萝卜素含量与连续统去除后的光谱在蓝光波段（459~520nm）相关性较好，这与类胡萝卜素的光谱吸收区域吻合，且与原始光谱反射率的相关性结果一致（图4.12）。对于除-60°外所有角度下的连续统去除后光谱来说，相关性最强的波段出现在500nm波段附近，Chappelle等（1992）研究也发现类胡萝卜素在此波段附近存在最大吸收特征。相比垂直观测，在20°、30°和40°后向观测角度下的连续统去除后光谱与类胡萝卜素含量的相关性更大，其中，+30°角度下相关系数达到最大，为-0.76。然而，在蓝光区域，所有的前向观测光谱相关性均低于垂直观测，与原始光谱相似。其中，-50°观测角度下相关性相对较大（图4.13b）。

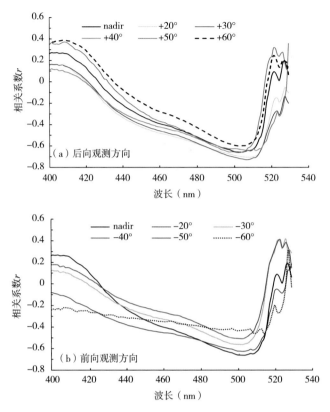

图4.13 不同观测天顶角下冬小麦类胡萝卜素含量与连续统去除后光谱反射率的相关性

四、基于多角度高光谱数据的冠层类胡萝卜素遥感反演模型建模

在不同的观测天顶角下，分别利用光谱特征参数和植被指数建立类胡萝卜素含量的线性反演模型，模型决定系数R^2和RMSE值如图4.14所示。对于所有的光谱特征参数和植被指数来说，+30°观测角度下类胡萝卜素含量反演模型精度最高，±60°观测角度下精度最低。+30°角度下的吸收深度AD所构建的反演模型具有最高的精度，R^2和RMSE分别为0.79（$P<0.001$）和18.15mg/m^2；其次是+40°角度下AD模型和+30°角度下的AA模型，模型决定系数R^2分别为0.77和0.68。此外，类胡萝卜素含量反演精度较好的模型（$R^2>0.6$，$P<0.001$）还有以下5个模型：+20°角度下的AD和AA模型、+40°角度下的AA和+30°角度下Car$_{Green}$模型、垂直角度观测下的AD模型。上述结果表明，基于后向观测光谱数据（+20°，+30°，+40°）的类胡萝卜素反演模型均好于对应垂直观测方向下的模型。相比后向和垂直观测方向，所有前向角度观测模型的R^2值均较小，模型反演精度较低。

此外，本节进一步对比了各光谱特征参数和植被指数在30°后向观测角度和垂直方向下的反演类胡萝卜素含量的能力，结果如图4.15和图4.16所示。总体来说，相比垂直观测，6个光谱特征参数和植被指数在30°后向观测角度下对类胡萝卜素变化更加敏感，其中基于AD、AA和Car_{Green}指数的反演模型R^2分别为0.79、0.68和0.60，比对应的垂直观测反演模型精度分别提高了27.4%、17.2%和15.4%。对于6个光谱特征/指数而言（图4.15），2个光谱特征参数AD和AA反演效果最好，其次是三波段植被指数Car_{Green}和$Car_{Red-edge}$，R^2分别为0.60和0.59。从图4.16分布上来看，在+30°和垂直观测角度下，2个双波段指数PSSRc和PSNDc模型散点分布相似，但两者反演精度均低于上述基于三波段指数的反演模型，R^2值为0.31～0.40，这与Gitelson等（2006）研究结果一致。

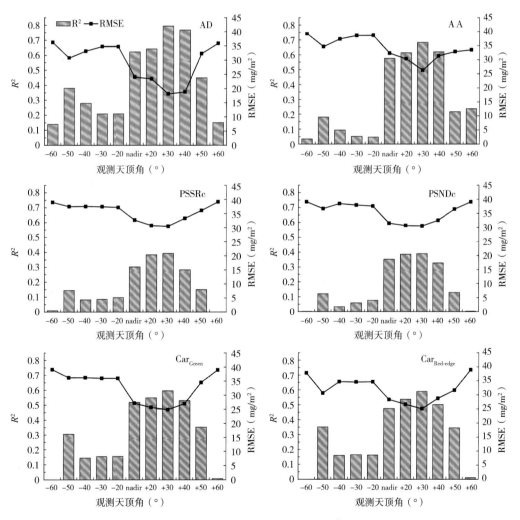

图4.14　不同类胡萝卜素含量反演模型的模型决定系数R^2和RMSE随天顶角的变化

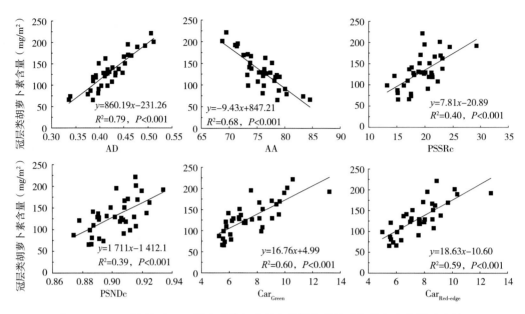

图4.15　+30°观测角度下不同光谱特征参数和植被指数的类胡萝卜素含量反演结果

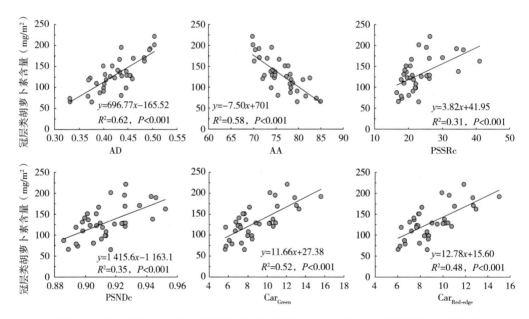

图4.16　垂直方向观测下不同光谱特征参数和植被指数的类胡萝卜素含量反演结果

五、基于多角度高光谱数据的冠层类胡萝卜素遥感反演模型验证

鉴于以上分析结果，对垂直、+20°、+30°和+40°观测角度下的6个光谱特征参数和植被指数构建的冠层类胡萝卜素含量反演模型进行验证，实测和预测类胡萝卜素含

量验证模型的决定系数R^2和RMSE值如图4.17所示。对于所有光谱特征参数和指数来说，在+30°观测角度下，预测模型均具有最高的R^2值和最低的RMSE值，说明在此角度下的模型预测能力均高于基于垂直和其他后向散射方向数据的模型。为了筛选能够估测类胡萝卜素含量的最佳光谱特征/指数，+30°角度下的不同光谱特征参数和植被指数在预测类胡萝卜素含量与实测类胡萝卜素含量关系的散点图见图4.18。所有的模型均达到0.001显著性水平，光谱特征AD和AA模型取得了较高的预测精度，R^2分别为0.76和0.65，RMSE值分别为19.03mg/m^{2}和23.16mg/m^2，说明这2个模型为类胡萝卜素含量最佳反演模型，Car$_{Green}$指数也表现出较满意的预测结果（R^2和RMSE分别为0.54和26.73mg/m^2），然而其散点图相对较为离散，出现了较明显的低含量的类胡萝卜素高估和高含量的类胡萝卜素低估的现象。

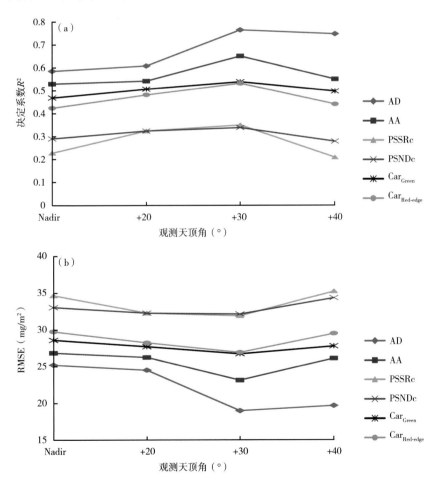

图4.17　不同观测角度下不同类胡萝卜素含量反演模型验证结果

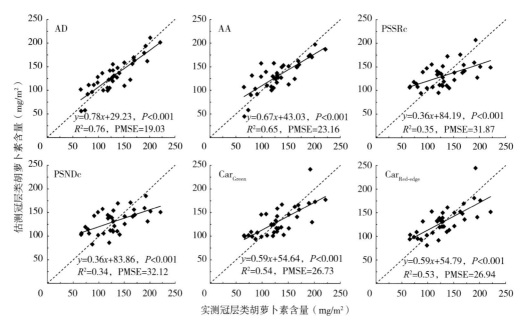

图4.18　+30°观测角度下不同光谱特征参数和植被指数预测类胡萝卜素含量与实测类胡萝卜素含量

六、小　结

本研究探究了多角度高光谱观测数据在反演冬小麦冠层类胡萝卜素含量的应用潜力，分析了不同观测天顶角下原始和连续统去除光谱在400～1 000nm波段范围内对类胡萝卜素含量反演的相关性，并对比了光谱特征参数和植被指数的反演能力。结果表明，相比传统的垂直观测方式，+20°到+40°后向观测角度获取的光谱数据可以提高类胡萝卜素含量的反演精度，特别是在+30°观测角度下其反演精度达到最大。基于+30°观测角度下500nm附近的光谱吸收深度AD构建的反演模型在冠层类胡萝卜素含量反演中效果最佳，主要是由于它能够减少土壤背景反射率和小麦不同株型品种对反演精度的影响。同时，本节结果也强调了使用光谱特征参数和植被指数进行植被参数反演时需要考虑观测几何效应的重要性。

第五章 作物氮素含量遥感监测研究

氮（N）是作物生长、发育所必需的重要营养元素，是作物体内许多重要有机化合物的组分，例如蛋白质、核酸、叶绿素、酶、维生素、生物碱和一些激素等都含有氮素。一般植物含氮量占作物体干重的0.3%~5%，而含量的多少与作物种类、器官、发育阶段有关。植物体内的氮素主要存在于蛋白质和叶绿素中，因此，幼嫩器官和种子中含氮量较高，而茎秆含量较低，尤其是老熟的茎秆含氮量更低。如小麦籽粒含氮2.0%~2.5%，而茎秆仅含0.5%左右；玉米也有相同的趋势，叶片含氮量2.0%，籽粒1.5%，茎秆0.7%，苞叶最少，只有0.4%；豆科作物含有丰富的蛋白质，含氮量也高，籽粒含氮量4.5%~5%，而茎秆仅含1%~1.4%（陆景陵，2003）。

作物缺氮的外部特征表现为叶片出现淡绿色或黄色，这是由于作物缺氮时，蛋白质合成受阻，导致蛋白质和酶的数量下降；又因叶绿体结构遭破坏，叶绿素合成减少而使叶片黄化。作物体内氮素过量又容易引发植株徒长、倒伏、感染病虫害、贪青晚熟、籽粒霉变等问题，造成作物减产，且影响农产品品质。另外，过量的氮肥施用也容易造成环境污染。长期以来，我国农业生产施肥存在"要想粮食产量高就要多施肥"认识误区，过量施用氮肥已是较为普遍的现象，当前我国耕地化肥用量已达397.5kg/hm^2，在占世界7%的耕地上消耗了全世界30%以上的氮肥（杨贵军等，2018），氮素当季利用率为30%~35%，而发达国家则为50%~60%，欧盟国家的氮肥利用率更是高达70%（杨林章等，2002）。因此，提高氮肥效率、降低氮肥用量已成为水稻生产刻不容缓的问题。建立及时、准确的作物氮素营养诊断监测体系，科学准确地制订施肥措施，合理施用氮肥，实现均衡施肥，使养分供应与作物各生育期需肥规律吻合，对提高肥料利用率、保护环境、提高作物产量和品质具有重要的经济和生态意义。

传统的作物氮素营养诊断方法主要包括视觉方法（形态诊断）、化学方法（化学诊断）、田间试验法（施肥诊断）和生化方法（酶学诊断）。然而，这些方法主要依靠人工判断或作物组织分析诊断，存在主观性强、耗时长、破坏性检测等缺点，并且对测试样本要求高、需要专业人士处理等弊端，难以满足现代精准农业对作物养分适时、准确、高效的管理要求。相比之下，遥感作为一种快速监测、分析和诊断技术，已被广泛运用于作物多种生理、生化参数反演，极大提高了作物养分监测效率和精度。作物缺肥或肥量过剩会引起植株叶片发黄或贪青，以及叶片厚度、叶片水分含量及形态结构等发生变化，从而引起光谱反射特征的变化。影响叶片对光的吸收和反射的主要物质是叶绿素、蛋白质、水分和含碳化合物，其中叶绿素含量与植物的氮素含量具有密切的相关性，叶绿素含量可以间接地表达植株的氮素含量。光谱遥感技术可以通过分析作物叶片及其冠层的光谱特征进而得出作物氮素养分含量，为作物氮素营养诊断和合理施肥提供依据。

卫星遥感、航空遥感、地面遥感等技术发展为大面积及时、快速和高效地农田信息获取与作物氮素营养状况评价提供了有效手段，对指导作物生产和开展精准施用氮肥具有重要作用，作物氮素养分遥感监测研究已成为农业遥感应用和精准农业领域的研究热点。本章介绍地面高光谱、航空高光谱和卫星高光谱数据在作物氮素养分监测中的研究及应用。

第一节　基于地面多角度高光谱数据的冬小麦冠层氮素含量垂直分布监测研究

在作物生长过程中，作物氮素具有随植株高度层垂直分布的特性（Eitel et al.，2007）。如作物氮素在缺肥初期，下层叶片因缺氮首先发生早衰；随着缺肥程度加重，中、下层叶片陆续显现衰老，但此时上层叶片变化不明显，只有在缺肥胁迫严重时，上层叶片才表现出一定的缺素症状。以往的研究由于冠层光谱是由垂直向下方向观测得到的原因，一般针对上层叶位叶片建立氮素含量反演模型，而对中、下层叶位叶片考虑不多（Connor et al.，1995；Serrano et al.，2000）。相比传统的垂直对地观测，多角度遥感由于能够通过对地物目标多个方向的观测获得比单一方向观测更为详细的地物目标的三维几何形态和空间分布信息，有助于促进农业遥感定量化研究的发展。本节讲述利用多角度光谱数据进行冬小麦氮素含量垂直分布反演。

一、研究区与研究方法

在北京市昌平区小汤山国家精确农业研究示范基地连续开展了2年地面多角度高光谱观测试验，选择在冬小麦孕育期（4月28日）、开花期（5月11日）和灌浆初期（5月19日）测量冠层多角度光谱反射率，获取主平面以及垂直主平面不同观测天顶角（−60°～+60°，间隔10°）下的多角度光谱反射率数据。小麦冠层叶片不同叶位分为3个垂直层：倒一叶和倒二叶为上层，倒三叶为中层，倒四叶及以下为下层。将不同分层的叶片样品分别进行室内叶绿素含量化学分析，采用叶片氮密度（g/m²）来表征冬小麦氮素含量状况，其计算公式如下。

$$FND=N\% \times SLW \times LAI \times 100 \qquad (5.1)$$

式中，N%代表叶片氮浓度，SLW代表比叶重，LAI代表叶面积指数。将试验数据随机分为2部分，一部分用于建模分析，另一部分用于模型验证。

700nm是叶绿素吸收波段，可以用来区分绿色植物和非绿色植物。因此，Kim et al.（1994）通过引入R_{700}/R_{670}比值来减少土壤和作物残渣反射率的影响，从而建立了叶绿素吸收比指数（CARI）。Daughtry et al.（2000）在它的基础上改进，仍然保留了R_{700}/R_{670}，建立了MCARI指数用来测量冠层叶绿素和氮素。参照上述研究，在选取的原有植被指数（NDVI、NRI$_{[570, 670]}$、NRI$_{[1510, 660]}$、GNDVI、PRI、SIPI和NPCI）基础上，引入R_{700}/R_{670}比值，对这些植被指数进行了改进，从而来降低反演氮素含量时作物背景的影响。例如，NDVI的改进计算公式如下。

$$mNDVI=NDVI \times (R_{700}/R_{670}) \qquad (5.2)$$

其余植被指数的改进方法与NDVI的改进类似，如表5.1所示。

表5.1 改进后植被指数计算公式汇总

原植被指数	原植被指数计算公式	改进后植被指数	改进后植被指数计算公式
NDVI	$(R_{890}-R_{670})/(R_{890}+R_{670})$	mNDVI	$(R_{890}-R_{670})/(R_{890}+R_{670})$ $(R_{700})/(R_{670})$
NRI$_{[570, 670]}$	$(R_{570}-R_{670})/(R_{570}+R_{670})$	mNRI$_{[570, 670]}$	$(R_{570}-R_{670})/(R_{570}+R_{670})$ $(R_{700})/(R_{670})$
NRI$_{[1510, 660]}$	$(R_{1510}-R_{660})/(R_{1510}+R_{660})$	mNRI$_{[1510, 660]}$	$(R_{1510}-R_{660})/(R_{1510}+R_{660})$ $(R_{700})/(R_{670})$
GNDVI	$(R_{750}-R_{550})/(R_{750}+R_{550})$	mGNDVI	$(R_{750}-R_{550})/(R_{750}+R_{550})$ $(R_{700})/(R_{670})$

原植被指数	原植被指数计算公式	改进后植被指数	改进后植被指数计算公式
PRI	$(R_{531}-R_{570})/(R_{531}+R_{570})$	mPRI	$(R_{531}-R_{570})/(R_{531}+R_{570})$ $(R_{700})/(R_{670})$
SIPI	$(R_{800}-R_{445})/(R_{800}-R_{680})$	mSIPI	$(R_{800}-R_{445})/(R_{800}-R_{680})$ $(R_{700})/(R_{670})$
NPCI	$(R_{680}-R_{430})/(R_{680}+R_{430})$	mNPCI	$(R_{680}-R_{430})/(R_{680}+R_{430})$ $(R_{700})/(R_{670})$

二、冬小麦冠层各层探测敏感角度分析

传统的冠层光谱测量方法是垂直向下测量冠层，对作物中层、下层叶位叶片的影响考虑较少。使用多角度数据时，随着观测天顶角的不同，作物中层、下层叶位叶片对冠层光谱的影响也不同。通过探讨前向和后向不同观测天顶角组合形成的光谱数据组建植被指数，建立不同高度层的叶片氮素含量探测模型，用以提高对作物中层、下层叶位叶片氮素含量遥感反演精度。Huang（2011）研究表明，不同的观测天顶角包含不同高度层的作物信息。以mNRI$_{[570,670]}$为例，表5.2给出了叶氮密度与mNRI$_{[570,670]}$在不同观测天顶角条件下的决定系数（R^2）。从结果可以看出，上层叶氮密度与mNRI$_{[570,670]}$在50°和60°时相关性比其他角度好，中层叶氮密度与NRI$_{[570,670]}$在30°和40°时相关性比其他角度好，下层叶氮密度与NRI$_{[570,670]}$在20°和30°时相关性比其他角度好。以上研究为选用不同角度建立上、中、下3层反演模型提供了依据。

表5.2　冠层各层叶片氮密度与各观测天顶角下的NRI指数之间的决定系数（R^2）

冠层分层	观测天顶角				
	20°	30°	40°	50°	60°
上层	0.571 3	0.572 6	0.573 2	0.600 1	0.634 4
中层	0.447 9	0.522 3	0.559 6	0.479 7	0.407 8
下层	0.373 1	0.403 1	0.327 0	0.293 7	0.239 1

三、冬小麦冠层各层叶片氮密度遥感反演模型的构建

基于偏最小二乘方法（PLSR），选用观测天顶角为±50°和±60°的组合、±30°和±40°的组合、±20°和±30°的组合分别来建立上层、中层和下层叶位叶片氮密度反演

模型，模型自变量是植被指数，因变量是叶氮密度。结果表明，不同植被指数之间反演效果存在差异，mNDVI、mGNDVI、mSIPI在每一层的反演效果都很好，在受土壤和作物残渣影响较为严重的中层和下层，各个植被指数反演结果都有不同程度的提高（表5.3）。

表5.3　冬小麦冠层各层叶片氮密度反演模型拟合精度（R^2）

植被指数	上层	中层	下层
mNDVI	0.828 5	0.712 8	0.700 9
mNRI $_{[570, 670]}$	0.756 6	0.712 1	0.694 2
mNRI $_{[1 510, 660]}$	0.698 2	0.654 0	0.621 4
mGNDVI	0.839 2	0.732 0	0.731 9
mPRI	0.590 4	0.547 4	0.450 9
mSIPI	0.802 5	0.700 3	0.686 6
mNPCI	0.353 0	0.302 3	0.233 8

四、冬小麦冠层各层叶片氮密度遥感反演模型的验证

利用验证数据对建模过程中表现最好的3个植被指数（mNDVI，mGNDVI，mSIPI）的模型进行验证。结果表明（表5.4），mGNDVI在每一层的反演结果都非常好，对应的决定系数R^2最大，RMSE最小，中层和下层的反演结果较其余2个指数有明显提升。这表明改进后的mGNDVI反演氮素含量垂直分布的准确度和精确度是所选择植被指数中最好的。

表5.4　冬小麦冠层各层叶片氮密度遥感反演模型验证精度

植被指数	上层		中层		下层	
	R^2	RMSE（g/m²）	R^2	RMSE（g/m²）	R^2	RMSE（g/m²）
mGNDVI	0.722 0	0.179 9	0.712 4	0.181 9	0.688 4	0.168 8
mNDVI	0.709 3	0.182 8	0.668 8	0.184 6	0.596 5	0.172 7
mSIPI	0.686 3	0.189 7	0.656 9	0.185 2	0.541 0	0.173 4

五、小 结

本节以北京市冬小麦为例，基于多角度遥感观测，选用观测天顶角为±50°和±60°的组合，±30°和±40°的组合来以及±20°和±30°的组合，分别建立了上层、中层、下层氮素含量垂直分布模型。为了降低作物背景在反演氮素时的影响，引入R_{700}/R_{670}比值，改进植被指数。建模试验表明，改进后的植被指数，在反演受到作物背景影响严重的中层和下层氮素时效果提高明显。验证试验选取建模试验中表现较好3个植被指数（mNDVI、mGNDVI和mSIPI），结果表明，改进后的mGNDVI在反演上层、中层、下层氮密度时均达到了极显著的水平，可用于植被氮素含量垂直分布探测。利用多角度光谱数据遥感反演作物生化组分垂直分布，具有快速、无损的优点，并能满足生产上对作物氮素状态的监测需求，对指导田间适时适量施肥，保证作物产量和品质具有重要意义。

第二节 基于地面高光谱数据和综合考虑株型的玉米冠层氮素含量垂直分布监测研究

影响作物冠层氮素养分非均匀垂直分布以及氮素再分配的因素有很多，不同作物品种、光分布、群体密度、施氮水平以及生长进程等均会影响氮素在冠层内的垂直分布形态。目前，对于作物冠层氮素垂直分布的形成机理最被接受的是"优化学说"，该假说认为作物根据冠层内的光分布对氮素进行分配，即：给光照条件好的叶片分配较多的氮素，而给受光条件差的叶片分配较少的氮素，以实现冠层光合生产的最大化（Li et al.，2013）。然而，作物冠层内的光分布则主要取决于冠层结构，而作物品种株型（如紧凑型、半紧凑型、平展型等）是决定冠层结构的重要因素（Ye et al.，2018）。目前，从作物株型角度来探讨冠层高光谱用于监测作物冠层氮素垂直分布可行性及效果的研究还鲜有报道。本节以玉米为例，探讨玉米不同株型和不同生育期进程对高光谱探测叶片氮素垂直分布状况的影响。

一、研究区与研究方法

试验地点位于北京市昌平区小汤山国家精准农业研究示范基地。试验地土壤质地为壤土，表层土壤（0～30cm）各常规养分含量分别为：有机质含量为1.9%～2.2%，铵态氮含量为10.2～12.3mg/kg，硝态氮含量为16.2～18.0mg/kg，有效磷含量为15.2～17.6mg/kg，速效钾含量为225～230mg/kg。为开展不同株型的玉米冠层氮素含量垂直分布监测研究，我们设计了玉米不同株型的处理试验，根据Pepper（1977）提出的叶向值（LOV），LOV≥30°为平展型，30°<LOV<60°为半紧凑型，LOV≤30°为紧凑型。LOV计算公式为。

$$\text{LOV}=1/n\sum\left(90-\theta\right)\times\left(L_f/L\right) \tag{5.3}$$

式中，θ为实测的叶倾角，L_f是叶片基部到叶片最高处的长度，L是叶片长，n是叶片数。

试验分2年进行。第1年设置了3个玉米品种：'唐玉10号'（紧凑型）、'京玉7号'（半紧凑型）和'农大80'（披散型），试验采取田间随机区组种植，共9个小区；第2年玉米品种有5个紧凑型品种（系）：'唐玉10''户单2000''京试白1号''唐抗5''京早13号'，5个半紧凑型品种（系）：'京玉7号''中原单32''中单9409''高油115''中糯2号'，5个披散型品种（系）：'96-3''郑单958''豫玉22''农大80''农大108'，共15个小区。2年试验的小区面积为15m×7m，玉米行距70cm×株距30cm。氮肥类型为尿素，分别于拔节期（第6片叶完全展开，V6）和大喇叭口期（第12片叶完全展开，V12）施入50%的氮肥；各小区磷肥施用量均为每公顷75kg P_2O_5，作为基肥一次性施入，磷肥品种为磷酸二氢铵；各小区不施钾肥。其他管理同田间实际生产。

玉米各生育期的冠层光谱采用ASD FieldSpecPro FR地物光谱仪进行测定，探头离玉米冠层高度为1.6m。每个小区选择3个点进行光谱重复采样，然后将其平均作为该小区的光谱实测值，测定的生育期包括拔节期（V6）、大喇叭口期（V12）、孕穗期（V14）、抽雄期（VT）、吐丝期（R1）、乳熟期（R3）。在完成玉米冠层光谱测定后，根据植株的株高对植株叶片平均分为3层（不考虑抽雄期后雄蕊的高度），然后根据每层次的高度进行剪层，采集各层叶片样品带回试验室分析。各层的叶面积指数采用干重法测定，各层叶片氮浓度采用凯氏定氮法（GB7173-87）测定。本节采用叶片氮密度（LND，g/m^2）作为氮素状况的监测指标，其定义为单位土地面积上的叶片氮素总量。冠层各层的叶片氮密度可表示如下。

$$\text{LND}_i=N_i\%\times\text{SLW}_i\times\text{LAI}_i \tag{5.4}$$

或

$$LND = N\% \times W/A \quad （5.5）$$

式中，N%为叶片氮浓度（%），SLW为比叶重（g/m），LAI为叶面积指数，W为叶片干重（g），A为取样面积（m^2）。

筛选目前已经较为常用的用于植被氮素监测的植被指数（VIs），如表5.5所示。为了进一步优化不同波段组合的植被指数对玉米冠层不同层次氮素含量的估算精度，本研究计算了350~1 050nm波段范围内所有双波段组合的比值植被指数（SR）。另外，进一步分析了不同生育期阶段（V6—V12生育期阶段（冠层封垄前）、V12—R3生育期阶段（冠层封垄后）以及V6—R3生育期阶段）的玉米冠层不同层次氮素含量的双波段比值植被指数敏感性。

表5.5　本研究选取的常用的用于植被氮素监测的植被指数

植被指数	计算公式	参考文献
SR1	R_{810}/R_{560}	Xue et al.，2004
SR2	R_{750}/R_{710}	Zarco-Tejada et al.，2001
NDVI	$(R_{800}-R_{680})/(R_{800}+R_{680})$	Blackburn，1998
GNDVI	$(R_{750}-R_{550})/(R_{750}+R_{550})$	Gitelson et al.，1997
NDRE	$(R_{790}-R_{720})/(R_{790}+R_{720})$	Fitzgerald et al.，2006
OSAVI	$1.16(R_{800}-R_{670})/(R_{800}+R_{670}+0.16)$	Rondeaux et al.，1996
MTCI	$(R_{754}-R_{709})/(R_{709}-R_{681})$	Dash et al.，2004
NDDA	$(R_{680}+R_{756}-2R_{718})/(R_{756}-R_{680})$	Feng et al.，2014
mND_{705}	$(R_{750}-R_{705})/(R_{750}+R_{705}-2R_{445})$	Sims et al.，2002
DDn	$2R_{710}-R_{660}-R_{760}$	LeMaire et al.，2008
MCARI	$[R_{750}-R_{705}-0.2(R_{750}-R_{550})](R_{750}/R_{705})$	Wu et al.，2008
MCARI/OSAVI	MCARI/OSAVI	Daughtry et al.，2000

二、不同株型玉米的冠层结构特征分析

作物冠层内叶面积分布可以用相对累计叶面积指数函数表示，即从冠层顶部往下至特定位置的叶面积指数（LAI）与冠层总叶面积指数（LAI_T）的比值，记为LAI/LAI_T。本研究计算了冠层各层的相对叶面积指数，即各层次的叶面积指数与总叶面积

指数的比值，记为LAI$_i$/LAI$_T$，i=1、2和3分别表示冠层上、中和下层。各层次的LAI$_i$/LAI$_T$总和等于1。

从图5.1中可以看到，披散型、半紧凑型和紧凑型玉米冠层上层的LAI$_1$/LAI$_T$变化范围分别为0.30～0.62、0.24～0.62和0.22～0.64，并随着生育期的延续逐渐减小。但在不同生育阶段，不同株型之间LAI$_1$/LAI$_T$的变化具有一定差异。例如，在大喇叭口期前期，不同株型之间的LAI$_1$/LAI$_T$变化差异较小；但大喇叭口期后期，这种变化差异逐渐增大，以紧凑型玉米品种下降幅度最大，其次为半紧凑型品种，下降幅度最小的为披散型品种，即冠层上层LAI$_1$/LAI$_T$的大小顺序为披散型>半紧凑型>紧凑型（图5.1a）。相反，各株型品种的冠层下层LAI$_3$/LAI$_T$在孕穗期前期逐渐增加，之后又逐渐下降。披散型、半紧凑型和紧凑型玉米冠层下层的LAI$_3$/LAI$_T$变化范围分别为0.06～0.29、0.07～0.33和0.06～0.44。总的来说，冠层下层LAI$_3$/LAI$_T$的大小顺序为紧凑型>半紧凑型>披散型（图5.1c）。此外，V14以后，各株型品种LAI$_i$/LAI$_T$的差异越来越大。其中，所有株型品种冠层上层的LAI$_1$/LAI$_T$变异系数CV的变化范围为13.3%～20.7%，平均为16.7%；而V12前期，CV的变化范围仅为1.4%～4.4%，平均为2.7%。冠层下层的LAI$_3$/LAI$_T$在V14后期的变化幅度（CV变化范围为21.8%～35.0%，平均26.7%）要明显大于V12前期的变化幅度（CV变化范围为9.3%～22.1%，平均14.4%）。从图5.1b来看，冠层中层的LAI$_2$/LAI$_T$在整个生育期变化较小。

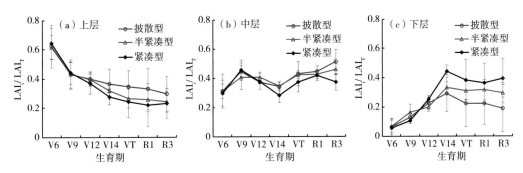

图5.1 不同玉米株型的冠层各层相对叶面积指数（LAI$_i$/LAI$_T$）对比

三、不同株型玉米的冠层氮素垂直分布特征分析

从表5.6中可以看到，从冠层上部往下，叶片氮密度（LND）逐渐减小。如，披散型玉米品种，在生育期内，下层的LND（变化范围为0.13～2.66g/m²，平均0.93g/m²，变异系数CV为80.0%）要明显小于上层（变化范围为1.30～3.70g/m²，平均2.22g/m²，变异系数CV为28.0%）和中层（变化范围0.50～2.91g/m²，平均1.82g/m²，变异系数

CV为29.1%）的值，但下层的LND变异程度相对较大。同样，紧凑型和半紧凑型玉米品种的下层LND变异程度明显大于上层和中层的LND变异程度如，半紧凑型玉米下、上和中层LND变异系数分别为68.3%、33.2%和27.8%，紧凑型分别为81.4%、34.8%和25.3%；紧凑型和半紧凑型玉米下层的LND平均含量分别为1.18g/m²和1.08g/m²，显著大于其上层和中层的LND值。

不同株型品种冠层上层与下层LND的梯度差也存在较大的差异，其中，披散型、半紧凑型和紧凑型玉米的上下2层之间LND梯度差分别为1.29g/m²、1.09g/m²和0.85g/m²，表明玉米株型越紧凑，LND的垂直梯度差越小。根据"优化学说"，植物根据冠层内的光分布对氮素进行分配，即给光照条件好的叶片分配较多的氮素而给受光条件差的叶片分配较少的氮素，以实现冠层光合生产的最大化。此外，各株型品种的下层LND在V6—V12生育阶段平均含量要明显低于在V14—R3生育阶段的值（如披散型0.57g/m²、1.18g/m²、半紧凑型0.65g/m²、1.14g/m²以及紧凑型0.64g/m²、1.56g/m²），主要原因是生育期早期的生物量较低，而此时氮素的累计主要受生物量的影响。

表5.6　不同株型玉米的叶片氮密度统计特征

生育期	冠层分层	样本数	最小值（g/m²）	最大值（g/m²）	平均值（g/m²）	标准差（g/m²）	变异系数（%）
披散型							
V6—R3	上层	49	1.30	3.71	2.22	0.62	28.0
	中层	49	0.50	2.91	1.82	0.53	29.1
	下层	49	0.13	2.66	0.93	0.74	80.0
V6—V12	上层	21	1.41	3.71	2.37	0.74	31.2
	中层	21	0.50	2.44	1.59	0.56	35.4
	下层	21	0.13	1.33	0.57	0.38	66.4
V14—R3	上层	28	1.30	2.80	2.06	0.43	21.1
	中层	28	1.39	2.91	2.02	0.42	20.9
	下层	28	0.17	2.66	1.18	0.84	70.6
半紧凑型							
V6—R3	上层	49	0.88	3.74	2.17	0.72	33.2
	中层	49	0.71	3.24	2.18	0.61	27.8
	下层	49	0.25	3.01	1.08	0.74	68.3
V6—V12	上层	21	1.33	3.74	2.59	0.74	28.7
	中层	21	0.71	3.24	2.02	0.61	30.1
	下层	21	0.25	1.29	0.65	0.35	53.4

（续表）

生育期	冠层分层	样本数	最小值（g/m²）	最大值（g/m²）	平均值（g/m²）	标准差（g/m²）	变异系数（%）
V14—R3	上层	28	0.88	2.72	1.86	0.53	28.7
	中层	28	1.25	3.15	2.30	0.59	25.8
	下层	28	0.37	3.01	1.40	0.79	56.8
紧凑型							
V6—R3	上层	49	0.81	3.68	2.03	0.71	34.8
	中层	49	0.93	2.96	2.09	0.53	25.3
	下层	49	0.12	3.38	1.18	0.96	81.4
V6—V12	上层	21	1.32	3.68	2.36	0.70	29.8
	中层	21	0.93	2.94	1.98	0.66	33.2
	下层	21	0.12	1.91	0.64	0.48	75.0
V14—R3	上层	28	0.81	3.35	1.79	0.62	34.5
	中层	28	1.28	2.96	2.18	0.41	18.7
	下层	28	0.18	3.38	1.56	1.04	66.5

四、不同株型玉米的冠层各层氮素含量与已有植被指数的相关性分析

　　为了明确不同株型在不同生育阶段对光谱估算冠层不同层氮素状况的影响，筛选出12个较为常用的用于氮素监测的植被指数，并分析各植被指数与冠层各层LND的相关性（表5.7）。从表5.7可以看到，在整个生育期内，冠层上层LND与所有植被指数均具有较好的相关性（$P<0.05$）；随着冠层深度的增加，相关性逐渐减弱，但不同株型的减弱程度存在一定差异。如对于不同株型的下层叶片来说，紧凑型玉米最优的5个植被指数为SR1、SR2、NDRE、MTCI和NDDA，R^2处于$0.42\sim0.48$；而半紧凑型最优的5个植被指数为SR1、SR2、Green-NDVI、NDRE和MCARI，R^2处于$0.18\sim0.20$；披散型的下层LND与所有植被指数的相关性较差（$R^2<0.02$，$P>0.05$）。

　　对于不同生育阶段，V12生育期前期上层LND与植被指数的相关性高于V12后期的相关性，主要可能的原因是生育期后期冠层顶部的雄穗对冠层光谱反射率产生一定的影响。类似地，各株型品种的下层LND在与植被指数在V6—V12生育阶段比在V14—R3生育阶段具有更好的相关性。并且相对来说，在V14—R3生育阶段，不同品种之间这种相关性存在较大差异，如紧凑型玉米下层LND与12个植被指数均具

有较好的相关性，R^2处于0.20～0.39（$P<0.05$），半紧凑型玉米下层LND与12个植被指数中的4个指数的相关性达到了0.05显著水平，而披散型玉米没有显著的相关性（$R^2<0.17$，$P>0.05$）。表明紧凑型玉米品种相比披散型品种具有较好的下层氮素状况遥感估算效果，特别是生育期后期玉米冠层封垄后，这种优势更加明显。

表5.7　不同株型玉米冠层叶片氮密度与已有植被指数的相关性（R^2）

植被指数	V6—R3			V6—V12			V14—R3		
	上层	中层	下层	上层	中层	下层	上层	中层	下层
披散型									
SR1	0.63**	0.23**	0.00	0.68**	0.06	0.20	0.41**	0.38**	0.09
SR2	0.67**	0.23**	0.00	0.78**	0.14	0.27*	0.34**	0.27**	0.11
NDVI	0.75**	0.14*	0.01	0.83**	0.09	0.24	0.57**	0.19*	0.17
Green-NDVI	0.69**	0.22**	0.02	0.75**	0.08	0.22	0.42**	0.39**	0.08
NDRE	0.60**	0.30**	0.02	0.73**	0.15	0.31	0.21*	0.31**	0.10
OSAVI	0.75**	0.14*	0.01	0.83**	0.09	0.24	0.58**	0.20*	0.16
MTCI	0.23**	0.30**	0.02	0.38*	0.33*	0.30*	0.10	0.19*	0.03
NDDA	0.25**	0.34**	0.02	0.40*	0.29*	0.31*	0.06	0.24*	0.05
mND$_{705}$	0.69**	0.23**	0.01	0.83**	0.19	0.30*	0.22*	0.16	0.15
DDn	0.39**	0.07	0.00	0.54**	0.02	0.31*	0.33**	0.36**	0.13
MCARI	0.46**	0.06	0.00	0.64**	0.03	0.29*	0.37**	0.30**	0.15
MCARI/OSAVI	0.40**	0.05	0.01	0.58**	0.03	0.29*	0.33**	0.30**	0.14
半紧凑型									
SR1	0.59**	0.50**	0.20**	0.55**	0.50**	0.50**	0.38**	0.51**	0.07
SR2	0.52**	0.54**	0.20**	0.51**	0.60**	0.50**	0.32**	0.50**	0.15*
NDVI	0.45**	0.46**	0.15**	0.57**	0.53**	0.35*	0.19	0.60**	0.22*
Green-NDVI	0.55**	0.50**	0.18**	0.52**	0.56**	0.40*	0.37**	0.53**	0.11
NDRE	0.49**	0.49**	0.20**	0.43*	0.64**	0.49**	0.20*	0.41**	0.05
OSAVI	0.46**	0.46**	0.15*	0.56**	0.53**	0.35*	0.21*	0.59**	0.22*
MTCI	0.41**	0.43**	0.18**	0.22	0.63**	0.49**	0.30**	0.25*	0.03
NDDA	0.35**	0.36**	0.16**	0.18	0.61**	0.43*	0.12	0.16	0.00
mND$_{705}$	0.45**	0.48**	0.17**	0.46*	0.63**	0.37*	0.27**	0.41**	0.16*
DDn	0.18*	0.42**	0.13*	0.13	0.50**	0.47**	0.06	0.43**	0.07
MCARI	0.26**	0.47**	0.13*	0.28	0.57**	0.54**	0.17	0.50**	0.10
MCARI/OSAVI	0.20**	0.44**	0.12*	0.19	0.54**	0.52**	0.15	0.47**	0.09
紧凑型									
SR1	0.58**	0.51**	0.44**	0.60**	0.50**	0.54**	0.47**	0.53**	0.34**
SR2	0.61**	0.56**	0.42**	0.64**	0.57**	0.53**	0.55**	0.54**	0.39**

（续表）

植被指数	V6—R3			V6—V12			V14—R3		
	上层	中层	下层	上层	中层	下层	上层	中层	下层
NDVI	0.53**	0.39**	0.24**	0.54**	0.33*	0.28*	0.59**	0.50**	0.32**
Green-NDVI	0.59**	0.50**	0.37**	0.59**	0.48**	0.44**	0.50**	0.51**	0.30**
NDRE	0.63**	0.56**	0.45**	0.63**	0.64**	0.52**	0.52**	0.50**	0.36**
OSAVI	0.53**	0.39**	0.24**	0.54**	0.33*	0.27*	0.59**	0.49**	0.32**
MTCI	0.53**	0.56**	0.48**	0.49**	0.76**	0.61**	0.50**	0.48**	0.39**
NDDA	0.52**	0.56**	0.45**	0.48**	0.77**	0.56**	0.44**	0.45**	0.33**
mND_{705}	0.61**	0.58**	0.36**	0.65**	0.59**	0.43*	0.58**	0.52**	0.36**
DDn	0.43**	0.43**	0.27**	0.56**	0.53**	0.55**	0.35**	0.34**	0.20*
MCARI	0.47**	0.46**	0.29**	0.61**	0.47**	0.54**	0.42**	0.46**	0.28**
MCARI/OSAVI	0.43**	0.45**	0.28**	0.59**	0.50**	0.59**	0.40**	0.42**	0.26**

注：*和**分别表示双尾检验达0.05显著水平和0.01极显著水平。

五、估测玉米冠层各层氮素含量的双波段植被指数优化

上述研究表明，已有的植被指数可以较好地估测紧凑型玉米冠层LND的垂直分布。为进一步优化波段组合，筛选敏感植被指数，提高冠层氮素含量估算精度。本研究计算了350~1 150nm波段范围内的所有可能的SR形式双波段组合，并分析了这些SRs指数与冠层各层LND的相关性（图5.2至图5.4）。与已有植被指数的结果类似，新建的SRs指数与冠层上层LND的相关性（R^2）高于冠层下层，并且不同株型之间冠层下层的LND与SRs的相关系数等值线图存在较大的差异（图5.2）。

在整个生育阶段，不同株型对SRs估算冠层各层特别是中下层的LND具有显著的影响。例如，对于半紧凑型和紧凑型玉米，R^2较大的区域主要集中在红边波段（700~760nm）与近红外波段（700~1 050nm）的组合区域，其次是绿光波段（550~580nm）与近红外波段（700~1 050nm）的组合区域。其中，与紧凑型玉米下层LND相关性R^2最高（0.52）的指数为SR[736, 812]，该指数与上层和中层LND也同样具有较好的相关性（R^2分别为0.50和0.60）。随着玉米株型越来越平展，下层LND与SRs的相关性也减小，其中，半紧凑型玉米的R^2最高值仅为0.25[721, 935]，而披散型玉米下层叶片氮密度表现出对光谱指数不敏感。

在V6—V12生育阶段，除披散型玉米品种外，其他株型玉米的冠层各层LND与SRs之间均具有较好的相关性，其中冠层中下层敏感波段主要集中在红边波段

（700～760nm）与红边-近红外波段（700～1 050nm）的组合以及蓝光波段（440～490nm）与橙光波段（590～640nm）的组合（图5.3）。与已有植被指数相比，优化后的SRs指数与不同株型玉米下层LND的相关性有所提高，其中，与紧凑型、半紧凑型、披散型玉米冠层下层LND相关性最高的指数分别为SR$_{[812, 753]}$、SR$_{[793, 748]}$和SR$_{[775, 740]}$，R^2分别为0.71、0.63和0.38。

相对来说，在V14—R3生育阶段，各株型玉米冠层下层LND与SRs之间的相关性减弱，其敏感波段主要集中在红光波段（590～710nm）与红边-近红外波段（710～1 050nm）的组合以及绿光波段（520～600nm）与红光波段（600～700nm）的组合（图5.4）。SR$_{[583, 524]}$和SR$_{[611, 591]}$分别为紧凑型和半紧凑型玉米下层LND估算的最优植被指数（R^2分别为0.54和0.30），而披散型玉米下层叶片氮密度依然表现出对光谱指数不敏感。

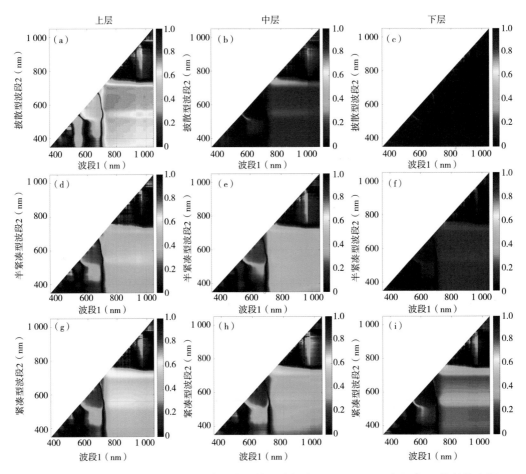

图5.2　全生育期内玉米冠层各层叶片氮密度的逐波段（350～1 050nm）组合SR指数热点图

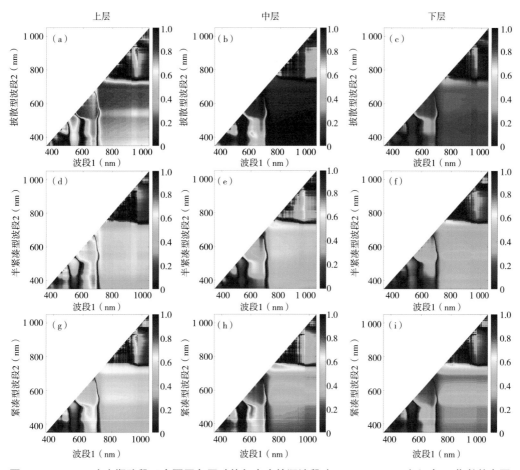

图5.3 V6—V12生育期阶段玉米冠层各层叶片氮密度的逐波段（350～1 050nm）组合SR指数热点图

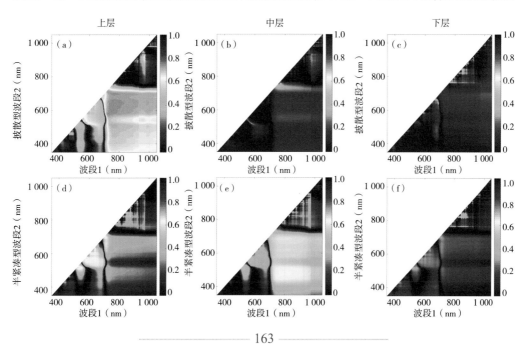

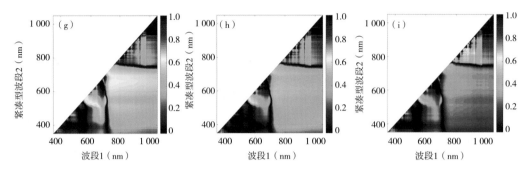

图5.4 V14—R3生育期阶段玉米冠层各层叶片氮密度的逐波段（350～1050nm）组合SR指数热点图

六、小 结

本研究探讨了不同玉米株型（披散型、半紧凑型和紧凑型）在不同生育阶段（V6—V12、V14—R3、V6—R3）对利用冠层光谱估测下层叶片氮素状况的影响。结果表明，不同玉米株型显著影响了冠层结构和氮素的垂直分布；随着玉米叶片越来越紧凑，上、下层叶片氮密度（LND）梯度差越来越小；并且在整个生育期内，下层叶片LND变化比上层叶片更加敏感。研究还表明，不同玉米株型也显著影响了冠层光谱估测下层叶片氮素状况的能力；估算紧凑型玉米下层叶片LND最优的SR指数为SR$_{[736,812]}$，该指数也同样在上层和中层LND中有较好的应用效果；然而，估算半紧凑型玉米下层叶片最优的SR$_{[721,935]}$仅能解释25%的变异；披散型玉米下层叶片氮密度表现出对光谱探测不敏感。此外，不同生育阶段对遥感探测作物下层叶片氮素状况具有较大的影响，主要因为玉米V12前期的冠层光谱主要受生物量变化的影响，而后期主要受氮素含量的影响。

第三节 基于PHI航空高光谱数据冬小麦冠层
氮素含量遥感估算方法研究

近年来，航空高光谱传感器的发展为区域及田块尺度作物参数估算提供了契机。然而，航空高光谱数据应用于作物氮素含量估算研究不多。现有研究针对作物氮素含量估算提出了不同的植被指数方法。然而少有研究关注作物氮素与叶绿素关系对氮素估算的影响，而且，不同植被指数方法应用于不同数据源估算作物氮素含量的普适性与鲁棒性也有待分析。针对作物氮素含量遥感估算研究存在的不足，本节主要结合大量调查数据分析冬小麦冠层氮素与叶绿素含量关系，明确两者关系对冠层氮素含量估算影响，并基于推帚式超光谱成像仪（PHI）高光谱影像数据分析不同植被指数方法估算冠层氮素含量的适宜性及鲁棒性，探讨植被指数方法中波段宽窄对植被指数估算冠层氮素含量的影响，从而完善作物冠层氮素含量估算方法。

一、研究区与研究方法

试验在位于北京市昌平区小汤山国家精准农业研究示范研究基地，设置了3个冬小麦品种（'京东8''京9428'和'中优9507'）、4种灌溉处理（$0m^3/hm^2$、$225m^3/hm^2$、$450m^3/hm^2$和$675m^3/hm^2$）、4种氮肥处理（$0m^3/hm^2$、$75kg/hm^2$、$150kg/hm^2$和$225kg/hm^2$），共计48个控制小区，每个小区面积为32.4m×30m。试验中施肥过程分3次，分别在播种前、返青期以及拔节期；灌溉过程分2次，分别在返青期以及拔节期。分别在3月25日（起身期，Z25）、4月2日（拔节期，Z31）、4月10日（挑旗期，Z34）、4月18日（抽穗期，Z41）、5月6日（扬花期，Z54）、5月17日（灌浆初期，Z60）、5月24日（灌浆中期，Z68）和5月31日（乳熟期，Z73）开展了8次地面测量试验，测定指标包括冠层高光谱、色素含量、氮素含量、叶片含水量以及叶面积指数等。此外，在4月18日（抽穗期）、5月17日（灌浆初期）和5月31日（乳熟期）3个关键生育期又开展了3次航空飞行试验，获取了3期PHI高光谱影像，如图5.5所示。

通过文献调研，选取了估算叶绿素和氮素含量的植被指数，包括ND_{705}、SR_{705}、MTCI、$CI_{Red-edge}$和CI_{Green}，用于开展基于PHI航空高光谱数据的冬小麦冠层氮素含量反演研究。为探讨宽波段植被指数和窄波段植被指数在估算冬小麦冠层氮素含量的差异，基于Sentinel-2传感器光谱响应函数，将PHI航空高光谱数据进行重采样用以模拟Sentinel-2的波段反射率。利用模拟Sentinel-2的波段反射率，计算得到宽波段$CI_{Red-edge}$和CI_{Green}指数。同时，利用原始PHI高光谱数据，计算得到窄波段$CI_{Red-edge}$和CI_{Green}指数。此外，通过分析PHI高光谱数据所有波段组合的归一化植被指数形式（NDVI-like）与冠层氮素含量间相关性二维图，以NDVI-like和冠层氮素含量相关性最高为筛选条件，确定最优的NDVI-like植被指数组成波段。本节研究选取的用于冬小麦冠层氮素含量反演的植被指数如表5.8所示。

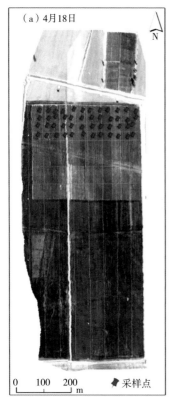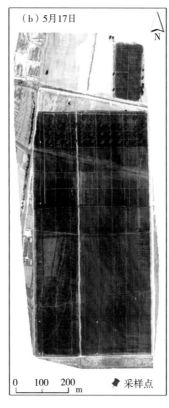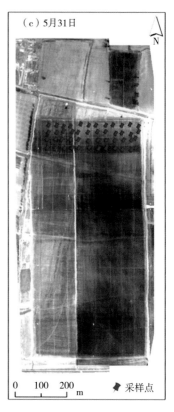

图5.5　研究区3个时期的PHI航空高光谱影像

表5.8　本节研究选取的用于冬小麦冠层氮素含量反演的植被指数

植被指数	计算公式	参考文献
ND_{705}	$(R_{750}-R_{705})/(R_{750}+R_{705})$	Sims et al., 2002
SR_{705}	R_{750}/R_{705}	Sims et al., 2002
MTCI	$(R_{753}-R_{708})/(R_{708}-R_{681})$	Dash et al., 2004
NDVI-like	$(R_{731}-R_{709})/(R_{731}+R_{709})$	Darvishzadeh et al., 2011
窄波段$CI_{Red-edge}$	$R_{783}/R_{705}-1$	Gitelson et al., 2005
窄波段CI_{Green}	$R_{783}/R_{560}-1$	Gitelson et al., 2005
宽波段$CI_{Red-edge}$	$R_{783}/R_{705}-1$	Clevers et al., 2013
宽波段CI_{Green}	$R_{783}/R_{560}-1$	Clevers et al., 2013

注：表格中窄波段指数计算采用PHI传感器波段；宽波段指数计算采用Sentinel-2传感器波段。

二、冬小麦冠层氮素含量与叶绿素含量的相关性分析

基于2002年（水肥胁迫生长条件）和2003年（正常田间水肥管理条件）观测数据，研究分析了冬小麦冠层氮素与叶绿素含量关系（表5.9）。结果显示，冬小麦冠层氮素含量与叶绿素含量呈显著线性相关，而且这一关系不受冬小麦品种、种植条件以及养分状况影响，然而一定程度上却受生育期影响。冬小麦生育期内，冠层氮素含量与叶绿素含量相关性拟合线性方程斜率呈下降趋势，直至乳熟期，冠层氮素与叶绿素含量基本稳定不变，斜率也基本保持不变（图5.6a）。这一现象可能是由于生育早期，如分蘖期和拔节期，氮素摄取量超过叶绿素生产量；而随生育期推进，植株体内大量有效氮被用于生物化学过程，同时，这一过程产生大量叶绿素，使得两者相关性拟合线性方程斜率下降。研究还发现，冠层氮素含量与叶绿素含量相关性拟合方程的斜率在抽穗期前后差别较大，特别是在2002年水肥胁迫观测数据中更明显。这可能与冬小麦生长模式有关：抽穗期前，冬小麦生长模式主要为生育生长过程；而抽穗期后，则主要是生殖生长过程。

表5.9　不同生育期内冬小麦冠层氮素与叶绿素含量相关关系拟合

试验处理	生育期	氮素与叶绿素相关性拟合	R^2	标准差
水肥胁迫条件 （$n=380$）	Z25	$N=5.200Chl+0.124$	0.963^{**}	0.013
	Z31	$N=3.080Chl+0.968$	0.884^{**}	0.065
	Z34	$N=3.544Chl+1.352$	0.805^{**}	0.157
	Z41	$N=3.107Chl+1.328$	0.739^{**}	0.193
	Z54	$N=2.250Chl+1.688$	0.773^{**}	0.233
	Z60	$N=2.479Chl+0.725$	0.862^{**}	0.215
	Z68	$N=2.323Chl+0.801$	0.832^{**}	0.047
	Z73	$N=2.429Chl+0.547$	0.776^{**}	0.083
	所有	$N=2.841Chl+0.984$	0.801^{**}	0.399
正常田间水肥管理条件 （$n=189$）	Z27	$N=4.367Chl+0.159$	0.949^{**}	0.016
	Z33	$N=3.776Chl+0.294$	0.908^{**}	0.061
	Z37	$N=3.707Chl+0.821$	0.873^{**}	0.094
	Z45	$N=2.878Chl+2.024$	0.725^{**}	0.210
	Z50	$N=2.842Chl+1.703$	0.716^{**}	0.407

（续表）

试验处理	生育期	氮素与叶绿素相关性拟合	R^2	标准差
正常田间水肥管理条件（$n=189$）	Z56	$N=3.339Chl+0.766$	0.828^{**}	0.194
	Z60	$N=2.483Chl+1.740$	0.753^{**}	0.266
	Z68	$N=2.750Chl+0.563$	0.870^{**}	0.126
	Z73	$N=2.284Chl+0.679$	0.892^{**}	0.044
	所有	$N=3.270Chl+0.691$	0.866^{**}	0.307

注：表格中N表示冬小麦冠层氮素含量，g/m^2；Chl表示冬小麦叶绿素氮素含量，g/m^2；**表示达到0.01极显著水平。

除斜率参数外，冬小麦冠层氮素含量与叶绿素含量关系拟合线性方程的相关系数以及标准误差也表现出一定规律。相关系数R^2在抽穗期左右数值最低（图5.6b），而标准差则在抽穗期左右数值最高。这可能是由于抽穗期以及扬花期，植株体内有效氮含量除用于生化过程外，一部分还用于形成小麦籽粒，因此会影响冠层氮素含量与叶绿素含量关系。由不同生育期冬小麦冠层氮素含量均值，标准差，变异系数变化曲线（图5.7）可知，随生育期推进，冬小麦冠层氮素含量的均值和标准差呈先上升后下降趋势，两者数值均在抽穗期时达到最大，而变异系数指标则呈现相反趋势。冠层氮素含量变异系数表明了其数值范围离散程度，变异系数越小，说明冠层氮素含量数值越集中。而冠层氮素含量数值越集中则会导致冠层氮素含量与叶绿素含量相关系数较低（图5.6b），植被指数与冠层氮素含量相关性较低（图5.7）。这些研究结果表明，冬小麦冠层氮素含量与叶绿素含量呈现显著线性关系（$R^2>0.8$），可为冬小麦冠层氮素含量遥感估算研究提供必要基础。

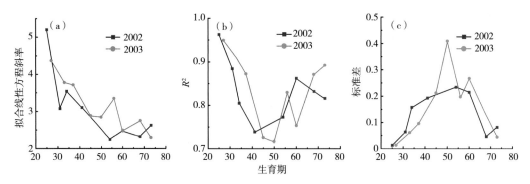

图5.6 不同生育期冬小麦冠层氮素与叶绿素相关性

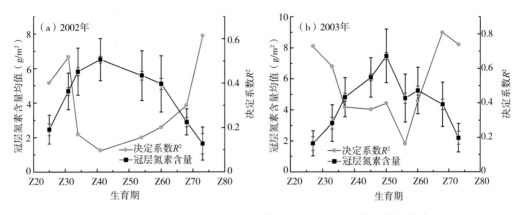

图5.7　不同生育期冬小麦冠层氮素含量与NDVI-like指数的相关性

注：图中黑竖线表示标准差，红竖线表示变异系数。

三、基于PHI航空高光谱数据的冬小麦冠层氮素含量估算

基于冬小麦冠层氮素含量与叶绿素含量关系，研究利用PHI航空高光谱数据分析了不同植被指数估算冠层氮素含量结果。图5.8为植被指数与冠层氮素含量间最佳拟合模型。结果显示窄波段$CI_{Red-edge}$植被指数与冠层氮素含量相关性最高（$R^2=0.771$），其次是宽波段$CI_{Red-edge}$（$R^2=0.768$）以及NDVI-like指数（$R^2=0.759$）。ND_{705}和NDVI-like与冠层氮素含量间最佳拟合曲线为对数形式，它们与冠层氮素含量散点图表现较高的聚合性（图5.8）。相比之下，SR_{705}、MTCI、窄波段$CI_{Red-edge}$、窄波段CI_{Green}、宽波段$CI_{Red-edge}$以及宽波段CI_{Green}与冠层氮素含量间最佳拟合曲线都为幂函数形式。结合不同植被指数与冠层氮素含量最佳拟合模型以及等效噪音参数NE，研究分析了不同植被指数对冠层氮素含量变化的敏感性（图5.9）。结果表明，当冠层氮素含量小于$4g/m^2$时，NDVI-like和ND_{705}植被指数的NE数值最小，然而，随着冠层氮素含量增加，两者的NE数值也呈线性增长趋势，表明NDVI-like和ND_{705}对冠层氮素含量小于$5g/m^2$最敏感，而当冠层氮素含量较高时，两者容易产生"饱和效应"。相比之下，当冠层氮素含量小于$5g/m^2$时，SR_{705}和MTCI植被指数NE数值大于NDVI-like和ND_{7055}的NE数值，而当冠层氮素含量超过$5g/m^2$时，SR_{705}和MTCI指数NE数值则明显小于NDVI-like和ND_{705}的NE值，说明相比于NDVI-like和ND_{705}，SR_{705}和MTCI对冠层氮素含量高值较为敏感。在整个冠层氮素含量变化范围内，CI_{Green}和$CI_{Red-edge}$指数都表现出较小的NE数值。而且，$CI_{Red-edge}$指数NE数值在冠层氮素含量变化范围内几乎不变，表明$CI_{Red-edge}$指数较少受到冠层氮素含量变化的影响。

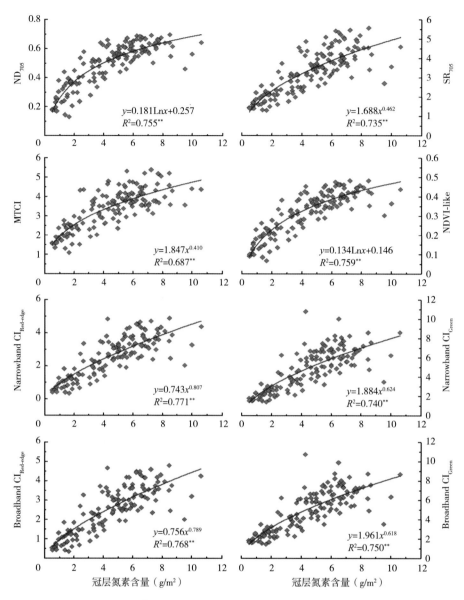

图5.8　基于PHI航空高光谱数据植被指数与冬小麦冠层氮素含量最佳拟合曲线

　　结合不同植被指数与冬小麦冠层氮素含量最佳拟合模型，研究利用10次交叉验证方法对植被指数模型估算冬小麦冠层氮素含量进行模型验证（图5.10）。结果显示，不同植被指数模型验证精度差别较大，窄波段$CI_{Red-edge}$指数估算精度最高（$R^2=0.627$，RMSE=1.400g/m²，RRMSE=30.761%），其次是宽波段$CI_{Red-edge}$、ND_{705}和NDVI-like。相比于ND_{705}，SR_{705}表现出较差估算精度。宽波段$CI_{Red-edge}$和窄波段$CI_{Red-edge}$估算冠层氮素含量结果一致，而宽波段CI_{Green}估算精度甚至高于窄波段CI_{Green}。宽波段CI_{Green}指数中，560nm波段是绿光波段中心波长，绿光波段宽度为30nm，相比于PHI窄波段

560nm，这可能有助于增加更多的光谱信息，从而提高宽波段CI_{Green}的估算精度。总体上，红边波段构建的植被指数，包括宽波段$CI_{Red-edge}$，窄波段$CI_{Red-edge}$，NDVI-like和ND_{705}，基于航空高光谱数据估算冬小麦冠层氮素含量精度较高。一般情况下，纯净的叶绿素a和b在蓝光和红光波段分别具有吸收特征：叶绿素a的中心吸收波长为443nm和662nm；叶绿素b的中心吸收波长为425nm和644nm。而在新鲜叶片中，由于叶绿素分子和周围其他分子，如蛋白质分子、水分子等，相互作用，叶绿素光谱吸收特征可能会向长波方向偏移（Nobel，2009）。Inoue（2012）指出，受植被生理状态以及叶绿素a与b比值影响，叶绿素中心吸收波长移动可能是10～50nm范围内。而叶绿素红波段的吸收特征可能会影响红边波段。因此，红边波段（700～750nm）在叶绿素及氮素估算研究中十分重要。

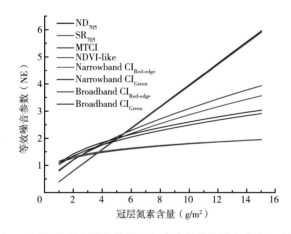

图5.9 不同植被指数估算冠层氮素含量等效噪音参数NE结果

由不同植被指数估算的冠层氮素含量与实测氮素含量与散点图结果（图5.10）可知，窄波段$CI_{Red-edge}$、宽波段$CI_{Red-edge}$、ND_{705}和NDVI-like植被指数估算结果表现较高聚合性，实测数值与估算冠层氮素含量样点基本均匀分布在1：1直线附近。SR_{705}和MTCI指数也表现出满意的估算结果（$R^2 > 0.530$，RMSE<1.600g/m²）。相比与窄波段CI_{Green}，宽波段CI_{Green}指数估算精度略高。然而，不同于其他植被指数冠层氮素含量散点图，CI_{Green}散点图出现一个明显偏离散点群的样本点。这说明CI_{Green}植被指数估算冬小麦冠层氮素含量的稳定性可能较低于其他植被指数。此外，所有植被指数的散点图中冠层氮素含量大于8g/m²的样本点明显被低估。这种低估现象表明，当冬小麦冠层氮素含量超过8g/m²时，所有植被指数都可能存在"饱和效应"。上述研究结果表明，红边波段构成的植被指数估算冬小麦冠层氮素含量精度较高，PHI航空高光谱数据适用于植被指数方法估算作物冠层氮素含量。

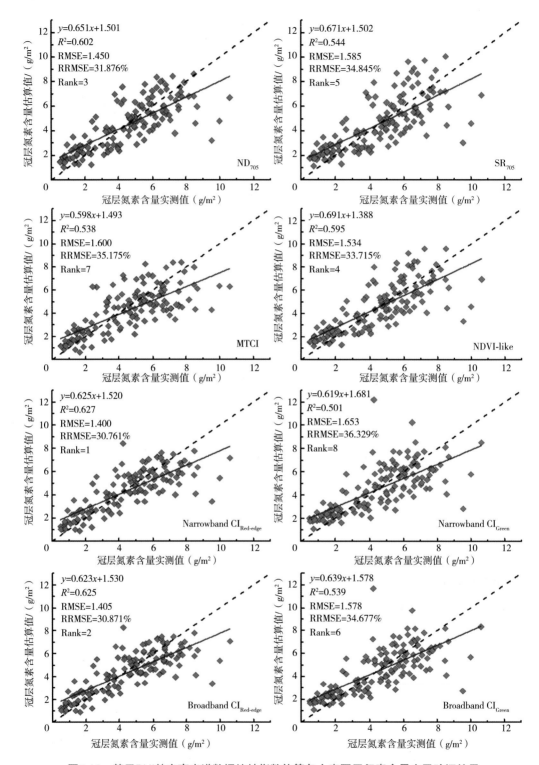

图5.10 基于PHI航空高光谱数据植被指数估算冬小麦冠层氮素含量交叉验证结果

四、基于植被指数方法估算作物冠层氮素含量评价

利用2002年和2003年冬小麦全生育期的近地实测冠层高光谱数据，进一步探讨了不同植被指数用于估算冬小麦冠层氮素含量的鲁棒性。首先对近地实测冠层高光谱数据重采样为PHI传感器光谱分辨率和Sentinel-2传感器光谱分辨率，分别用以计算窄波段植被指数和宽波段植被指数。然后，利用2002年数据进行建模，利用2003年数据进行模型精度验证。

从模型拟合结果来看（表5.10），不同植被指数与冠层氮素含量之间最佳拟合模型均为幂函数模型。其中，NDVI-like模型拟合精度最佳（$R^2=0.657$，RMSE=1.309g/m^2，RRMSE=29.837%）；其次是ND_{705}和窄波段$CI_{Red-edge}$模型；MTCI构建模型决定系数最大（$R^2=0.681$），但其估算冠层氮素含量的精度却最低（RMSE=1.475g/m^2，RRMSE=33.620%）。窄波段与宽波段$CI_{Red-edge}$模型构建结果基本一致，而宽波段CI_{Green}模型构建结果优于窄波段CI_{Green}模型结果。

表5.10　基于2002年数据的不同植被指数与冠层氮素含量之间关系模型拟合结果

植被指数	拟合模型方程	R^2	RMSE（g/m^2）	RRMSE（%）
ND_{705}	$y=10.827x^{1.539}$	0.641	1.323	30.168
SR_{705}	$y=0.875x^{1.539}$	0.620	1.446	32.965
MTCI	$y=0.557x^{1.462}$	0.681	1.475	33.620
NDVI-like	$y=18.403x^{1.407}$	0.657	1.309	29.837
窄波段$CI_{Red-edge}$	$y=1.813x^{0.784}$	0.618	1.407	32.078
窄波段CI_{Green}	$y=0.974x^{0.942}$	0.581	1.433	32.676
宽波段$CI_{Red-edge}$	$y=1.815x^{0.791}$	0.617	1.407	32.084
宽波段CI_{Green}	$y=0.964x^{0.926}$	0.584	1.428	32.548

从模型验证结果来看（表5.11），NDVI-like模型验证精度最佳（$R^2=0.659$，RMSE=1.221g/m^2，RRMSE=27.824%），其次是ND_{705}以及宽波段CI_{Green}模型。窄波段与宽波段$CI_{Red-edge}$模型构建结果基本一致，而宽波段CI_{Green}模型构建结果优于窄波段CI_{Green}模型结果，这与模型拟合结果一致。因此，上述研究结果表明，窄波段与宽波段植被指数在反演冬小麦冠层氮素含量方面没有明显差异。

表5.11　基于2003年数据的不同植被指数与冠层氮素含量之间关系模型验证结果

植被指数	R^2	RMSE（g/m^2）	RRMSE（%）
ND_{705}	0.644	1.236	28.179
SR_{705}	0.631	1.362	31.046
MTCI	0.511	1.587	36.180
NDVI-like	0.659	1.221	27.824
窄波段$CI_{Red-edge}$	0.631	1.293	29.465
窄波段CI_{Green}	0.636	1.269	28.934
宽波段$CI_{Red-edge}$	0.632	1.291	29.423
宽波段CI_{Green}	0.642	1.259	28.700

五、小　结

本节利用PHI航空高光谱数据，采用植被指数方法估算了冬小麦冠层氮素含量。结果表明，冬小麦冠层氮素与叶绿素含量存在显著线性关系，该线性关系一定程度上受生育期影响。含有红边波段的植被指数在进行氮素含量估算时表现出较高估算精度。此外，窄波段与宽波段植被指数在反演冬小麦冠层氮素含量方面没有明显差异。

第四节　基于EnMAP卫星高光谱模拟数据的作物氮素含量监测研究

开展区域尺度作物氮素营养状况诊断方法研究对于指导农业种植管理和精准施肥具有重要实用意义。近年来，随着传感器技术进步，欧空局新发射的Sentinel-2多光谱卫星传感器，以及德国即将发射的EnMAP高光谱卫星传感器，为区域大尺度作物氮素营养状况诊断研究提供了新的契机。EnMAP高光谱传感器波段数多，光谱分辨率高等优势，本节基于地面观测试验数据，开展EnMAP卫星高光谱模拟数据的作物氮素含量监测研究；同时，探讨类胡萝卜素与叶绿素比值指示作物氮素营养状况诊断方法应用于卫星高光谱数据的可行性，为区域尺度作物氮素营养状况诊断提供方法和技术支持。

一、研究区与研究方法

试验分别在北京市昌平区、顺义区和房山区的冬小麦种植区开展，共调查了21个样区，每个样区地块面积1hm²以上（图5.11）。所选样区品种为'京9428'和'中优9507'，样区内部长势均一，小麦种植管理为正常田间水肥管理。在小麦主要生育期内共开展了9次野外观测试验，观测时间分别为3月30日（起身期）、4月7日（拔节初期）、4月15日（拔节中期）、4月23日（挑旗期）、5月1日（抽穗期）、5月9日（扬花期）、5月17日（灌浆始期）、5月25日（灌浆中期）和6月2日（乳熟期）。观测指标包括冠层光谱、色素含量、氮素含量、叶片含水量以及叶面积指数等。

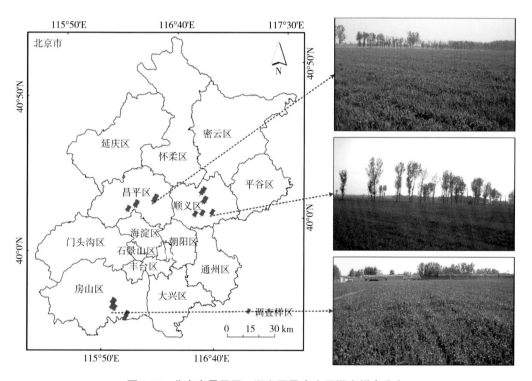

图5.11　北京市昌平区、顺义区及房山区调查样点分布

基于试验观测数据，结合EnMAP卫星搭载的高光谱成像仪传感器参数特征，以及Migdall（2010）提供的EnMAP高光谱传感器波段信息，利用高斯函数模拟了EnMAP高光谱的光谱响应函数，对近地实测ASD冠层高光谱数据进行了重采样，获取了模拟EnMAP卫星高光谱数据，用以探讨类胡萝卜素与叶绿素比值进行作物氮素营养状况诊断方法研究。EnMAP卫星参数特征如表5.12所示。

表5.12 EnMAP卫星参数特征

传感器参数	详细信息
光谱范围	420～2 450nm
光谱采样间距	6.5nm（420～1 000nm，可见近红外波段） 10nm（900～2 450nm，短波红外波段）
信噪比	500（@495nm；可见近红外波段） 150（@2 200nm；短波红外波段）
辐射分辨率	14bits
辐射精度	5%
空间分辨率	30m×30m
幅宽	30km
视场角	2.63°
轨道高度	652km
倾斜角	97.98°（极轨，太阳同步）
降交点当地时间	11h±18min
重访周期	4d（±30°天底倾斜角度观测） 27d（±5°天底倾斜角度观测）
预计发射时间	2020年
预计发射地点	印度航天发射中心
预计使用寿命	>5年

二、冬小麦叶片色素浓度与植株氮浓度变化特征

结合2003年采样调查数据，研究分析冬小麦主要生育期内叶片叶绿素浓度、叶片类胡萝卜素浓度、色素比值及植株氮浓度变化特征（图5.12）。发现叶片叶绿素浓度呈现双峰变化特征：起身期（Z27）开始，叶绿素浓度先上升，拔节初期（Z33）数值达到第一个峰值，拔节中期（Z37）则呈下降趋势，随后挑旗期（Z45）数值呈上升趋势，至灌浆始期（Z60）叶绿素浓度数值再次达到峰值，灌浆中期（Z68）和

乳熟期（Z73）叶绿素浓度呈显著下降趋势。与叶片叶绿素浓度变化特征相似，叶片类胡萝卜素浓度也呈现双峰变化特征。冬小麦生育期内，类胡萝卜素与叶绿素比值表现出与叶片叶绿素及类胡萝卜素浓度截然不同的变化特征：随生育期推进，类胡萝卜素与叶绿素比值呈缓慢下降趋势，直至生育后期（灌浆中期和乳熟期），特别是乳熟期，类胡萝卜素与叶绿素比值数值显著上升。这主要是由于在乳熟期，冬小麦植株接近衰老，叶绿素分解速度较类胡萝卜素快，使得类胡萝卜素与叶绿素比值数值在乳熟期显著上升。冬小麦生育期内，植株氮浓度呈缓慢下降趋势，这一变化特征与叶片叶绿素和类胡萝卜素浓度变化特征完全不同。除生育后期类胡萝卜素与叶绿素比值呈显著上升特征外，其他生育期类胡萝卜素与叶绿素比值变化特征与植株氮浓度变化特征基本吻合，表明类胡萝卜素与叶绿素比值特征能反映植株氮浓度变化情况。

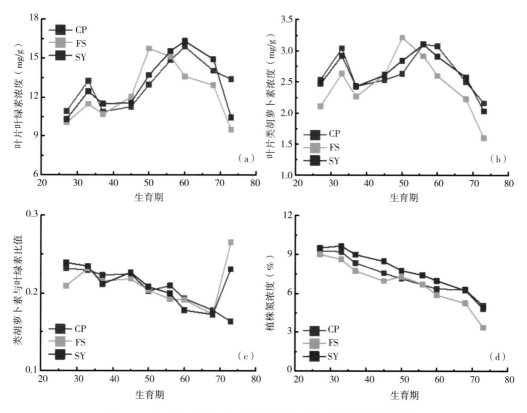

图5.12　冬小麦生育期内叶片色素浓度及植株氮浓度变化特征

注：CP指昌平区，FS指房山区，SY指顺义区。

三、色素比值植被指数估算植株氮浓度结果分析

由于类胡萝卜素与叶绿素比值在可见近红外波段无明显吸收特征，使得光谱分析技术估算类胡萝卜素与叶绿素比值较为困难，该方面的研究也较为有限。现有的色素含量比值估算研究主要集中于植被指数方法，依据实测数据，一些研究分析了类胡萝卜素、叶绿素及其比值的吸收特征，并基于这些光谱特征提出了适用于色素含量比值估算的植被指数。通过文献调研，研究总结了现有用于色素含量比值估算的植被指数，包括归一化色素植被指数（NPCI），结构不敏感性色素指数（SIPI）以及植被衰老指数（PSRI）以及光化学植被指数（PRI），并对这些植被指数进行了归纳（表5.13）。

表5.13　本节选取的用于类胡萝卜与叶绿素比值估算的植被指数

植被指数	敏感参数	计算公式	参考文献
NPCI	色素含量/叶绿素a含量	$(R_{680}-R_{430})/(R_{680}+R_{430})$	Peñuelas et al.，1993
SIPI	类胡萝卜素含量/叶绿素a含量	$(R_{800}-R_{445})/(R_{800}-R_{680})$	Peñuelas et al.，1995
PSRI	类胡萝卜素含量/叶绿素含量	$(R_{678}-R_{500})/R_{750}$	Merzlyak et al.，1999
PRI	辐射利用效率	$(R_{531}-R_{570})/(R_{531}+R_{570})$	Gamon et al.，1992
$CI_{Red-edge}$	叶绿素含量	$(R_{783}-R_{705})/R_{705}$	Gitelson et al.，2005
CARI	类胡萝卜素含量	$(R_{720}-R_{521})/R_{521}$	Zhou et al.，2017
CCRI	类胡萝卜素含量/叶绿素含量	$CARI/CI_{Red-edge}$	新建

结合冬小麦生育期内叶片色素含量以及植株氮浓度变化特征，基于模拟EnMAP卫星高光谱数据分析了冬小麦植株氮浓度和类胡萝卜素与叶绿素比值特征相关性（图5.13）。结果表明，冬小麦植株氮浓度和类胡萝卜素与叶绿素比值之间存在线性关系：返青期至灌浆始期（Z27—Z60），两者之间为正线性相关（$R^2=0.413$）（图5.13a）；而从灌浆末期至乳熟期（Z68—Z73），两者之间则为显著负线性关系（$R^2=0.574$）（图5.13b）。这主要是由于两者在冬小麦生育期内不同变化特征所致。图5.14显示了模拟卫星高光谱数据的CCRI指数与色素比值之间相关性，发现类胡萝卜素与叶绿素比值植被指数CCRI与色素比值存在较好线性关系（$R^2=0.414$）。结果表明模拟卫星高光谱数据构建CCRI指数可用于估算植株氮浓度。

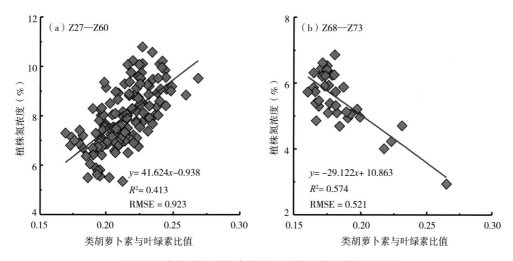

图5.13 冬小麦生育期内色素比值与植被氮浓度相关性

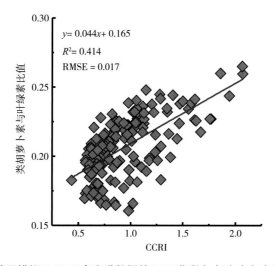

图5.14 基于模拟EnMAP高光谱数据的CCRI指数与冬小麦色素比值相关性

　　基于模拟EnMAP高光谱数据，研究利用K次（K=10）交叉验证方法，分析了类胡萝卜素与叶绿素比值植被指数CCRI估算冬小麦植株氮浓度结果，并选取叶绿素植被指数CI$_{Red-edge}$对比分析。如图5.15所示，返青期至灌浆始期，CCRI和CI$_{Red-edge}$植被指数估算植株氮浓度结果相似，估算精度一般（R^2>0.43，RMSE<0.98%）。灌浆中期至乳熟期，两者估算结果精度较高，其中CCRI指数估算精度更高（R^2=0.842，RMSE=0.391%），而且其估算结果拟合直线斜率为0.859，更接近于1，截距为0.749，更接近于0。返青期至灌浆始期，CCRI指数估算植株氮浓度精度较低主要是由于这些生育期，植株氮浓度变化范围较窄（6%～10%），而在此期间，色素比值变

异性也较小，因此这些生育期植株氮浓度估算精度较低。冬小麦所有生育期植株氮浓度估算结果表明，类胡萝卜素与叶绿素比值植被指数CCRI估算植株氮浓度结果优于叶绿素植被指数$CI_{Red-edge}$估算结果。研究认为模拟EnMAP卫星高光谱数据可用于类胡萝卜素与叶绿素比值估算作物植株氮浓度。

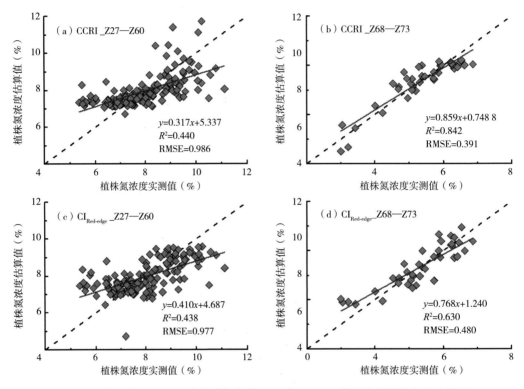

图5.15　基于模拟EnMAP高光谱数据的CCRI与$CI_{Red-edge}$指数估算植株氮浓度结果

四、小　结

本节基于地面观测数据，利用类胡萝卜素与叶绿素比值指数（CCRI），探讨了EnMAP卫星高光谱模拟数据进行冬小麦氮素含量监测的可行性。研究发现，正常田间水肥管理条件下，冬小麦类胡萝卜素与叶绿素比值变化特征能较好反映植株氮浓度变化特征，CCRI植被指数能较好反映植株氮浓度变化特征；并利用模拟卫星高光谱数据，构建了基于CCRI的冬小麦植株氮浓度估算模型，模型精度优于叶绿素植被指数模型。

第六章　土壤养分参数遥感监测研究

　　土壤是岩石圈表面能够生长植物的疏松表层，是植物生长发育的基础，它供给植物正常生长发育所需要的水、肥、气、热等各种环境条件，是生态系统中物质与能量交换的重要场所。经过长期的研究，人们逐渐认识到土壤肥力是土壤物理、化学、生物等性质的综合反映，这些基本性质都能通过直接或间接的途径影响植物的生长发育。土壤性状及肥力状况信息可以为精准农田管理提供依据。传统的土壤调查监测主要通过试验室化学分析方法，该方法测定的结果较为准确，但是却存在费时、费力以及耗资较高的问题，特别是无法实现区域化实时动态监测。然而，土壤中许多成分在太阳反射光谱范围内具有诊断性吸收特征，这为土壤参数的遥感定量反演提供了可行性。20世纪80年代，人们首先利用遥感技术对土壤有机质进行了监测并应用到精准农业的研究中，使用的传感器很快发展为星载、机载、车载和手持传感器，但波段仅限可见光近红外波谱中几个主要波段。随着土壤遥感研究的不断深入和传感器的逐渐更新，尤其是伴随着高光谱遥感的出现，土壤遥感进入了定量探测土壤物质组分的研究阶段。目前，遥感技术已经可以成功获取土壤的有机质/碳、氮、磷、钾、土壤水分等的含量信息，这些信息可以直接用于土壤肥力的评价与空间制图、农田管理分区、作物长势监测和作物营养诊断，并指导变量施肥；此外，土壤重金属污染已成为世界普遍关注的环境问题，重金属会对作物有一定程度的毒害作用，可能引起作物根、茎、叶等一系列生理特性的改变；同时，大部分重金属元素在土壤中以相对稳定的形式存在，很难被降解或析出，会对农田生态系统造成复合污染。遥感作为空间技术为宏观快速获取土壤重金属污染信息提供了新的途径，在土壤调查布点优化、土壤污染反演研究、土壤污染源监管和风险管控等方面具有广阔的应用前景。本章阐述农田土壤养分遥感监测机理以及土壤有机质、重金属和土壤含水量遥感监测研究与应用等方面的研究进展。

第一节　基于地面高光谱遥感的土壤有机质含量遥感监测研究

土壤有机质（Soil Organic Matter，SOM）作为土壤中的重要组成部分，是衡量土壤肥力、提高作物长势的重要理化指标。SOM不仅可以为作物提供必要的生长元素，还可以改良土壤物理性质，起到保水、保肥的作用。一般来说，SOM含量的多少是衡量土壤肥力高低的一个重要指标。此外，SOM对全球碳平衡起着重要的作用，是影响全球温室效应的主要因素。了解SOM动态变化特征，是进行农业生产管理，实现精准农业，保证农业可持续发展的基本条件。

近年来，国内外学者运用高光谱技术对土壤光谱特点进行了大量研究，分析了SOM含量与光谱反射率变化间的相互关系，建立了相应的SOM预测模型，并进行了区域应用。如Guo等（2018）基于高光谱影像，通过偏最小二乘回归和偏最小二乘回归克里金等方法实现了全区范围内的SOM含量估测；Chen等（2000）则是通过对数线性模型实现了可见光波段范围内基于航空相片的研究区SOM含量估测；刘焕军等（2011）基于多光谱影像的可见光与近红外波段建立了估测模型；孙问娟等（2018）将高光谱数据与多光谱影像相结合，在二元线性混合像元分解模型下实现了影像光谱与高光谱的转换，从而利用高光谱数据下建立的模型实现全区SOM含量的反演；乔娟峰等（2018）则是基于从多光谱遥感影像上得到的光谱数据，经相应预处理后，对比单波段和多波段模型下的估测效果并进行了估测模型的优选。

国内外众多学者都利用高光谱技术对SOM进行了研究并取得了丰硕的成果，通过分析探究了SOM与土壤光谱反射率间的关系，建立了SOM反演模型。如何深入分析SOM与光谱反射率间的互馈响应机制，进一步提高SOM高光谱反演精度和应用范围，改善模型稳定性是当前研究的热点问题。（沈强等，2019）针对以上问题，本节以湖北省大冶市2个典型的矿业废弃复垦区为研究区，采用Gaussian滤波、一阶微分（FDR）、二阶微分（SDR）、倒数对数（LR）等光谱预处理方法，分析了不同SOM含量下的光谱反射率变化规律，结合逐步回归模型（SMLR）和支持向量机（SVM）建立了SOM高光谱预测模型，并对模型反演效果进行精度评价，为实现SOM快速检测和实时动态监测提供技术支持和参考。

一、研究区与研究方法

　　研究区位于湖北省黄石市铁山区，地处湖北省东部，南部与大冶市、下陆区相邻（图6.1）。该地区是我国著名的铁矿产地，已有3 000多年开采历史。研究区复垦工作于2014年完成，复垦措施主要为覆土、平整，复垦方向主要为耕地。野外调查采样采用网格布点，并综合考虑复垦方向和复垦措施，分层抽样，共采集38个土壤样品，采样深度为0~20cm。每份样本采集200g。将采集到的土壤样本过10目均匀尼龙筛，放置在自然通风的条件下阴干；将风干后的土样研磨过100目筛，一部分土样（100g）用于土壤光谱检测；另一部分用于SOM含量检测，土壤有机质采用重铬酸钾-外加热法检测。

　　土壤光谱反射率采用FieldSpec4便携式地物光谱仪测定，波段测定范围为350~2 500nm。为避免边缘噪声的影响，光谱预处理首先去除350~499nm和2 241~2 500nm 2处波段，然后采用Gaussian滤波法，对光谱曲线进行平滑。将平滑后的光谱曲线进行一阶微分（FDR），二阶微分（SDR），倒数对数（LR）3种光谱变换。

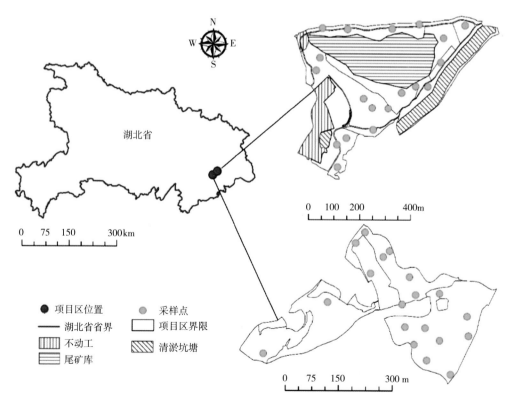

图6.1　湖北黄石铁山区复垦区地理位置及采样点分布

二、土壤有机质的高光谱特征

从采样点SOM含量测试结果表明，研究区SOM含量处于0.88～18.10g/kg，平均含量为7.00g/kg，变异系数高达72%。根据全国第二次土壤普查的土壤养分分级标准，将SOM含量划分为6级（<6g/kg）、5级（6～10g/kg）、4级（10～20g/kg）、3级（20～30g/kg）、2级（30～40g/kg）和1级（≥40g/kg）6个等级，因此研究区SOM含量总体处于缺乏水平，这是由于研究区长期的矿业开采，导致了土壤出现了SOM流失的现象。

根据不同的SOM含量，进一步绘制了SOM光谱反射率曲线（图6.2）。从图6.2可以看出，不同样本的土壤光谱反射率值不同，但土壤光谱曲线整体变化趋势一致。不同分级标准下SOM曲线分布均匀，SOM含量与土壤光谱反射率数值之间无明显的相关关系，这说明对于研究区土壤而言，SOM含量并不是影响光谱反射率数值大小的主要因素。近红外范围（700～2 240nm）内反射曲线较为稳定，在一定范围内上下波动，曲线间的离散程度加大，在1 000nm、1 400nm、1 800nm、1 900nm和2 200nm等位置可以看到明显的光谱吸收谷，其中1 400nm、1 900nm和2 200nm位置都是明显的水分吸收谷（刘炜等，2010；于雷等，2015）。

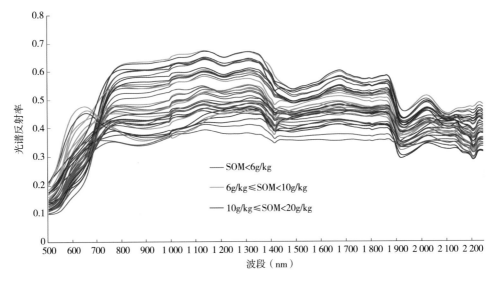

图6.2　不同土壤有机质含量的光谱反射率曲线

为提取原始波段中不易被发现的光谱信息，突出光谱特征波段、分离平行背景值，对平滑后的土壤原始光谱反射率曲线进行一阶微分（FDR）、二阶微分（SDR）和倒数对数（LR）3种方法进行光谱变换，结果如图6.3至图6.5所示。经过变换后的

光谱信息得到了明显的加强，光谱波段，特别是可见光波段的灵敏度提高了。FDR
和SDR曲线的数值在正负值之间上下起伏，所反映出的光谱信息十分丰富，数值变
化范围分别为：-0.004～0.005、-0.008～0.012。其中曲线变化幅度较大的区间：
500～800nm、1 300～1 500nm、1 860～1 920nm、2 020～2 040nm。LR曲线数值范围
0～1，曲线整体较为平滑，形状类似于原始曲线的倒置，吸收峰出现的位置与原始波
段大体相同。

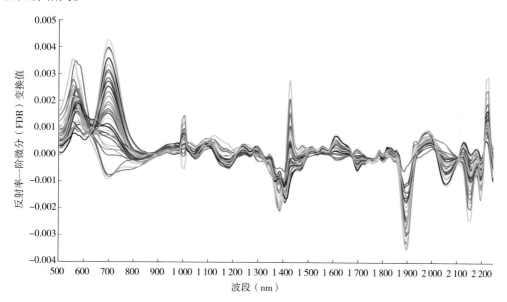

图6.3　基于一阶微分（FDR）方法的土壤有机质光谱变换曲线

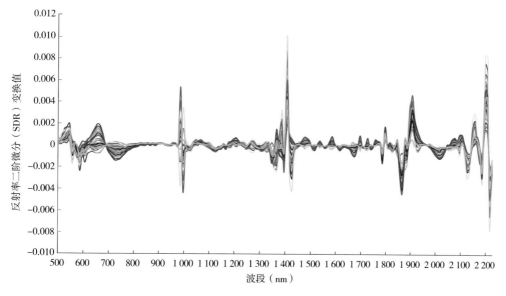

图6.4　基于二阶微分（SDR）方法的土壤有机质光谱变换曲线

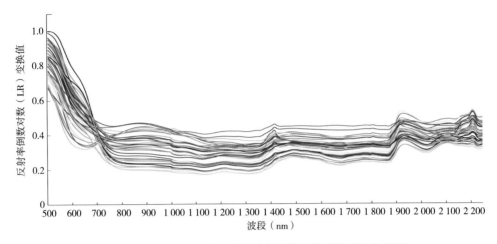

图6.5　基于倒数对数（LR）方法的土壤有机质光谱变换曲线

三、不同光谱变换与土壤有机质的相关性分析

图6.6至图6.9分别为SOM含量与原始光谱OR、一阶微分FDR变换、二阶微分SDR变换和倒数对数LR变换之间的相关系数曲线图。从总体上来看，与OR相比，经过光谱变换后的全波段的光谱相关性都得到了明显的加强，部分波段的相关系数提升了0.5以上。对曲线进行显著性检验，部分波段可以达到0.05显著性水平，少部分达到0.01极显著水平。不同相关系数曲线达到0.05显著性水平的波段位置分别为OR：500～560nm；FDR：640～870nm、1 150～1 250nm、1 550～1 795nm、1 940～2 200nm；SDR：540～640nm、830～930nm、1 860～1 910nm；LR：500～670nm。从相关系数来看二阶微分变换的效果最好，最高相关波段为2 170nm（$r=-0.83$）。

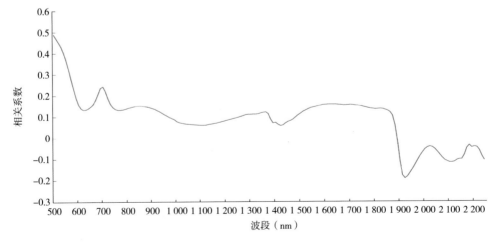

图6.6　土壤有机质含量与原始光谱（OR）之间的相关系数曲线

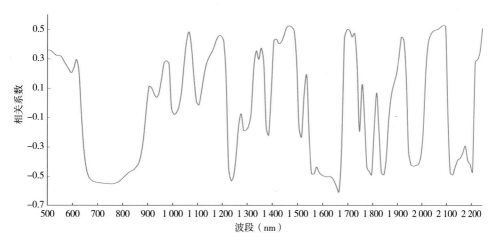

图6.7　土壤有机质含量与光谱一阶微分（FDR）变换之间的相关系数曲线

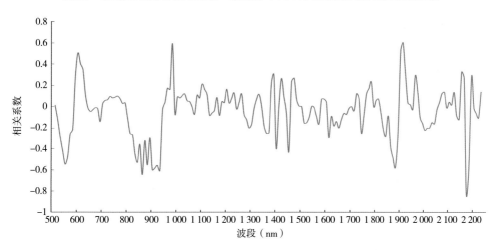

图6.8　土壤有机质含量与光谱二阶微分（SDR）变换之间的相关系数曲线

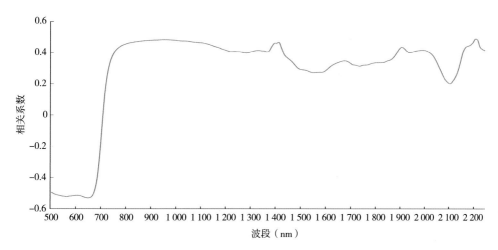

图6.9　土壤有机质含量与光谱倒数对数（LR）变换之间的相关系数曲线

四、土壤有机质反演模型建立与精度评价

综合考虑SOM含量的分布范围，首先，将样本数据按3∶1的比例选取建模样本和验证样本。利用建模样本，分别采用FDR、SDR、LR 3种光谱变换方法，选择达到0.05显著性水平以上的波段为特征波段；其次，采用多元逐步回归（SMLR）和支持向量机（SVM）2种方法，进行SOM预测模型的构建模型；最后，利用验证样本对构建的模型进行精度评价（表6.1）。结果表明，在SMLR模型中，基于FDR变换的SMLR模型的反演效果最优，R^2=0.80，RMSE=3.18g/kg；而在SVM模型中，基于SDR变换的SVM模型的反演效果最优，R^2=0.89，RMSE=1.73g/kg。从总体来看，SVM模型的预测效果明显优于SMLR模型，与SMLR模型相比R^2普遍提高了0.1左右，RMSE降低的1.5g/kg左右。

表6.1　基于不同光谱变换的土壤有机质含量预测模型精度评价

模型	光谱变换方法	R^2	RMSE（g/kg）
	FDR	0.80	3.18
SMLR	SDR	0.73	2.69
	LR	0.69	5.09
	FDR	0.83	2.14
SVM	SDR	0.89	1.73
	LR	0.74	3.95

五、小　结

本节以矿业废弃复垦区土壤有机质为研究对象，采用一阶微分（FDR）、二阶微分（SDR）、倒数对数（LR）等光谱变换方法，结果逐步回归模型（SMLR）和支持向量机（SVM）算法，进行了土壤有机质含量遥感反演研究，结果表明，SOM含量对原始光谱曲线的影响较小，而通过光谱变换方法处理后，光谱特征明显加强。在所有的SMLR模型和SVM模型中，基于SDR的SVM模型的土壤有机质反演效果最优。研究结果可为土壤有机质快速检测和实时动态监测提供技术参考。

第二节　基于卫星遥感的区域土壤有机质含量遥感监测研究

　　区域土壤有机质含量遥感监测对土壤质量评价、粮食估产具有重要意义。旱作农业是指无灌溉条件的半干旱和半湿润偏旱地区，主要依靠天然降水从事农业生产的1种雨养农业。旱作农业是传统的农业耕作方式，拥有悠久的历史。20世纪50—70年代，主要是采用轮作倒茬、使用农家土杂肥料、深耕深翻、垄沟种植、耙糖镇压等传统的旱作农业技术，改善土壤和作物水分状况，提高水分生产效率，为我国近代旱作农业技术的推广发展奠定了良好的基础。在相当长一段时期里，针对农业研究重点主要以水田和水浇地为主，而相对忽视对旱地农业增产技术的改进。随着水资源的开发利用，灌溉面积的继续扩大已经接近极限，人们越来越重视旱地增产技术的改进。旱作区土壤有机质含量的高低对旱作农业的生产具有重要的作用。本节以皖北旱作区土壤有机质为研究区，以Landsat-8卫星影像为数据源，介绍区域尺度下的旱作区土壤有机质含量遥感监测研究。

一、研究区与研究方法

　　以皖北旱作区为研究区，该区域的确定以坡度小于5°并且每平方千米内旱地占耕地比例位于40%以上作为界定的依据（图6.10），位于32°24′~34°39′N，114°52′~118°11′E，涵盖了安徽省宿州、淮北、蚌埠、阜阳、淮南、亳州6个省辖市。区域内以平原为主，四季变化较为明显、气候温和、雨水适中，平均高程在30m左右，主要土壤为潮土、砂姜黑土和褐土。

　　为综合探究皖北旱作区SOM含量的估测方法，以研究区25个市的耕地土壤为研究对象，考虑土壤类型并采用网格布点结合分层抽样的方法实施采样，以确保样点的代表性与合理性。选取2017年11月和12月云量低于5%的4景Landsat-8OLI影像，该时期研究区的植被覆盖度整体相对较低。对2期影像中获取的7个波段反射率，分别尝试进行对数、倒数、倒数之对数以及波段组合等预处理以进一步增加光谱参量。其中波段组合包括比值形式、差值形式、差值倒数形式以及2种光谱指数形式（表6.2）。每期影像可得到7个原始光谱参量和147个波段变换参量（不考虑正负号），2期数据共获得308个光谱参量。

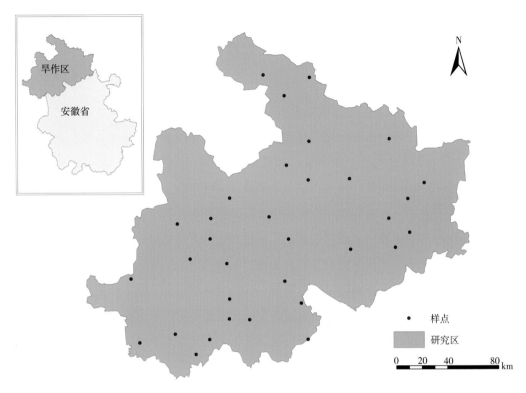

图6.10　皖北旱作区地理位置及采样点分布

表6.2　波段变换形式

波段变换形式	计算公式
对数	$lg(R_i)$
倒数	$1/R_i$
倒数对数	$lg(1/R_i)$
比值形式	$lg(R_i/R_j)$
差值形式	R_i-R_j
差值倒数形式	$1/(R_i-R_j)$
指数形式1	$(R_i-R_i)/(R_i+R_j)$
指数形式2	$(R_i+R_i)/(R_i-R_j)$

注：R_i和R_j表示第i波段和第j波段的反射率（$i\neq j$）。

采集到的土壤样本经自然风干及过筛后采用重铬酸钾—外加热法测定SOM含量。为确保合理性，采用Kennard-Stone（K-S）方法，基于遥感影像中各样点对应的光谱反射率划分建模集与验证集，建模集样点23个，验证集样点11个，比例2∶1。研究区土壤有机质含量统计特征如表6.3所示。

表6.3　皖北旱作区土壤有机质含量统计特征

样本类型	样本数	最小值（g/kg）	最大值（g/kg）	平均值（g/kg）	标准差（g/kg）	变异系数（%）
建模集	23	7.76	44.62	21.15	7.51	35.49
验证集	11	9.47	29.25	20.26	5.23	25.84
总样本	34	7.76	44.62	20.86	6.87	32.92

二、土壤光谱与有机质含量相关分析

对样点SOM含量实测值与对应的308个光谱参量进行基于皮尔森系数的相关性分析，结果显示在11月的影像中无极显著性相关的光谱参量，显著性相关的参量共18个，以差值组合及其倒数形式为主，其中倒数形式居多，此外还包括红光波段、短波红外波段（SWIR2）、2个短波红外波段的对数、倒数以及倒数之对数形式；在12月的影像中显著性参量较多，达到了42个，且极显著性波段数量达到了29个，42个光谱参量中有25个是差值组合及其倒数形式，分别为12个和13个，另外还包括了1个光谱指数形式以及红、绿波段和2个短波红外波段及其倒数、对数和倒数之对数形式。而筛选的29个极显著性参量与显著性参量相比，剔除了红、绿波段、光谱指数形式以及其余形式中的部分光谱参量。最终，基于2期的Landsat-8OLI影像共获取了60个显著性参量以及29个极显著性参量，其中海岸波段与短波红外波段差值的倒数形式与SOM含量实测值相关性最高，相关系数绝对值达到了0.556。

三、土壤有机质遥感反演模型建立与精度评价

为探讨合理的建模数据选取方法，本次分别将全参量、显著性参量、极显著性参量以及基于最优多元逐步回归模型选取的优化参量作为建模数据，建立研究区SOM含量的估测模型。基于皮尔森相关系数对采样点SOM含量实测值与相应光谱参量进行相关性分析，其中全参量是以所有的光谱参量作为建模依据，显著性参量则是选择通过$P=0.05$水平上的显著性检验的光谱参量，而极显著性参量则是仅选取通过$P=0.01$水平上的显著性检验的光谱参量；而基于多元逐步回归模型的建模数据选取方法则是基于样点的实测值与对应光谱参量建立多元逐步回归模型，选取最优模型对应的光谱参量作为后期的建模依据。

根据样点SOM含量实测值与相应光谱参量，构建多元逐步回归方程，选取拟合效果最优，即解释能力最强的模型。该模型下筛选的光谱参量即为多元逐步回

归模型确定的重要参量，将其作为下一步建模过程中的光谱参量，实现优选。此方法共筛选出了6个参量，分别是11月影像中海岸波段与蓝光波段的光谱指数形式 [（B1+B2）/（B1-B2）]、红光波段与短波红外波段的比值形式（B4/B6）、红光波段与蓝光波段的比值形式（B4/B2）、绿光波段与红光波段差值的倒数形式 [1/（B3-B4）]、近红外波段与短波红外波段差值的倒数形式 [1/（B5-B6）] 以及12月影像中海岸波段与短波红外波段差值的倒数形式 [1/（B1-B6）]；值得指出的是，显著性参量中仅包含最后2个光谱参量。利用线性函数（Linear Kernel）、二次多项式函数（Quadratic Kernel）、三次多项式函数（Cubic Kernel）和径向基函数（RBF Kernel），分别建立SOM含量估测模型；并以均方根误差（RMSE）和平均相对误差（MRE）作为精度评价指标，两者值越小说明误差越小，预测精度越高，2种评价指标的具体计算方法如下。结果如表6.4所示。

表6.4 不同建模方式的土壤有机质含量预测模型验证

建模方式	线性函数		二次多项式函数		三次多项式函数		径向基函数	
	MRE（%）	RMSE（g/kg）	MRE（%）	RMSE（g/kg）	MRE（%）	RMSE（g/kg）	MRE（%）	RMSE（g/kg）
全参量	24.47	5.49	21.55	4.91	22.58	4.91	22.98	5.02
显著性参量	25.00	5.62	26.08	5.94	26.22	5.47	24.84	5.27
极显著性参量	26.75	5.77	31.86	6.84	26.67	5.72	25.34	5.30
优化参量	22.36	4.76	18.51	4.37	17.73	4.55	21.28	4.79

由表6.4可知，各建模方式下估测精度存在一定程度的差异，基于优化参量建立的估测模型取得了最好的预测效果，RMSE普遍在5g/kg以下，表明模型具有较好的估测能力，在三次多项式函数下SVM的预测精度较好，MRE与RMSE分别达到了17.73%和4.55g/kg；其次是全参量下的估测模型，该建模方式在多项式函数下也取得了相对较好的估测效果，RMSE位于5g/kg以下，MRE最低达到了21.55%；而基于显著性波段与极显著性波段建立的预测模型整体上效果要弱于优化参量与全参量，MRE整体位于25%左右，且RMSE均出现了大于5g/kg的情况，其中径向基函数下的SVM估测模型效果相对最好，MRE与RMSE达到了24.84%和5.27g/kg。综合来看，线性函数下的估测模型在4种建模方式下均未体现出较为优越的预测效果；在全参量和优化参量建模形式下基于多项式函数的SVM拥有最好的预测能力，其次是RBF函数下的估测模型；在显著性参量和极显著性参量建模方式下，基于多项式函数的SVM估

测效果较差，尤其是以极显著性参量作为建模数据时，验证集的MRE已经达到了30%以上，而RBF函数下的估测模型却体现出了最好的估测效果。

为了进一步探究模型在研究区不同土壤类型下的预测精度，以整体估测效果最优的优化参量建模方式为例，按土类对验证集样点进行划分，分析了各模型在3种主要土壤类型下的估测效果，结果如表6.5所示。整体来看，估测模型在黑土和褐土中的估测效果较好，MRE与RMSE均处于20%和4g/kg以下，而潮土的效果整体较差，其MRE与RMSE均分别处于30%和7g/kg以上。从建模方法上来看，在黑土和褐土中，三次多项式下的SVM模型依然取得了很好的估测能力，而在潮土中，径向基函数下的SVM模型则取得了相对最好的估测结果，但考虑到潮土下MRE均大于30%，因此4种建模方法无较大差异。

表6.5 优化参量下不同土壤类型的有机质含量预测模型验证

建模方式	线性函数		二次多项式函数		三次多项式函数		径向基函数	
	MRE（%）	RMSE（g/kg）	MRE（%）	RMSE（g/kg）	MRE（%）	RMSE（g/kg）	MRE（%）	RMSE（g/kg）
潮土	33.50	7.36	34.18	7.48	36.63	8.14	33.46	7.64
砂姜黑土	19.92	3.64	10.64	1.97	9.66	1.76	9.87	1.80
褐土	17.60	3.18	13.30	2.38	10.98	1.96	18.99	3.43

四、区域土壤有机质反演与空间格局分析

归一化水体指数（NDWI）是Mcfeeters在1996年提出的，利用遥感影像中的特定波段进行归一化处理，提取影像中表达的水体信息。一般来说，水体的NDWI值最大，其他地物的NDWI值较小，通过设置不同的阈值可以准确提取地表水体信息，利用NDWI制作区域水体的掩模图像，即将NDWI大于0的区域作为掩膜区域，最终得到皖北旱作区的SOM含量空间格局特征。NDWI计算公式如下。

$$NDWI = (R_{Green} - R_{NIR}) / (R_{Green} + R_{NIR}) \tag{6.1}$$

式中，R_{Green}为绿光波段反射率，R_{NIR}为近红外波段反射率。

基于上述各建模方式和建模方法以及不同土类下验证集的预测效果，遴选优化预测模型，最终决定以优化参量建模方式下的三次多项式SVM模型对研究区进行全区范围内的SOM含量估测。为防止异常值和水体的干扰，利用ENVI的bandmath功能实现相关区域的掩膜，并以全国第二次土壤普查养分分级标准为依据对皖北旱作

区的SOM含量进行分级，其中，小于6g/kg为6级，6～10g/kg为5级，10～20g/kg为4级，20～30g/kg为3级，30～40g/kg为2级，大于40g/kg为1级，结果如图6.11所示。从图6.11中可以看到，研究区SOM含量以3级和4级为主，其中3级面积占比最高，在6个等级土壤的总面积中占比为62%左右，4级则为26%。而1级、5级和6级占比较低，三者在总面积中的占比大约为4%。2级分布则较为分散，其中在研究区的东北部较为明显，表明东北部的SOM含量整体较高。综合分析可得，皖北旱作区SOM等级基本位于4级及以上，各级土壤整体分布较为均匀。

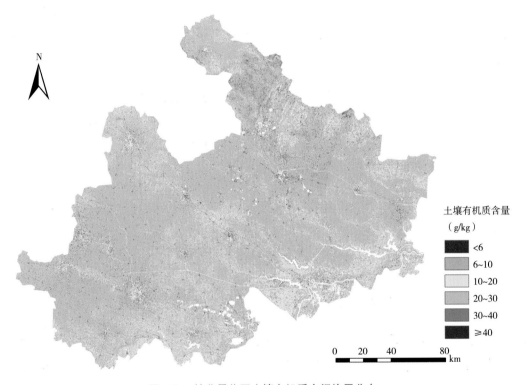

图6.11　皖北旱作区土壤有机质空间格局分布

五、小　结

本节利用Landsat-8卫星影像对皖北旱作区SOM遥感反演方法及空间分布格局进行了研究，结果表明，短波红外波段与表层SOM含量存在较高的相关性，而差值及差值倒数变换后可以很好地提升相关性。基于多元逐步回归模型选取的优化参量很好地表达光谱参量与SOM含量间的关系，实现SOM高精度预测。此外，基于优化参量建立的三次多项式SVM估测模型对黑土和褐土拥有较好的预测能力，表明利用多光谱卫星影像进行SOM定量反演是可行的。

第三节　基于地面高光谱遥感的土壤重金属含量遥感监测研究

随着工农业的迅速发展和城市化进程的加快，农田土壤污染问题也越来越突出，已成为世界性问题。根据2014年环境保护部和国土资源部发布全国土壤污染状况调查公报显示，全国土壤总的点位超标率为16.1%，其中，耕地土壤点位超标率为19.4%，耕地土壤环境质量堪忧。当土壤中重金属含量明显高于其自然背景值时，就会造成生态环境质量恶化，形成土壤重金属污染（贺军亮等，2015）。一般来说，引起土壤重金属污染的元素主要包括镉（Cd）、汞（Hg）、砷（As）、铜（Cu）、铅（Pb）、铬（Cr）、锌（Zn）和镍（Ni）8种元素，根据全国土壤污染状况调查公报显示，这8种重金属污染物点位超标率分别为7.0%、1.6%、2.7%、2.1%、1.5%、1.1%、0.9%和4.8%，工矿业、农业生产等人类活动和自然背景值高是造成土壤污染或超标的主要原因。鉴于我国土壤污染问题的日益突出，2016年5月，国务院印发了《土壤污染防治行动计划》（"土十条"），实施"土十条"是国家向污染宣战的3个重大战略之一，而土壤污染状况调查与土壤环境监测是打赢土壤污染战役的重要基础。

传统监测土壤重金属含量主要通过野外采样、室内化学分析、相关统计分析来判断污染对象，并可通过研究重金属元素的化合物价位或农作物生理应激反应来判断重金属元素的存在形态、迁移转化和生物学效应。这种方法虽然监测精度高，但存在工作步骤烦琐、受野外环境和样本质量的限制且费时费力的缺陷，不适合探测大尺度空间范围内连续的重金属污染物含量分布信息。因此，建立快速、宏观、动态的农田生态系统重金属含量及污染胁迫水平监测与评估体系势在必行。目前，利用遥感技术手段来监测和评估土壤重金属污染现状、动态迁移过程并预测其发展趋势已成为国内外学者研究的热点领域之一。Choe等（2008）最先利用高光谱数据对土壤重金属污染胁迫状况进行快速、高效、无损监测。国内，李巨宝等（2005）研究表明利用高光谱数据可以准确预测滏阳河两岸土壤的铁（Fe）、锌（Zn）、硒（Se）的含量；吴昀昭等（2005）通过对南京城郊的土壤研究表明，土壤中重金属含量的预测精度与铁（Fe）的含量有关，铁的含量越高重金属预测的精度就越高；龚绍琦等（2010）通过对滨海盐土的研究发现，利用光谱数据倒数对数法和连续统去除法可以有效得到光谱特征波段，并且这些波段可以有效地反映出土壤黏土矿物、铁锰化合物以及碳酸盐的光谱特征，并找出了土壤中的铬（Cr）、铜（Cu）、镍（Ni）的特征波段；陶超等利用高光谱数据实现了对湖南省郴州市和衡阳市两铅锌矿区土壤砷（As）、铅（Pb）和锌（Zn）含量的监测（陶超等，2019）。然而，也有研究指出，当土壤中重金属元素含量较低，反射电磁辐射能量弱，光谱特征不明显，容易被土壤其他成分的光谱特征所掩盖，因此通过直接分析重金属元素的特征光谱来估算其含量比较困难。因此，重金属与土壤中光谱活性物质（有机质、氧化物、黏土矿物、土壤水分等）的内在联系是基于土壤反射光谱研究重金属的基础。

本节对铁矿废弃地复垦重构土壤中3种主要重金属元素砷（As）、铬（Cr）和锌（Zn）的光谱特性和遥感监测方法研究进行介绍。

一、研究区与研究方法

研究区位于湖北省黄石市铁山区，研究区概况和土壤采样方法见本章第一节"基于地面高光谱遥感的土壤有机质含量遥感监测研究"。由于历史上长期的粗放开采导致大量固体废料、废渣等随意堆放，进而影响土壤环境状况，主要污染物类型为砷（As）、铬（Cr）和锌（Zn）等重金属污染。与土壤有机质处理方案一样，将风干后的土样研磨过100目筛并随机等分为2份，一部分土样（100g）用于土壤光谱检测，采用Filed Spec4便携式地物光谱仪测定；另一部分用于土壤As、Cr和Zn等重金属含量的化学分析，采用电感耦合等离子体质谱仪测定。

二、不同预处理条件下的光谱特性提取

为提取原始波段中不易被发现的光谱信息，突出光谱特征波段、分离平行背景值，对平滑后的土壤原始光谱反射率曲线进行一阶微分（FDR）和倒数对数（LR）2种光谱变换。经过变换后的光谱信息得到了明显的加强，光谱波段，特别是可见光波段的灵敏度提高了。FDR和SDR曲线的数值在正负值之间上下起伏，所反映出的光谱信息十分丰富，数值变化范围分别为：$-0.004 \sim 0.005$、$-0.008 \sim 0.012$。其中曲线变化幅度较大的区间有：$500 \sim 800nm$、$1\,300 \sim 1\,500nm$、$1\,860 \sim 1\,920nm$、$2\,020 \sim 2\,040nm$。LR曲线数值范围$0 \sim 1$，曲线整体较为平滑，形状类似于原始曲线的倒置，吸收峰出现的位置与原始波段大体相同。

三、土壤重金属含量反演模型构建

通过原始的光谱反射率曲线可以看出在某些波段处光谱反射率明显的突变情况，但是由于原始曲线的表达不是十分清晰，无法准确找出光谱的特征波段。光谱的特征吸收波段大致范围：470～600nm、800～1 500nm、1 360～1 430nm、1 840～2 030nm和2 110～2 210nm。将以上波段区间与土壤反射率的一阶微分、倒数对数和连续统去除法对应进行分析可得出光谱曲线对应的特征波段：495nm、545nm、675nm、995nm、1 425nm、1 505nm、1 935nm、2 165nm、2 205nm、2 275nm和2 355nm，与解宪丽等（2007）所提取的波段相同，但突出程度较大且峰值较多。由此可以看出铁锰化合物的大量富集使光谱反射率对重金属元素的响应更加明显。以此为基础可以得出不同重金属在不同的特征波段下对应的光谱特征值的相关系数（表6.6）。

表6.6 土壤重金属含量与光谱特征值的相关系数

特征波段	As		Cr		Zn	
	一阶微分	倒数对数	一阶微分	倒数对数	一阶微分	倒数对数
495	−0.445**	0.530**	−0.494**	0.497**	−0.548**	0.572**
545	−0.403**	0.583**	−0.454**	0.519**	−0.467**	0.596**
675	0.447**	0.509**	0.529**	0.423*	0.505**	0.485**
1 005	0.067	−0.663**	0.309	−0.550**	0.073	−0.561**
1 425	−0.424**	−0.619**	−0.509**	−0.532**	−0.471**	−0.464**
1 505	−0.241	−0.478**	−0.100	−0.434*	−0.282	−0.321
1 935	−0.485**	−0.594**	−0.287	−0.487**	−0.587**	−0.405*
2 145	0.460**	−0.519**	0.556**	−0.469**	0.498**	0.286
2 205	0.403**	−0.659**	0.497**	−0.558**	0.436**	−0.499**
2 265	−0.337*	−0.529**	−0.427**	−0.461**	−0.375*	−0.299
2 355	0.480**	−0.497**	0.459**	−0.416*	0.532**	−0.260

注：**表示达到0.01水平极显著相关；*表示达到0.05水平显著相关。

因重金属种类和光谱数据处理方式的不同，3种重金属元素在同一特征中所表现相关性有一定的差异，在不同的特征波段处均表现出了显著的相关性。其中重金属元素砷（As）采用一阶微分和倒数对数的处理方法得到相关性都比较强，在大多数的光谱波段中都达到了显著相关的水平，最高相关系数为0.663；铬（Cr）与原始的光谱波段无明显的相关性，但通过对光谱数据的处理，与特征波段的相关性明显增强达到了极显著的水平；锌（Zn）由于处理方式的不同相关性变化较大，用一阶微分进行处理后几乎均达到了显著相关以上，相比用连续统去除法的效果较差，仅在3个波段达到了显著相关水平。

通过对比相关系数的大小，选取与重金属相关性大的光谱波段，利用逐步回归分析的方法，对不同重金属元素和不同的处理方法进行分析。在进行处理前将从38组采样数据中均匀选取10组数据作为测试数据，另外28组数据带入逐步回归模型中进行分析。逐步回归分析的结果见表6.7。

表6.7 土壤重金属含量与光谱特征值的相关系数

重金属	变量	逐步回归模型	r
As	一阶微分	$y=49.073-151\,814.853x_{1\,935}-29\,689.826x_{2\,165}$	0.730**
	倒数对数	$y=-112.284+171.872x_{495}$	0.662*
Zn	一阶微分	$y=229.517-425\,014x_{2\,205}-176\,495x_{495}+861\,366x_{2\,355}-191\,415x_{2\,165}$	0.900**
	倒数对数	$y=-262.896+462.119x_{495}$	0.528*
Cr	一阶微分	$y=130.614-53\,468.004x_{495}-83\,254.344x_{2\,165}-151\,436.621x_{1\,505}+132\,960.97x_{2\,205}$	0.907**
	倒数对数	$y=-133.742+243.235x_{495}$	0.780**

注：**表示达到0.01水平极显著相关；*表示达到0.05水平显著相关。

可以看出用3种变量提取到的重金属逐步回归模型十分理想，所有的模型均为显著水平以上，r值均大于0.5，说明了土壤中的重金属含量与对应的光谱反射率之间有较好的线性关系。根据回归系数和显著性检验的结果，可以选择出3种重金属各自的最优逐步回归模型。

四、土壤重金属含量反演模型精度验证

X射线荧光分析仪凭借效率高、成本低等特点，在土壤重金属检测方面有广泛的应用。为进一步评价所建立的模型精度，将地物光谱仪测定的结果（本研究采用的方法）与X射线荧光分析仪测定的结果进行对比（图6.12）。总体上来说，测试点大部分位于中分线附近，建立的最优模型与土壤中重金属含量之间存在较好的相关性。Cr的预测效果最好，均方根误差RMSE为2.67；其次是Zn，RMSE为6.86；As的预测效果最差，RMSE为8.41。与荧光分析仪进行对比，荧光分析仪的检测结果均位于中分线以下，所有点的预测值都低于实测值；地物光谱仪的检测结果均匀分布在中分线两侧，且距离更近，特别是Cr、Zn的趋势线几乎与中分线重合。从检测精度上来看，地物光谱仪的检测结果精度较高，模型反演的结果比较理想。

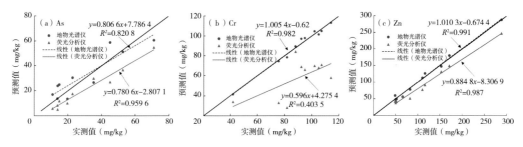

图6.12 不同土壤重金属检测方法的精度对比

五、小 结

本节利用地面高光谱遥感数据，开展了铁矿废弃地复垦土壤中3种主要重金属元素As、Cr和Zn的遥感反演方法研究。结果表明，从原始的光谱反射率曲线可以看出，土壤重金属含量对光谱曲线有一定程度的影响，但无法准确反映光谱特征波段。通过对原始数据进行一阶微分、倒数对数、连续统去除法3种预处理方法，可以有效提取出光谱的特征波段，重金属元素的特征波段：495nm、545nm、675nm、995nm、1 505nm、1 935nm、2 165nm、2 205nm、2 275nm和2 355nm，其中，以一阶微分与连续统去除法的处理效果最好。因此，基于光谱变换方法建立的As、Cr和Zn反演模型可以很好地提示各自重金属含量的监测精度。研究成果可以为土壤重金属检测提供方法参考。

第四节 基于TVDI指数的农田土壤含水量遥感监测研究

土壤水分对植物根系有着非常重要的影响。俗话说："有收无收在于水，收多收少在于肥"。可见水分直接决定着作物的生存问题。这里的"肥"并非指狭义上的化肥、沤肥和堆肥等肥料，而是指广义的土壤肥力，即土壤中水、肥、气和热4大因素协调作用的结果。植物与外界存在一种平衡关系，即当土壤中的水分含量比较高的时候，植物中的水分会通过根系的膜进入植物的体内，伴随着土壤中大量的无机营养元素。但是当土壤中的水分含量不足时，植物根系中的浓度就低于外界的生长环境，这使得活动主要是根系通往土壤环境中的比较多，而土壤中的各元素进入植物体内的则是偏少，会对植物的生长需要有所影响，因而在生长的过程人们通常需要监测土壤含水量或墒情来进行协调水肥之间的关系。

利用遥感手段监测土壤水分的方法有热惯量法、蒸散法、植被指数法、植被指数和温度法等。热惯量法通过求解地表热传导方程来实现，表达形式多样、参数复杂，并且主要针对低植被覆盖的区域。蒸散法主要利用气象资料协同作物冠层温度反演土壤含水量，同样涉及大量参数，实现过程复杂。植被指数法借助于植被指数与植被覆盖下的土壤含水率相关性实现土壤水分监测，有一定的滞后性，不利于及时获取田间信息。利用植被指数与温度结合进行土壤湿度的反演，是对于土壤干湿状态的一种新理解，现已被广泛研究应用。Price（1990）、Carlson等（1994）基于陆表温度（Ts）和NDVI之间的散点图，发现当研究区域的植被覆盖度范围较大，Ts和NDVI为横纵坐标得到的特征空间呈三角形；Sandholt等（2002）在研究土壤湿度时发现，Ts-NDVI的特征空间中有很多等值线，于是提出了温度植被干旱指数（TVDI），并将湿边Ts_{min}处理成与NDVI轴平行的直线，干边Ts_{max}与NDVI呈线性关系。TVDI的计算公式如下。

$$\mathrm{TVDI} = \frac{Ts - Ts_{min}}{Ts_{max} - Ts_{min}} = \frac{Ts - Ts_{min}}{a + b\mathrm{NDVI} - Ts_{min}} \qquad (6.2)$$

式中，Ts为给定像元的地表温度；Ts_{max}和Ts_{min}相当于给定像元相同NDVI值下的最高温度与最低温度，即干边和湿边。

对于每个像元，利用NDVI确定Ts_{max}，根据T在Ts-NDVI空间中的位置，计算TVDI。TVDI越大，土壤湿度越低，反之，土壤湿度越高。估计这些参数要求研究区地表覆盖从裸土变化到密闭植被覆盖，土壤表层含水量从萎蔫含水量变化到田间持水量。目前，利用TVDI法监测土壤湿度的应用十分普遍，使用的数据大多来自AVHRR、MODIS传感器，以实现大范围、日覆盖的土壤湿度监测。相对于成熟的MODIS、AVHRR数据，利用Suomi-NPP卫星传感器数据进行土壤水分遥感反演的研究还较少。

本节以Suomi-NPP卫星VIIRS传感器产品为数据源，选取我国西北典型干旱区作为研究区，基于TVDI构建土壤含水量反演模型，并进行区域应用。基于TVDI的原理，将Ts-NDVI特征空间简化处理为三角形的同时，对Ts_{max}和Ts_{min}同时进行线性拟合，拟合方程如下。

$$Ts_{max} = a_1 + b_1 \times \mathrm{NDVI} \qquad (6.3)$$

$$Ts_{min} = a_2 + b_2 \times \mathrm{NDVI} \qquad (6.4)$$

式中，a_1和b_1为干边拟合方程的系数，a_2和b_2为湿边拟合方程的系数。

一、研究区与研究方法

研究区位于新疆维吾尔自治区北部乌苏境内的新疆农七师125团，该地区地处天山北坡，奎屯河下游冲积平原上，准噶尔盆地西南边缘，古尔班通古特沙漠西面。地理坐标44°33′~44°53′N，84°15′~84°37′E，总面积约471km²。研究区气候类型属典型的内陆干旱荒漠大陆性气候，冬寒夏炎，昼夜温差大，干旱少雨，年平均降水量160.9mm；日照长，全年日照时数平均为2 620h，年太阳总辐射量为127.5cal/cm²，对于农业发展十分有利。

野外试验于2015年6月29日至7月10日进行，利用TDR-300土壤水分仪首先测定获取土壤体积含水量，然后利用土样容重转换法将体积含水量转换为质量含水量，土壤含水量实测样点分布如图6.13所示。遥感数据利用Suomi-NPP卫星搭载的VIIRS传感器的每日地表反射率产品（GIGTO-VI1-5BO）与每日陆表温度产品（GMTCO-VLSTO）。然后基于TVDI构建土壤含水量反演模型。

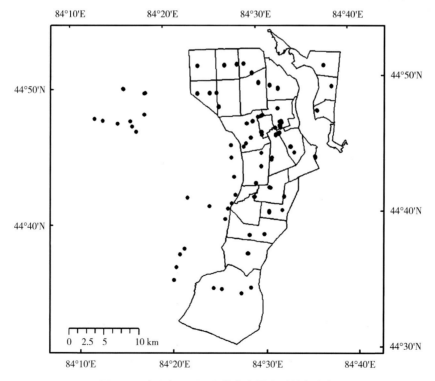

图6.13 农七师125团土壤含水量实测样点分布

二、基于TVDI指数的土壤含水量反演模型构建

基于Suomi-NPP卫星VIIRS传感器产品，提取所有NDVI所对应的陆地表温度最大值和最小值，形成Ts-NDVI特征空间（图6.14）。

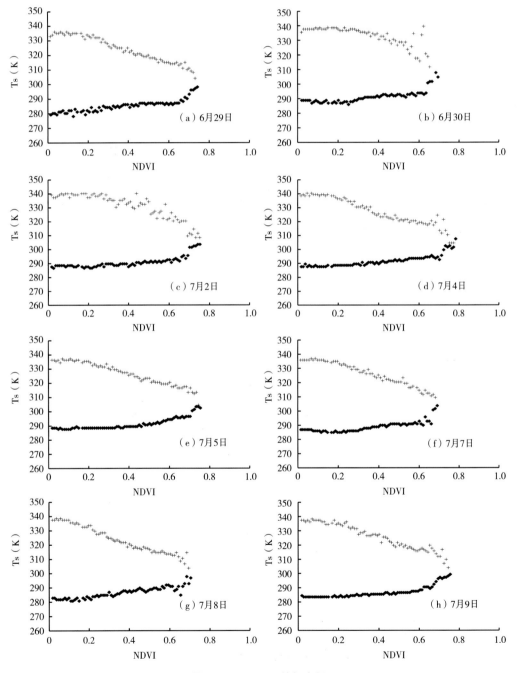

图6.14　Ts-NDVI特征空间

从图6.14可以看到，Ts-NDVI特征空间符合TVDI三角形的空间分布规律。当NDVI<0.1时，对应于戈壁地区与团场裸地，此时基本无植被覆盖，TVDI结果无法反映该处的土壤含水量状况。0.1<NDVI<0.7时，所对应的地区涵盖荒地、草地及农田，随着NDVI值的升高植被量增加，使地表将热辐射转化为潜热的能力增强，Ts的最大值降低，并呈现线性关系。NDVI>0.7时，NDVI呈饱和状态，对植被覆盖度的反应灵敏度降低，使得TVDI法对土壤含水量的表达能力变弱。对于Ts的高低异常值进行剔除，各时期TVDI干边和湿边方程拟合如表6.8所示。

表6.8　各时期TVDI干边和湿边方程拟合

日期	湿边方程		干边方程	
	方程	相关系数	方程	相关系数
6月29日	$Ts_{min}=-42.389NDVI+339.66$	0.94	$Ts_{max}=17.317NDVI+278.55$	0.78
6月30日	$Ts_{min}=-35.188NDVI+344.09$	0.61	$Ts_{max}=17.316NDVI+285.29$	0.63
7月2日	$Ts_{min}=-38.477NDVI+346.44$	0.78	$Ts_{max}=14.917NDVI+285.49$	0.61
7月4日	$Ts_{min}=-42.15NDVI+343.95$	0.92	$Ts_{max}=16.137NDVI+285.71$	0.75
7月5日	$Ts_{min}=-38.009NDVI+341.3$	0.94	$Ts_{max}=16.104NDVI+285.58$	0.72
7月7日	$Ts_{min}=-44.039NDVI+342.88$	0.95	$Ts_{max}=15.746NDVI+284.46$	0.64
7月8日	$Ts_{min}=-48.703NDVI+340.9$	0.95	$Ts_{max}=17.369NDVI+280.46$	0.82
7月9日	$Ts_{min}=-43.364NDVI+343.38$	0.90	$Ts_{max}=16.305NDVI+281.14$	0.69

将8期影像的干湿边系数的均值作为研究区通用TVDI计算方法，干湿边方程分别如下。

$$Ts_{max}=-4.540NDVI+342.825 \tag{6.5}$$

$$Ts_{min}=16.401NDVI+283.335 \tag{6.6}$$

式中，Ts_{max}与Ts_{min}分别为干边与湿边值，NDVI为归一化植被指数，依据公式（6.5）和（6.6），得到最终的TVDI通用方程如下。

$$TVDI=\frac{(Ts-16.401NDVI-283.335)}{(57.941-59.490NDVI)} \tag{6.7}$$

式中，TVDI为温度植被干旱指数值，Ts为陆表温度，NDVI为归一化植被指数。

利用地面实测土壤含水量数据，对TVDI监测土壤含水量的效果进行评估，将所有实测样点的土壤含水量数据与TVDI值进行线性相关性拟合（图6.15），结果表明，TVDI与土壤含水量之间具有较好的线性相关性，决定系数R^2为0.647 5。因此，VIIRS-TVDI方法可以适用于该地区的土壤含水量反演。

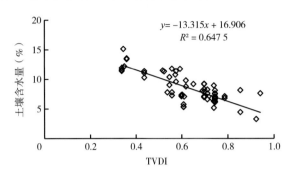

图6.15　不同土壤含水量的TVDI结果对比

三、区域土壤含水量遥感反演与空间分布特征分析

利用上述土壤含水量与TVDI之间的拟合模型，以7月8日为例，对天山北坡经济带7月8日土壤含水量进行遥感反演，结果如图6.16所示。研究区中部和西南部土壤含水量相对较高，含水量总体在10%以上，这主要是由于该地区主要为农作物种植区，植被覆盖率高，相应的土壤持水能力也强。研究区东北部的土壤含水量相对较低，含水量总体低于8%，这主要是因为该地区为准噶尔盆地以及临近天山的地区，主要是地表植被覆盖率低的沙漠、沙地、戈壁或岩石等裸露土地以及高海拔地区，植被覆盖度低，土壤持水能力弱。

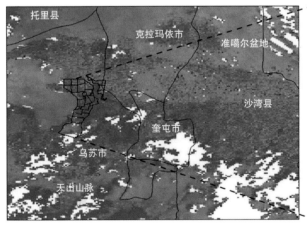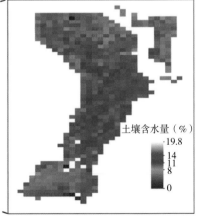

图6.16　天山北坡经济带7月8日土壤含水量遥感反演分布

四、小　结

本节利用MODIS/AVHRR的后继VIIRS产品，依其每日地表反射率产品（GIGTO-VI1-5BO）计算NDVI，结合每日陆表温度产品（GMTCO-VLSTO），计算新疆农七师125团2015年6月29日至7月10日的TVDI结果，利用同期地面实测土壤含水率进行验证，R^2=0.846，两者之间不相关的双尾检验值小于0.001。研究结果表明，构建的土壤湿度模型可以较好地反映农田土壤含水率，并将该模型推广到全天山北坡经济带地区。本研究利用VIIRS数据构建的TVDI特征空间表现优秀，拟合结果良好；该数据因其自身幅宽、高时间分辨率等优势，应用于新疆农田土壤湿度监测具有一定优势。

第七章　土壤养分参数空间变异与空间预测研究

土壤是复杂的历史综合体，是在地球表面生物、气候、母质、地形、时间等因素综合作用下的产物。农田土壤养分状况反映了土壤的肥力水平，是土壤质量诸因素中的重要成分。农田土壤养分参数特性，包括有机质、氮、磷、钾等养分以及综合肥力等，是农田土壤肥力高低的重要标志。土壤质地等土壤物理参数状况对土壤的通透性、保蓄性、耕性、养分含量及其在土壤—作物系统中的运移、吸收和转运过程均有影响。然而，土壤养分空间变异性是土壤的重要属性之一，无论在大尺度上还是在小尺度上均存在土壤养分的空间变异，开展土壤养分空间变异研究对于科学合理地制订农田施肥方案，提高养分资源利用率，实现精准农业都具有重要意义。本章介绍农田土壤有机质、氮磷钾、质地以及综合肥力的空间变异特征与空间预测方法等研究。

第一节　利用环境变量辅助的农田土壤有机质含量空间变异与空间预测研究

土壤有机质（SOM）是作物所需的氮、磷、钾、微量元素等各种养分的主要来源之一。它与土壤的结构性、通气性、渗透性和吸附性、缓冲性有密切的关系，通常在其他条件相同或相近的情况下，在一定含量范围，有机质的含量与土壤肥力水平呈正相关。因此，掌握有机质含量的空间变异规律对土壤肥力的调节及农业生产的可持续发展都有重要的现实意义。结合地统计学方法来分析土壤属性的空间变异特征一直是相关研究领域的热点。在区域尺度上，地形、土地利用、气候等因子是环境因子影响土壤属性空间分布的主要因素。如果这些数据量丰富且容易获取的环境因子能够来辅助提高土壤有机质的空间预测精度，这在经济方面和环境方面都具有应用价值。相关研究已经证实，通过回归克里格方法（Regression Kriging，RK）利用数据量丰富的环境变量可以提高土壤属性的空间预测精度。RK法首先通过目标变量和环境变量之间的相关性来进行目标变量的全局趋势拟合，然后通过克里格方法进行残差的变异函数分析和插值，最后将趋势部分和残差部分进行相加，从而实现目标变量的空间预测。从选择的环境变量类型来分，可分为连续变量与分类变量。连续变量如养分含量值、高程、坡度和植被指数等，分类变量如土地利用、土壤质地类型和土壤母质类型等。本节主要介绍基于不同类型环境变量辅助的农田土壤有机质含量空间变异与预测方法研究。

一、研究区与研究方法

研究区为北京市密云区，共采集了469个土壤样点（图7.1），其中，随机选择79个作为验证点，其余390个作为训练点。基于北京市1∶5万的高精度数字高程图，采用地形分析系统DiGEM获取地形的基本属性和复合属性。其中，基本属性包括高程（h，cm）、坡度（β，°）和坡向（α，°）；复合属性包括地形湿度指数（WTI）和汇流动力指数（SPI）。分类变量包括土壤质地类型和土壤母质类型。研究区土壤质地类型包括中壤质、壤质、砂壤质等，土母质类型以长石岩类风化物为主（图7.2）。

采用多元线性回归（MLSR）和RK（包括RK-B模型和RK-C模型）预测SOM空间分布格局，并与普通克里格法进行比较。其中，RK-B模型是对SOM的趋势部分和残差部分均采用普通克里格法进行估算，而RK-C模型只对SOM残差部分采用普通克里格法进行估算，具体计算方法见参考文献（张世文，2011）。为了比较不同环境变量组合对于预测精度的提高的程度，2组环境变量组合被用来执行MLSR，第1组为经常使用的环境变量，包括h、β、WTI和SPI；第2组为基于本研究土壤有机质因素分析结果而选择的环境变量组合，包括h、β、

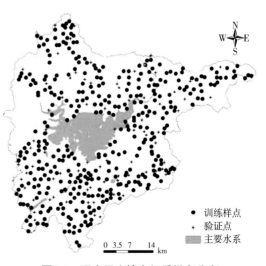

图7.1　研究区土壤有机质样点分布

WTI、SPI、土壤质地和母质类型。

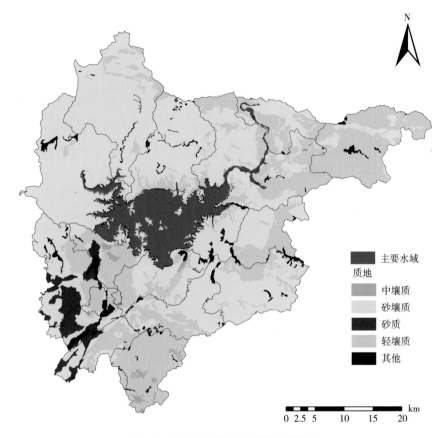

图7.2　研究区土壤质地类型空间分布

二、土壤有机质含量描述性统计分析

通过对全样本SOM的统计特征和概率分布分析表明（表7.1），土壤有机质含量处于2.05～38.73g/kg，变幅为36.68g/kg。变异系数为0.42，处于0.1～1.0，表明土壤有机质呈中等变异性。偏态值和峰值分别为1.026和1.883，K-S检验的P值为0.089（>0.05），符合正态分布。

表7.1　研究区土壤有机质描述性统计特征

土壤变量	最小值（g/kg）	最大值（g/kg）	平均值（g/kg）	标准差（g/kg）	变异系数	偏态值	峰值	K-S检验P值
SOM	2.05	38.73	14.29	6.123 2	0.42	1.026	1.883	0.089

三、土壤有机质线性回归预测

采用多元线性逐步回归方法分析了SOM与2组变量组合的相关性，相关参数见表7.2。

表7.2　土壤有机质和其他环境变量多元逐步回归剔除变量的参数

组合	剔除变量	标准化回归系数	t检验值	P	偏相关系数	容忍度
第1组合 （h、β、WTI 和SPI）	β	-0.10	-2.11	0.04	-0.10	0.66
	WTI	-0.04	-0.96	0.34	-0.04	0.89
	STI	-0.09	-2.30	0.02	-0.11	0.94
第2组合 （h、β、WTI、 SPI、土壤质地 和母质类型）	β	-0.12	-2.56	0.01	-0.12	0.65
	WTI	-0.02	-0.46	0.64	-0.02	0.87
	STI	-0.10	-2.46	0.01	-0.11	0.94
	壤质	-0.07	-1.74	0.08	-0.08	0.83
	砂壤质	0.10	2.43	0.02	0.11	0.94
	砂质	-0.05	-1.32	0.19	-0.06	0.99
	细砂质	-0.08	-1.69	0.09	-0.08	0.69
	中壤质	0.00	-0.09	0.93	0.00	1.00
	非碳酸岩类	-0.01	-0.13	0.89	-0.01	0.93
	钙质岩类风化物	-0.07	-1.74	0.08	-0.08	0.98
	硅质岩类风化物	0.03	0.69	0.49	0.03	0.93
	洪积冲积物	0.02	0.39	0.69	0.02	0.97
	黄土性母质	0.00	-0.03	0.98	0.00	0.96
	人工堆垫物	0.02	0.42	0.68	0.02	0.97
	铁镁质岩类风化物	0.02	0.43	0.67	0.02	0.99
	长石岩类风化物	-0.08	-2.05	0.04	-0.09	0.98

通过MLSR后，对于第1组变量组合，高程（h）进入回归方程，而对于第2变量组合来说，高程和冲积物（Alluvial Deposit，"AD"）进行回归方程。

$$SOM=9.45+0.019h \quad （R^2=0.285，P<0.001） \quad （7.1）$$

$$SOM=10.07+0.017h-2.808AD \quad （R^2=0.308，P<0.001） \quad （7.2）$$

上述回归公式显示，土壤有机质和相关辅助变量存在明显的相关性；在一定程度上，通过空间变异的分析能够提高土壤有机质方程的拟合效果。考虑了土壤质地和母质类型的方程（7.2）的决定系数比方程（7.1）更大，分类变量的引入能够被更多解释土壤有机质变异程度。采用上述的拟合方程，利用训练样本的高程和母质类型来预测验证点的土壤有机质。

基于上述的回归结果，辅助变量被分成2组，外部趋势1（ET1）为高程，外部趋势2（ET2）为高程和冲积物。

四、基于不同辅助变量组合的土壤有机质含量半方差函数分析

采用公式（7.1）和公式（7.2）计算训练样本SOM的回归预测值和回归残差。为了获取土壤有机质预测值和残差的最优半方差函数，先对其进行正态分布检验，结果显示不同外部趋势辅助下的2个预测值均呈对数正态分布，残差呈正态分布。在充分考虑预测值和残差的趋势效应的基础上，采用ArcGIS地统计模块获取预测值和残差的半方差函数，图中红色实点代表样本变异函数值，蓝色实线代表对其拟合的变异函数模型（图7.3）。

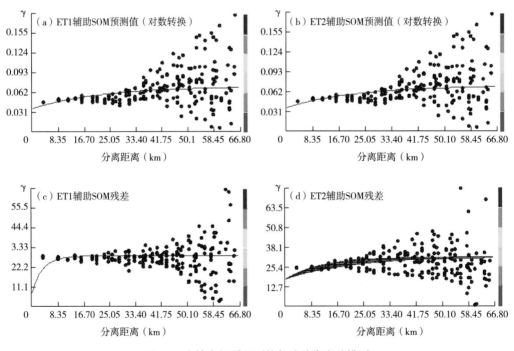

图7.3　土壤有机质预测值与残差半方差模型

表7.3为土壤有机质预测值和残差半方差函数模型及其特征参数。根据块基比值$C_0/(C_0+C_1)$可以看出，ET1辅助下的SOM预测值和残差的$C_0/(C_0+C_1)$小于0.5，表

明两者的空间变异主要由结构性因素导致；而ET2辅助下的SOM预测值和残差的$C_0/$（C_0+C_1）在0.5左右，表明两者的空间变异受结构性因素和随机因素的影响相当。

表7.3 SOM预测值和残差半方差函数模型及特征参数

类型	正态分布	模型	趋势	变程（km）		C_0	C_1	$C_0/$（C_0+C_1）
				长轴	短轴			
ET1辅助SOM预测值	对数正态	指数	二阶	30.62	28.08	0.007	0.008	0.47
ET2辅助SOM预测值	对数正态	指数	二阶	65.14	65.14	0.036	0.035	0.51
ET1辅助SOM残差	正态	指数	二阶	10.01	10.01	5.410	22.81	0.19
ET2辅助SOM残差	正态	指数	二阶	62.44	34.82	16.91	14.70	0.53

五、基于不同辅助变量组合的土壤有机质含量空间预测的精度分析

根据回归预测值和回归残差的半方差参数和模型，采用ET1和ET2辅助下的RK-B和RK-C方法估测验证点。图7.4为不同辅助变量组合下的不同预测方法的预测值和实测值比较图。由图7.4可知，回归预测模型平滑效应较强，预测数据有一个趋中趋势，须对残差再进行预测以降低预测残差，提高预测精度。在ET2的辅助下的预测结果与实测值最为接近。

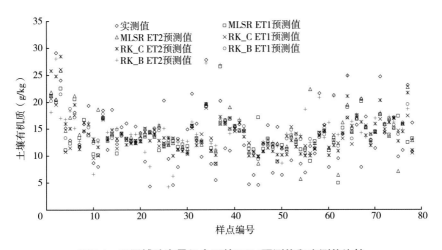

图7.4 不同辅助变量组合下的SOM预测值和实测值比较

为比较不同外部趋势辅助下各种空间预测方法预测精度和模型拟合效果，计算RMSE和MSDR。

$$MSDR = \frac{1}{n}\sum_{i=1}^{n}\frac{\left(z(x_i) - \hat{z}(x_i)\right)^2}{\sigma_i^2}$$ （7.3）

式中，$z(x_i)$为SOM实测值，$\hat{z}(x_i)$为SOM预测值，σ_i^2和n分别为SOM预测值的预测方差和验证样本数。MSDR用来评价理论变异函数的拟合度，MSDR值越接近1，拟合的变异函数越准确（张世文，2011）。

在ET2辅助下的RK-C的RMSE最小，而在ET1辅助下的RK-B的RMSE最大，就不同方法而言，在环境变量辅助下的相关预测方法预测精度比普通克里格法要高，以往传统的土壤分级制图法及样点数据空间内插等方法，比较适用于较均一的环境，但对于高度异质的景观，传统的方法较难得到理想的空间预测结果。环境变量辅助下的回归克里格法MSDR更小，模型拟合效果更好。就同一种方法而言，ET2的RMSE要比ET1的小，这也说明了分类变量的引入能够提高土壤有机质空间预测精度（表7.4）。

表7.4　不同辅助变量组合下多元线性逐步回归方法和回归克里格方法SOM预测结果验证

预测方法	ET1		ET2	
	RMSE	MSDR	RMSE	MSDR
MLSR	0.539 0	1.653 6	0.444 3	1.765 4
RK-B	0.509 0	2.015 0	0.448 0	1.667 5
RK-C	0.505 0	1.586 9	0.434 0	1.373 8

为了更加直观地反映不同辅助变量组合下各种空间预测方法的预测精度，以普通克里格法的RMSE（=0.537 0）为基准，计算了不同预测方法的RMSE相对提高值（RI）（图7.5）。

从图7.5可以直观地看出，不论采用何种方法，ET2辅助下的预测精度要比ET1高；不论在何种环境变量辅助下，RK-C法预测精度最高，ET2辅助下的RK-C法相对普通克里格法RMSE的提高值达到19.24％，是同样空间预测方法ET1辅助下的4倍。

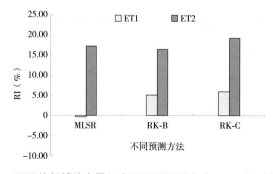

图7.5　不同外部辅助变量组合下不同预测方法RMSE相对提高值

六、基于不同辅助变量组合的土壤有机质含量空间分布特征分析

利用不同外部趋势辅助下的空间预测方法，绘制了研究区土壤有机质空间分布图，如图7.6所示。结果显示，不同辅助变量组合下，各种空间预测方法得到的土壤有机质空间分布图的格局基本一致，有机质较高的区域主要在北部，较低的区域主要分布在西南部。RK-B法预测的土壤有机质极差更窄，而MLSR和RK-C预测的土壤有机质极差更宽，相对比较符合研究区高度异质性的景观特点。

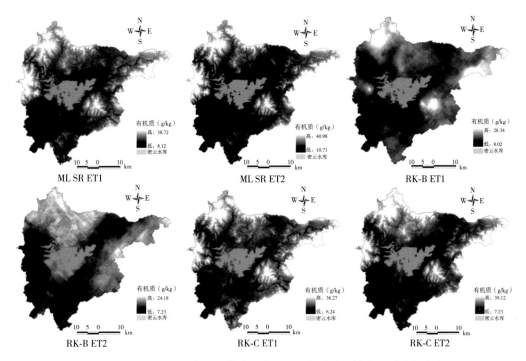

图7.6　基于不同环境变量组合辅助空间预测方法的土壤有机质空间分布

七、小　结

本节运用不同类型环境变量辅助下的回归克里格法进行了土壤有机质空间预测研究。在土壤有机质空间变异影响因素分析的基础上，将与土壤有机质空间变异规律有密切关系的环境因子作为土壤有机质空间预测的辅助变量（包括分类变量和地形因素等）考虑到空间预测中去。研究结果显示，决定土壤有机质的空间分布格局的主要是地形、土壤质地和母质类型等自然因素。基于同一种方法而言，采用基于土壤有机质空间变异研究结果而形成的辅助变量组合，即在通常的辅助变量组合的基础上将分类变量纳入土壤有机质空间预测中，能够较大幅度的提高空间预测精度。

第二节　县域尺度农田土壤氮、磷、钾含量空间变异与空间预测研究

　　氮（N）、磷（P）、钾（K）是植物生长必需营养元素。作物的生长发育对氮、磷、钾的需求较多，而土壤中含量却较少，需要通过施肥给予补充。因此，通常把氮、磷、钾称为"肥料三要素"。氮、磷、钾不能互相代替，必须很好地配合施用。大量的研究结果表明，化肥在粮食增产中的贡献率高达40%～50%（张福锁，2006）。我国民间也有俗谚："庄稼一枝花，全靠粪当家"，说的就是肥料对粮食增产、农民增收的巨大作用。然而在农业生产中化肥施用氮、磷、钾配比不当，重视氮磷肥的施用，尤其是氮肥的施用，而轻视钾肥的施用等，这些均造成农田土壤养分比例失调，肥料利用率下降，土壤肥力降低。了解土壤属性（物理、化学及生物性质）尤其是土壤养分的空间变异特征，是管理好土壤养分和合理施肥的基础，不仅可以提高作物产量，降低农业成本，而且可以保护生态环境。一般来讲，大尺度的土壤养分空间变异研究主要为生态地理区划、土壤环境、农业宏观管理决策等提供可靠的数据基础；中小尺度的土壤养分空间变异研究有利于合理布局种植制度，改善田间管理，制定合理的施肥灌溉措施。县域是我国行政管理的基本单元，开展县域尺度下农田土壤氮、磷、钾含量空间变异特征研究对于科学制订农田施肥方案，提高养分资源利用率，促进测土配方施肥技术的发展具有重要意义。本节以河南省滑县为例，对农田土壤全氮、有效磷、速效钾的空间变异特征进行研究分析，以期为农田科学施肥管理提供决策支持。

一、研究区与研究方法

　　研究区位于河南省东北部的滑县，该地区属于温带大陆性季风气候，四季分明，气候湿润，雨量充沛，平均降水量为634.3mm，年平均气温14.2℃。光照充足，热量丰富，能够满足两季农作物生长的需要。滑县是河南省的产粮大县，有"豫北粮仓"之称，其粮食作物主要为小麦和玉米。

　　研究所需土壤养分数据来源于滑县2009年与2012年测土配方施肥工作的土壤采样。土壤样点的采集按照3个原则，一是随机原则，取土时随机取样，避免趋利避害；二是等量原则，每个样点的取土量是一定的；三是多点混合原则，在每个采集位

置取多个土样，并混合以达均匀取土效果。2009年在研究区域共选择土壤样点610个；2012年在研究区选择590个土壤样点。每个土壤样点设10个取土点，取土深度在土壤表层以下20cm；将10个取土土样充分均匀混合，以便保存完整的土壤属性；最后采用GPS来准确记录每个采样点的坐标。研究区域位置与土壤采样点分布如图7.7所示。

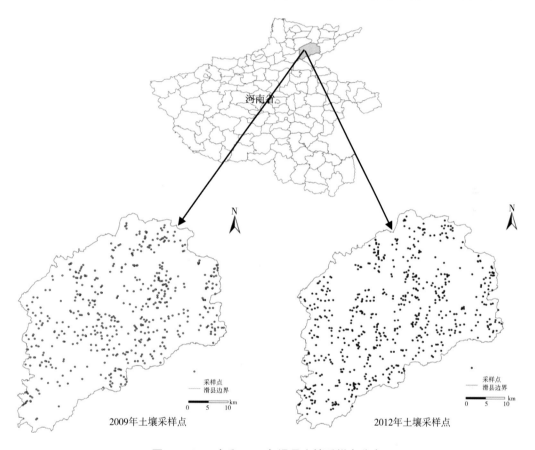

图7.7　2009年和2012年滑县土壤采样点分布

二、土壤氮、磷、钾含量描述性统计分析

2009年和2012年滑县土壤全氮、有效磷和速效钾含量描述性统计结果如表7.5所示，2009年全氮含量在0.33～1.35g/kg，有效磷的含量在0.6～63.6mg/kg，速效钾的含量在30～233mg/kg；2012年全氮含量在0.33～1.4g/kg，有效磷的含量在1.9～53.8mg/kg，速效钾的含量22～229mg/kg。从土壤养分含量的均值来看，除速效钾外，2012年的土壤全氮和有效磷含量均略高于2009年。2009年全氮、有效磷和速效钾含量的变异系数分别为18.1%、75.6%和33.5%，而2012年全氮、有效磷和速效钾含量的变异系数分

别为19.5%、84.2%和44.8%，可以明显看出2012年的变异系数均大于2009年的变异系数，其中，有效磷和速效钾的变异系数增加了10%左右。从不同土壤养分来看，2009年和2012年有效磷的变异系数均高于全氮和速效钾，分析其原因可能是因为作物对磷的吸收较少，且收支平衡不均，导致磷过量剩余；此外，还可能与施肥方式和耕作制度有关。

表7.5　2009年和2012年滑县土壤养分含量数据描述性统计结果

土壤养分	年份	最小值	最大值	平均值	中值	标准差	偏度	峰度	变异系数（%）
全氮 （g/kg）	2009	0.33	1.35	0.83	0.84	0.15	−0.15	3.69	18.1
	2012	0.33	1.40	0.87	0.87	0.17	−0.01	4.10	19.5
有效磷 （mg/kg）	2009	0.60	63.60	11.40	8.90	8.62	0.09	2.87	75.6
	2012	1.90	53.80	12.10	8.50	10.19	0.37	2.81	84.2
速效钾 （mg/kg）	2009	30.00	233.00	97.80	90.00	32.76	0.45	3.08	33.5
	2012	22.00	229.00	90.40	78.00	40.46	0.34	2.90	44.8

三、土壤氮、磷、钾含量半方差函数分析

2009年与2012年滑县土壤全氮、有效磷和速效钾含量半方差函数模型及特征参数如表7.6所示，2009年土壤全氮和速效钾的半方差函数与指数模型拟合度较高，而有效磷的半方差函数拟合模型为高斯模型。2012年土壤全氮、有效磷和速效钾半方差函数的最优拟合模型均为指数模型。从块金值C_0和基台值$Sill$的比值块基比（$C_0/Sill$）来看，2009年土壤养分的$C_0/Sill$在10.7%～16.6%，均小于25%，说明2009年这3种土壤养分具有很强空间自相关性，引起变异的原因主要是土壤母质、气候和地形等结构性因素。2012年土壤全氮和有效磷的$C_0/Sill$分别为14.3%和10.6%，说明这2种养分空间自相关性较强，引起空间变异的主要因素是结构性因素；而土壤速效钾的$C_0/Sill$分别为49.7%，说明该养分具有中等程度的空间相关性，引起两者的变异主要由结构性因素和随机因素共同作用。从变程来看，2009年土壤养分的空间自相关范围在1 212～3 550m，有效磷的空间自相关范围最小，为1 212m；这可能与当地人们使用磷素肥料具有差异性有关，也可能是由于土壤的吸收磷肥的程度不同，导致磷肥残留

量具有区域化差异。2012年的土壤养分的空间自相关距离在2 100～16 230m，较2009年均有很大程度的提升，尤其速效钾的空间自相关距离达到16 230m。

表7.6　2009年与2012年滑县土壤养分半方差函数模型及特征参数

土壤养分	年份	分布类型	模型	块金值C_0	基台值$Sill$	块基比$C_0/Sill$（%）	变程（m）	R^2
全氮	2009年	正态分布	指数模型	0.003 1	0.029 1	10.7%	2 580	0.76
	2012年	正态分布	指数模型	0.005 7	0.040 0	14.3%	6 030	0.89
有效磷	2009年	对数正态	高斯模型	0.082 0	0.493 0	16.6%	1 212	0.73
	2012年	对数正态	指数模型	0.047 0	0.442 0	10.6%	2 100	0.76
速效钾	2009年	对数正态	指数模型	0.018 3	0.165 6	11.1%	2 304	0.73
	2012年	对数正态	指数模型	0.098 9	0.198 8	49.7%	16 230	0.74

四、土壤氮、磷、钾含量空间分布特征分析

利用最优的半方差函数模型对土壤养分数据进行插值并制图。根据全国第二次土壤普查及土壤养分含量分级标准，结合滑县土壤全氮含量分布的实际情况，将全氮分为1级（>1.0g/kg）、2级（0.9～1.0g/kg）、3级（0.8～0.9g/kg）、4级（0.6～0.8g/kg）、5级（<0.6g/kg），并统计各土壤养分含量各分级的面积以及占滑县总面积的百分比。全氮分布如图7.8所示，2009年滑县西北部和东部地区的全氮含量要高于滑县其他地区且大部分处于3、4等级；2012年滑县中部地区全氮含量要低于四周地区。从全氮含量分级统计表中（表7.7）可得出，2009年土壤全氮含量等级1级至5级面积分别为14.53km²、318.04km²、1 102.84km²、147.46km²和32km²，其中，3级和4级共占总面积的88%；2012年土壤全氮含量等级1级至5级面积分别为199.74km²、440.95km²、683.89km²、401.9km²和8.82km²，其中，3级、4级和5级共占总面积的76.3%，2级和1级面积比2009年分别增加了122.91km²和185.21km²。整体来看，滑县的全氮水平处于中等偏上水平。

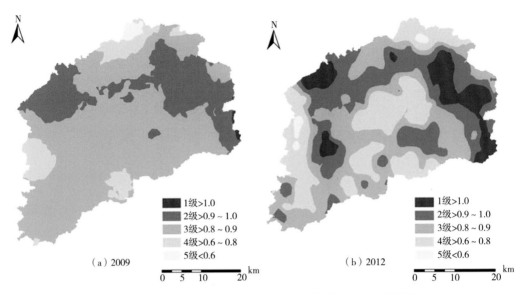

图7.8 2009年和2012年滑县土壤全氮含量（g/kg）空间分布

表7.7 2009年与2012年滑县土壤全氮含量分级统计

全氮等级（g/kg）	2009年		2012年	
	面积（km²）	比例（%）	面积（km²）	比例（%）
1级（>1.0）	14.53	0.9	199.74	11.5
2级（0.9~1.0）	318.04	19.7	440.95	25.4
3级（0.8~0.9）	1 102.84	68.3	683.89	39.4
4级（0.6~0.8）	147.46	9.1	401.90	23.2
5级（<0.6）	32.00	2.0	8.82	0.5

　　根据全国第二次土壤普查及土壤养分含量分级标准，结合滑县土壤有效率含量分布的实际情况，将土壤有效磷含量划分为5个等级，分别为1级（>20mg/kg）、2级（15~20mg/kg）、3级（10~15mg/kg）、4级（5~10mg/kg）和5级（<5mg/kg）。有效磷分布如图7.9所示，2009年滑县土壤有效磷含量中部区域和东部区域大部分处于2级，低于其他区域。2012年土壤有效磷含量较2009年发生了很大的变化，其含量有明显的提高，但中部区域和西部区域要低于其他区域。从土壤有效磷含量分级情况来看（表7.8），2009年有效磷含量1级至5级的面积分别为14.7km²、291.42km²、839.88km²、447.1km²和21.74km²，其中，2级、3级、4级的面积比例分别占18.1%、52.0%和27.7%；2012年有效磷含量1级至5级的面积分别为193.93km²、843.57km²、

518.42km²、178.4km²和0.95km²，其中，1级、2级和3级共占总面积的89.7%，2级和1级面积比2009年增加了179.23km²和552.15km²。整体来看，滑县有效磷的含量处于中等偏上水平。

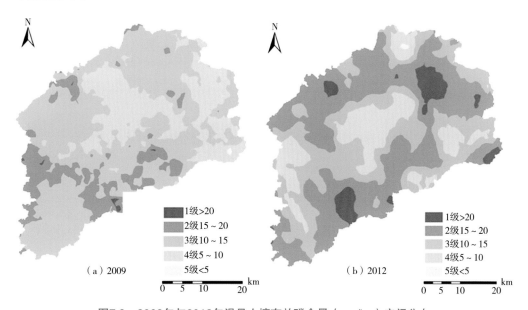

图7.9　2009年与2012年滑县土壤有效磷含量（mg/kg）空间分布

表7.8　2009年与2012年滑县土壤有效磷含量分级统计

有效磷等级（mg/kg）	2009年		2012年	
	面积（km²）	比例（%）	面积（km²）	比例（%）
1级（<5）	21.74	1.3	0.95	0
2级（5～10）	447.13	27.7	178.40	10.3
3级（10～15）	839.88	52.0	518.42	29.9
4级（15～20）	291.42	18.1	843.57	48.6
5级（>20）	14.70	0.9	193.93	11.2

　　根据全国第二次土壤普查及土壤养分含量分级标准，结合滑县土壤速效钾含量分布的实际情况，将土壤速效钾含量划为1级（>150mg/kg）、2级（100～150mg/kg）、3级（80～100mg/kg）、4级（60～80mg/kg）5级（<60mg/kg）共5个等级。从速效钾含量空间分布图中（图7.10）可以得出，2009年土壤速效钾含量分布不均，大致为中部地区和南部地区的含量较低；2012土壤速效钾含量较2009年有提高，其分布大致为东高西低，呈阶梯状分布。从土壤速效钾含量分级情况来看（表7.9），2009年速

效钾含量为1级至4级，面积分别为227.55km²、681.31km²、647.95km²和8.07km²，其中，2级、3级、4级的面积比例分别占14.5%、43.5%和41.5%；2012年有效磷含量为1级至5级，面积分别为104.9km²、547.36km²、557.43km²、439.67km²和65.88km²，其中，1级、2级和3级共占总面积的70.6%，1级和2级面积比2009年增加了104.90km²和319.81km²。总体来看，滑县土壤速效钾含量处于中等偏上水平。

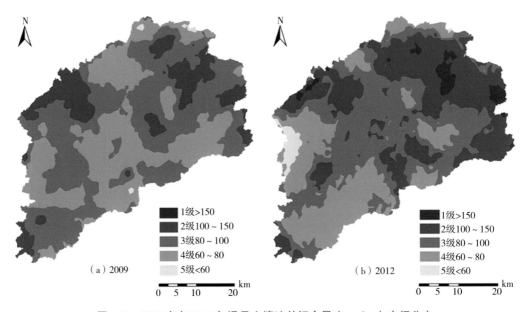

（a）2009　　　　　　　（b）2012

图7.10　2009年与2012年滑县土壤速效钾含量（mg/kg）空间分布

表7.9　2009年与2012年滑县土壤速效钾含量分级统计

有效磷等级（mg/kg）	2009年		2012年	
	面积（km²）	比例（%）	面积（km²）	比例（%）
1级（>150）	0	0	104.90	6.2
2级（100~150）	227.55	14.5	547.36	31.9
3级（80~100）	681.31	43.5	557.43	32.5
4级（60~80）	647.95	41.5	439.67	25.6
5级（<60）	8.07	0.5	65.88	3.8

五、小　结

本节运用GIS和地统计学相结合的方法，以河南省滑县为例，对区域农田土壤全氮、有效磷和速效钾含量的空间变异情况进行了研究与分析。结果表明，2019年土壤全氮、有效磷和速效钾含量具有很强空间自相关性，引起变异的原因主要是土壤母质、气候和地形等结构性因素；2012年，土壤全氮和有效磷含量仍处于强空间自相关性水平，而土壤速效钾含量空间相关性下降为中等程度水平，说明受人为活动等随机因素干扰越来越大。整体来看，滑县的全氮、有效磷和速效钾含量水平处于中等偏上水平。

第三节　基于对称对数比转换的农田土壤质地空间变异与空间预测研究

土壤质地是指土壤中各粒级占土壤重量的百分比组合。各国采用的土壤粒级的划分标准不一致。在中华人民共和国成立前采用美国制，成立后改用苏联的卡庆斯基制。至今世界各国采用的标准不尽相同，甚至有国家使用几种分级标准，我国使用的就有国际制、美国制、卡庆斯基制和中国制。土壤质地作为土壤重要的物理特征，受母质、气候、地形、地下水文等诸多因素的影响，在空间分布上呈现特定的规律性和结构性。土壤质地影响着土壤养分在土壤中的迁移、分布和利用效率，其空间变异研究对区域土壤改良、灌溉、培肥和生态农业区划有着重要的意义。

国内外学者早就认识到土壤质地的空间变异及影响因素，并开展了大量的研究工作。但有关土壤质地时空变异及其影响因素的研究尚存在一些不足，就方法而言，多数研究采用传统统计分析或是地统计中的1种，系统地研究土地质地确定性和随机性鲜为报道，方法上落后于其他土壤属性空间变异的研究。就研究对象而言，以往的研究忽略土壤质地数据的特殊性，结果导致插值结果不满足非负、并且之和为常数、误差最小和无偏估计4个条件。如何采用传统统计分析和地统计2种方法获取衡量土壤质地空间变异规律及其影响因素的相关参数，系统地研究土壤质地时空变异的确定性和随机性；如何通过数据的转换使土壤质地插值的结果满足成分数据的4个要求（张世文等，2011）。本节介绍基于对称对数比方法转换的普通克里格方法在土壤质地空间变异与空间预测中的应用研究。

一、研究区与研究方法

研究区为北京市东北部的平谷区，面积为1 075km²。该区域包括山地、平原、台地等多种地貌类型，地貌复杂，地势呈现西北、北、东、东南高，西南平坦的特点，典型的半山半平原的地貌影响了区域小气候、土壤、植被等因素的空间分布。土壤类型以淋溶褐土、普通潮土和普通褐土为主，淋溶褐土、普通褐土主要分布于实证区海拔较高的区域，普通潮土主要分布于平原区。土地利用以林地、园地和耕地为主。境内水资源丰富，有大小河流20余条，属海河流域蓟运河水系，自东北流向西南。主要水系为沟河，由东而西转南流贯全境，下游汇入蓟运河。

土壤样品的采集实施网格布点，网格大小为450m×450m，在此基础上根据土地利用、土壤类型等进行分层抽样，确定设计样点141个（图7.11）。采集0～20cm表层土样，每个样点在直径10m范围内取5点混合作为待测品带回室内分析。采用粒度分析仪法土壤质地，分级标准采用国际制；收集实证区2007年的1∶1万土地利用现状图、1∶5万高精度数字高程模型（DEM）和1∶5万土壤图等相关资料。

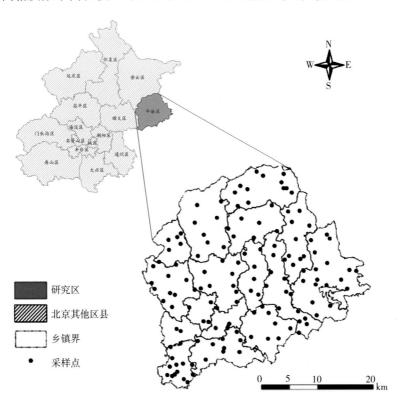

图7.11　北京市平谷区地理位置及土壤采样点分布

二、土壤质地颗粒组成描述性统计分析

利用SPSS 20.0计算样本的统计特征和概率分布，概率分布采用K-S法检验。表7.10显示，除了黏粒没有通过K-S正态分布检验（$P=0.001<0.05$），砂粒和粉粒的K-S检验的P值分别为0.35和0.77，均大于0.05，通过了K-S正态分布检验。砂、粉和黏粒的极差分别为65.47%、45.82%和17.192%，三者的变异系数分别为16.27%、24.39%和62.45%，各颗粒组成均称中等变异性。

表7.10　土壤质地颗粒组成描述性统计特征

粒级	最小值（%）	最大值（%）	平均值（%）	标准差（%）	偏度	峰值	变异系数（%）	K-S检验P值
砂粒	19.26	84.73	60.79	9.89	−0.59	1.56	16.27	0.350
粉粒	7.18	53.00	34.15	8.33	−0.19	0.38	24.39	0.770
黏粒	0.25	17.44	4.16	2.60	6.74	2.35	62.45	0.001

利用Sigmaplot绘制样本土壤颗粒组成三角图（图7.12）。根据国际分类体系，实证区样点土壤质地主要为沙质壤土。

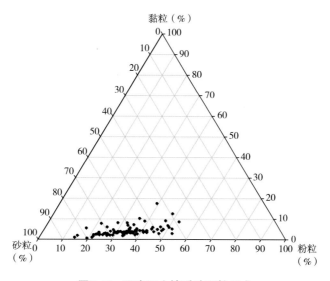

图7.12　研究区土壤质地颗粒组成

三、土壤质地颗粒组成半方差函数分析

为使土壤质地数据空间预测结果满足成分数据空间插值的要求，本节在进行地统

计分析前对样本数据进行对称对数比转换。采用地统计学方法获取土壤质地样本的半方差模型及相关参数，根据模型和参数分别分析土壤质地样本的空间自相关程度和预测土壤质地区域分布图。本研究在尽量消除空间插值趋势效应等噪音的基础上，对转换后的数据进行普通克里格插值，并将插值后的数据进行转回。

对称对数比公式如下。

$$\mu'_{ij}(x) = \ln \frac{\mu_{ij}(x) + \eta_j}{\left(\prod_{j=1}^{c} (\mu_{ij}(x) + \eta_j) \right)^{1/c}} \tag{7.4}$$

采用普通克里格法对土壤质地转换数据进行空间插值，并将插值结果进行转回，转回公式如下。

$$\mu'_{ij} = \left[\frac{\exp \mu'_{ij}(x)}{\sum_{j=1}^{c} \exp \mu'_{ij}(x)} - \frac{\eta_j}{1 + \sum_{j=1}^{c} \eta_j} \right] \left(1 + \sum_{j=1}^{c} \eta_j \right) \tag{7.5}$$

式中，$\mu_{ij}(x)$为第i个样点上第j种颗粒的相对含量（%），$\mu'_{ij}(x)$为第i个样点上第j种颗粒相对含量的转换值。η为常数，取研究区第j种颗粒除0外最小含量的一半。

考虑样本的趋势效应，利用GS+软件的半方差分析模块计算转换后训练样本砂、粉和黏粒的变异函数并进行模型拟合，选取残差和最小的变异函数模型为最佳拟合模型。结果如图7.13所示，砂粒、粉砂和黏粒的半方差函数均符合指数模型，砂粒、粉粒和黏粒空间自相关距离达到5.4km、5.28km和7.8km，表明研究区域土壤颗粒含量在较大空间范围内存在相关性。本研究中土壤表层中不同粒径颗粒含量由随机性因素（如试验误差、人为翻耕等）引起的变异性占总变异性的1%左右，而由结构性因素引起的变异性在98%以上，表明研究区域不同粒径土壤颗粒具有较强的空间自相关性。

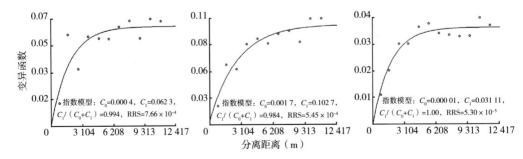

图7.13　各土壤颗粒组成对称对数比转换值半方差模型及特征参数

四、土壤质地颗粒组成空间分布特征分析

　　利用获取的半方差函数模型，预测研究区土壤各颗粒组成，各颗粒组成空间预测结果如图7.14所示。经过数据转换，插值后各颗粒组成之和为1，满足成分数据空间插值所需的4个条件。图7.14显示，土壤各颗粒组成空间分布总体趋势特征比较明显，对于砂粒，东部最小，中西部其次，最大的区域分布于东北部和马坊镇的西南部；而对粉粒和黏粒，正好与砂粒含量呈现相反的趋势。除上述规律性的分布特征外，各颗粒组成的空间分布还呈现一定无规律性，比如砂粒含量分布的中西部区域，出现大小含量值间隔分布。各土壤颗粒组成呈现出上述的分布特征是由地形、母质、水域等众多因素共同作用的结果。

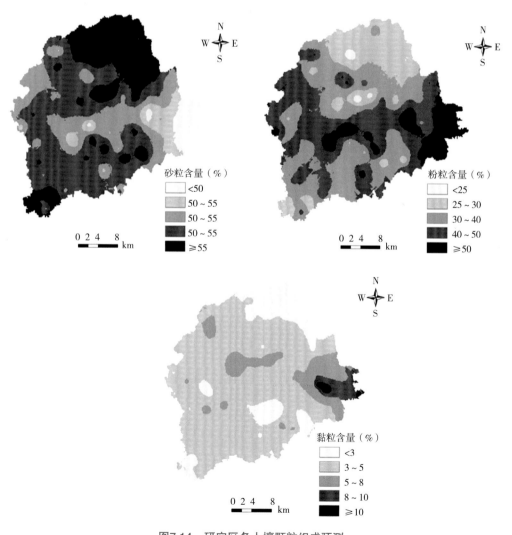

图7.14　研究区各土壤颗粒组成预测

五、小　结

本节针对土壤质地数据空间预测结果满足成分数据空间插值的要求，开展了基于对称对数比转换普通克里格插值的土壤质地空间变异与空间预测研究。结果表明，基于对称对数比转换普通克里格插值方法可以很好地进行土壤质地的空间变异与空间预测研究，通过对土壤质地数据进行对称对数比转换，保证了土壤质地空间预测结果满足成分数据空间插值的要求。

第四节　不同尺度农田土壤综合肥力空间变异与空间预测研究

土壤系统是诸多要素的综合反映，各种要素间既有区别又紧密联系，相互作用。单一的土壤要素无法定量地表达土壤质量状况。因此，学者们往往选择能反映土壤质量综合状况的几个最关键要素组合来进行研究。土壤肥力质量是土壤提供植物养分和生产生物物质的能力，能反映土壤肥力质量状况的指标有物理指标（容重、质地、土壤耕性、导水率等）、化学指标（各养分含量、pH值、CEC等）和生物学指标（细菌数量、C/N、土壤呼吸等）等。目前，对于土壤肥力质量的空间变异研究，一些学者根据自身研究区的特点首先构建了土壤肥力质量评价指标体系，然后对体系中各肥力要素逐一进行空间变异研究。然而，各肥力要素的分散研究终究不能很好反映土壤肥力综合的质量状况，因此有学者在各肥力要素空间变异研究的基础上，通过选择合适的评价方法对土壤肥力质量综合状况进行评价，进一步研究了土壤肥力质量综合指数的空间变异特征（葛畅等，2019）。本节以北京市平谷区为例，以土壤肥力指数（IFI）作为土壤肥力的表征，采用变异函数、地理加权回归等方法，阐述了3种不同尺度下（小尺度、中尺度和大尺度）的土壤肥力空间变异特征及其影响因素等研究进展，为区域土壤肥力评价、土壤综合性质空间变异性研究提供方法参考。

一、研究区与研究方法

综合考虑土地利用类型、土壤类型以及土壤母质类型等（图7.15），选择北京市平谷区与平谷区西部大华山镇、刘家店镇、峪口镇3个镇（以下简称"三镇"）2个区域，采用网格布点加分层抽样的原则，按照300m×300m网格，全区共获得采样点834个（大尺度，记为"L尺度"），三镇共获得采样点180个（中尺度，记为"M尺度"），同时，在三镇现有样点的基础上，对三镇进行加密采样，加密网格大小为150m×150m，当样点与已有样点重合时，不再重复取样，三镇加密尺度下共获得样点446个（小尺度，记为"S尺度"），采集表层0~20cm土样。结合研究区特点，选择土壤pH值、阳离子交换（CEC）、土壤有机质（SOM）、全氮（TN）、速效钾（AK）、有效磷（AP）、有效硼（AB）、有效铁（AFe）、有效锌（AZn）作为土壤肥力评价指标。

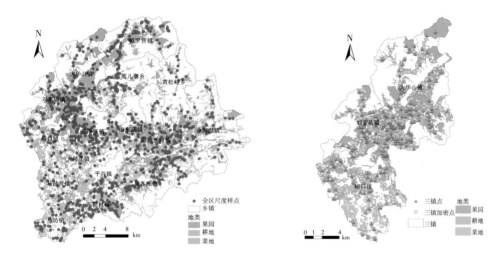

（a）大尺度（L尺度）采样点分布　　　　（b）中尺度（M尺度）和小尺度（S尺度）采样点分布

图7.15　平谷区土壤采样点分布

　　土壤肥力的评估计算包括主成分分析法确定指标权重、隶属度函数计算隶属度、加权和法计算综合肥力指数3个步骤，具体流程如下。

　　第1步，主成分分析法确定指标权重。采用主成分分析法来确定土壤肥力评价指标权重。对标准化后的各指标进行主成分分析，选择特征值大于1的作为主因子，得到各主成分因子及贡献率（表7.11），通过土壤各指标对各主成分因子的总贡献率，确定各指标的权重（表7.12）。

表7.11　各尺度主要因子特征值及贡献率

尺度	主要因子	特征值	贡献率（%）	累计贡献率（%）
	1	3.525	39.167	39.167
L尺度	2	1.963	21.807	60.974
	3	1.268	14.088	75.063

（续表）

尺度	主要因子	特征值	贡献率（%）	累计贡献率（%）
M尺度	1	3.206	35.622	35.622
	2	1.963	21.808	57.430
	3	1.412	15.689	73.120
S尺度	1	3.149	34.988	34.988
	2	1.946	21.627	56.615
	3	1.304	14.486	71.101

表7.12　各尺度各指标对应因子载荷值及权重

指标	L尺度				M尺度				S尺度			
	因子1	因子2	因子3	权重	因子1	因子2	因子3	权重	因子1	因子2	因子3	权重
pH值	-0.462	0.818	-0.070	0.114	-0.351	0.865	-0.053	0.111	-0.338	0.853	-0.183	0.115
CEC	0.206	0.269	0.740	0.075	0.129	0.167	0.738	0.068	0.184	0.245	0.684	0.076
SOM	0.701	0.165	0.440	0.115	0.634	0.169	0.419	0.113	0.692	0.268	0.291	0.119
TN	0.743	0.076	0.389	0.112	0.425	-0.116	0.653	0.096	0.445	0.063	0.617	0.090
AK	0.784	0.294	-0.171	0.122	0.829	0.209	-0.159	0.126	0.813	0.231	-0.197	0.127
AP	0.800	-0.164	-0.379	0.124	0.857	-0.121	-0.359	0.134	0.822	-0.228	-0.336	0.135
AB	0.406	0.690	-0.195	0.104	0.527	0.583	0.041	0.111	0.512	0.582	0.003	0.107
AFe	0.525	-0.742	0.0450	0.115	0.368	-0.841	0.052	0.111	0.382	-0.798	0.180	0.116
AZn	0.728	0.221	-0.397	0.121	0.804	0.197	-0.321	0.131	0.761	0.047	-0.391	0.116

第2步，隶属度函数计算隶属度。由于各评价因子存在着量纲上的差异，不便于分析，所以通过建立相应的隶属度函数对评价指标进行标准化处理，以消除量纲的影响。隶属度函数主要包括S型、高斯型、抛物线型等。

S型隶属度曲线公式：

$$f(x) = \begin{cases} 0.1, & x < x_1 \\ \dfrac{0.9(x - x_1)}{x_2 - x_1} + 0.1, & x_1 \leqslant x < x_2 \\ 1.0, & x > x_2 \end{cases} \qquad (7.6)$$

抛物线型隶属度曲线公式：

$$f(x) = \begin{cases} 0.1, & x < x_1 \text{ 或 } x \geq x_4 \\ \dfrac{0.9(x - x_1)}{x_2 - x_1} + 0.1, & x_1 \leq x < x_2 \\ 1.0, & x_2 \leq x < x_3 \\ 1.0 - \dfrac{0.9(x - x_3)}{x_4 - x_3}, & x_3 \leq x < x_4 \end{cases} \qquad (7.7)$$

$f(x)$ 为土壤某肥力指标的隶属度值，x 为该肥力指标的实测值，x_1、x_2、x_3、x_4 为该土壤肥力指标隶属函数曲线转折点取值。

根据前人研究成果，结合研究区特点，选择各指标隶属度函数类型，其中，SOM、CEC、AFe、AZn、AB属于S型隶属度函数。而另一些元素并非越多越好，如当土壤中磷含量过高时，不能被植物吸收的磷元素会以难溶性磷酸盐的形式存在于土壤中，使土壤盐化和板结，当土壤中氮含量过高时，会造成蔬菜体内硝酸盐含量超标，因此土壤pH值、全氮、有效磷、速效钾4种指标选择抛物线型隶属度函数。各指标隶属函数曲线转折点取值见表7.13。

表7.13 隶属度转折点取值

转折点	pH值	TN（g/kg）	AP（mg/kg）	AK（mg/kg）	CEC（cmol/kg）	SOM（g/kg）	AFe（mg/kg）	AZn（mg/kg）	AB（mg/kg）
$x1$	5.5	0.6	15	90	10	15	6	0.5	0.15
$x2$	6.5	1.1	40	180	25	30	16	3	1
$x3$	7.5	1.5	90	230	—	—	—	—	—
$x4$	8.5	2.4	160	260	—	—	—	—	—

第3步，加权和法计算综合肥力指数（IFI）。

$$IFI = \sum_{i=1}^{n} (f_i \times w_i) \qquad (7.8)$$

式中，IFI为土壤肥力指数，w_i 为第 i 个评价指标的权重，f_i 为第 i 个评价指标上的隶属度。

二、不同尺度下的土壤综合肥力描述性统计分析

从表7.14可以看到，从L到M尺度，除pH值与AB降低以外，其余元素均有不同程度的增加。与M尺度相比，S尺度下除pH值增加外，其余指标均呈降低趋势，但各指标变化不大。变异系数是衡量各观测值变异程度的一个统计量，由表7.14可知，除L

尺度下的AP与AZn变异系数为强变异外，其余各尺度下各指标均为中度变异，其中pH值与CEC变异程度最低，各尺度下变异系数均小于0.2；AP与AZn变异程度最高，各尺度下均大于0.9。从L到M尺度，除pH值与TN的变异系数增加外，其余各指标变异系数均减小；S尺度下，各指标变异系数变化不明显。土壤综合肥力指数IFI在3个尺度内差异不大，均在0.20～0.88，平均为0.61；3个尺度下其变异系数均低于0.20，属于中度变异，并且随着尺度的缩小而降低。

表7.14　各尺度下肥力指标及IFI统计特征

尺度	指标	最小值	最大值	均值	标准差	偏度	峰度	变异系数
L尺度	pH值	4.39	8.32	7.24	0.73	-1.11	1.16	0.10
	CEC（cmol/kg）	8.00	37.73	16.53	2.99	0.87	4.80	0.18
	SOM（g/kg）	4.87	70.34	20.60	8.31	1.81	5.68	0.40
	TN（g/kg）	0.36	6.29	1.40	0.61	3.24	18.33	0.43
	AK（mg/kg）	38.00	939.50	215.56	138.63	1.88	4.02	0.64
	AP（mg/kg）	0.56	820.60	127.57	159.17	1.99	3.85	1.25
	AB（mg/kg）	0.14	1.29	0.41	0.17	1.82	4.66	0.41
	AFe（mg/kg）	5.61	173.00	32.91	27.45	2.18	5.64	0.83
	AZn（mg/kg）	0.21	38.80	4.88	5.25	2.97	11.76	1.08
	IFI	0.20	0.87	0.61	0.12	-0.63	0.28	0.20
M尺度	pH值	4.48	8.08	6.85	0.77	-0.94	0.53	0.11
	CEC（cmol/kg）	8.61	23.43	16.77	2.41	-0.16	0.46	0.14
	SOM（g/kg）	7.27	69.53	21.88	7.86	1.65	7.04	0.36
	TN（g/kg）	0.51	6.29	1.63	0.89	3.23	12.60	0.54
	AK（mg/kg）	63.70	903.50	259.23	155.58	1.73	3.38	0.60
	AP（mg/kg）	1.49	820.60	211.15	189.52	1.09	0.60	0.90
	AB（mg/kg）	0.19	1.27	0.39	0.14	2.51	10.52	0.37
	AFe（mg/kg）	5.61	172.80	43.44	36.08	1.54	1.96	0.83
	AZn（mg/kg）	0.51	36.11	5.65	5.07	2.60	10.64	0.90
	IFI	0.20	0.88	0.61	0.12	-0.72	1.22	0.19
S尺度	pH值	4.48	8.13	6.86	0.69	-0.70	0.47	0.10
	CEC（cmol/kg）	8.09	26.43	16.56	2.50	-0.15	0.61	0.15
	SOM（g/kg）	5.95	69.53	21.50	7.42	1.19	4.00	0.35
	TN（g/kg）	0.51	6.29	1.59	0.84	3.14	12.23	0.53
	AK（mg/kg）	63.6	903.50	254.18	151.99	1.59	2.60	0.60
	AP（mg/kg）	0.41	824.20	202.34	183.39	1.11	0.70	0.91
	AB（mg/kg）	0.07	1.27	0.39	0.15	1.97	6.16	0.40

（续表）

尺度	指标	最小值	最大值	均值	标准差	偏度	峰度	变异系数
	AFe（mg/kg）	5.23	178.20	41.99	33.39	1.71	3.04	0.80
S尺度	AZn（mg/kg）	0.39	37.76	5.61	5.13	2.64	10.64	0.91
	IFI	0.20	0.88	0.61	0.11	-0.67	1.26	0.17

三、不同尺度下的土壤综合肥力半方差函数分析

经典统计学方法仅能从整体上描述土壤属性的部分特征，却难以反映其内部空间变异性，而应用地统计学方法可以定量的描述土壤属性空间变异的结构性与随机性。采用GS+7.0软件对不同尺度下IFI进行了半方差函数的拟合，用以分析各尺度下IFI的空间变异特征，综合考虑决定系数、残差等参数，选择各尺度最优拟合模型（表7.15）。由半方差函数拟合结果可知，L与M尺度最优拟合模型为指数模型，S尺度最优拟合模型为线性模型。随着尺度的减小，采样密度的增加，$C_0/Sill$逐渐增加，L尺度$C_0/Sill$为0.10，小于0.25，表明具有强空间相关性；M尺度$C_0/Sill$为0.50，在0.25～0.75，表明具有中等空间相关性；而S尺度$C_0/Sill$为0.83，大于0.75，表明具有弱空间相关性。不同尺度$C_0/Sill$变化表明，随着尺度的减小，采样密度的增加，随机因素引起的变异在总变异中所占比重逐渐增大，这是因为随着尺度减小，土壤类型、地形地貌等结构性因素逐渐趋于一致，结构性因素变化引起的变异逐渐减小，土地利用方式、田间管理等随机性因素引起的误差逐渐增加。

表7.15　IFI半方差函数模型及特征参数

尺度	变异函数	块金值 C_0	基台值 $Sill$	块基比 $C_0/Sill$	变程（km）	RSS	R^2
L尺度	指数模型	1.47×10^{-3}	1.41×10^{-2}	0.10	1.71	4.12×10^{-6}	0.55
M尺度	指数模型	9.79×10^{-3}	1.97×10^{-2}	0.50	45.63	3.65×10^{-6}	0.91
S尺度	线性模型	9.98×10^{-3}	1.20×10^{-2}	0.83	11.75	3.24×10^{-6}	0.64

四、不同尺度下的土壤综合肥力各指标空间分布特征及贡献率分析

为研究各指标对土壤肥力的贡献程度，以SOM、TN、AP、AK 4种指标为例，采用地理加权回归的方法，将IFI分别与每个指标做回归，得到每个指标与IFI的拟合系数。基于各尺度样点，采用普通克里格方法，预测各尺度土壤指标含量的空间分布，研究各指标对土壤肥力的贡献程度。图7.16至图7.18为各尺度4种指标含量与回

归系数分布图，L尺度下SOM、TN、AP、AK含量高的区域，其系数较低；相反的，当SOM、TN等含量较低时，其系数相对较高，这除了有回归算法的原因外，更主要因为平谷区IFI整体较高。随着尺度的减小，各指标系数总体上呈降低的趋势，更多的区域出现负值，这是因为随着尺度的降低，IFI空间相关性下降，随机因素造成的误差增大，使得各指标与IFI的相关性降低造成的。M尺度下SOM系数分布与L尺度不同，含量高的区域系数很高，这是因为M尺度下高值区域SOM值（最大值为31.83g/kg）低于L尺度（最大值为40.55g/kg），SOM对土壤肥力的贡献依然很高，TN、AP、AK系数变化特征与L尺度相似。S尺度各指标系数与M尺度差异不大，但S尺度下各指标系数变化范围略有增加，空间波动更大，这是因为随着采样密度的增加，可以反映出更多的土壤属性变化的细节。

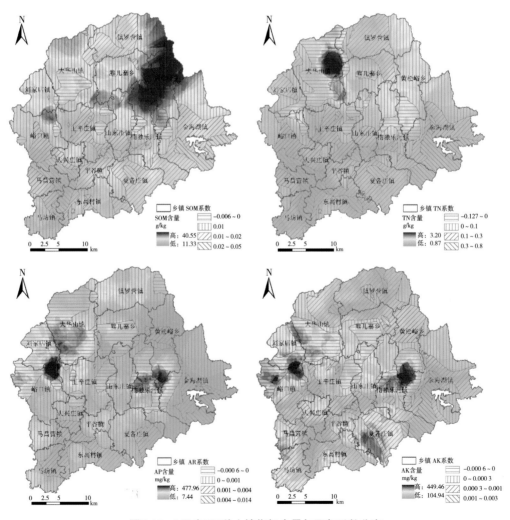

图7.16　L尺度下4种土壤指标含量与回归系数分布

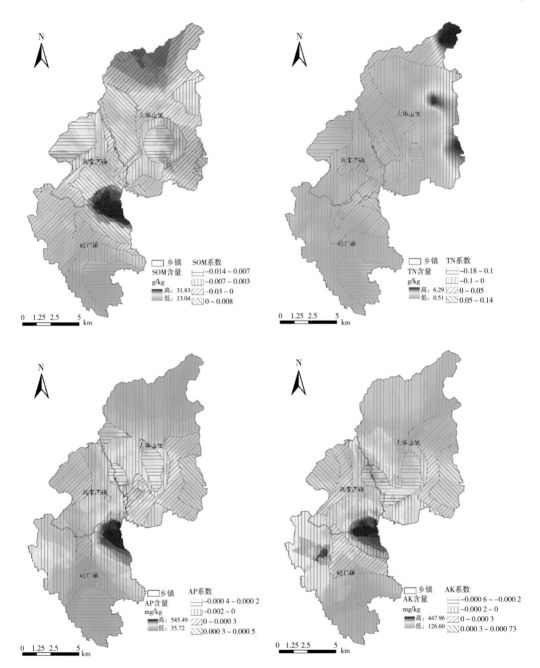

图7.17　M尺度下4种土壤指标含量与回归系数分布

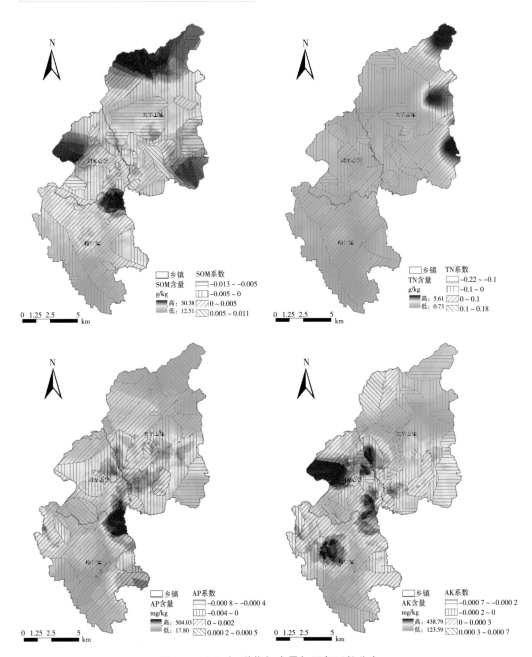

图7.18　S尺度4种指标含量与回归系数分布

五、不同尺度下的土壤综合肥力空间变异影响因素分析

土壤综合肥力IFI是多种土壤性质的综合体现，不同于单一土壤性质，不同影响因素的影响效果也与单一土壤性质不同。不同尺度下土地利用类型、高程、质地、母质、亚类等影响因素IFI方差分析结果如表7.16所示。

表7.16 不同尺度土壤综合肥力各影响因素方差分析

		L尺度			M尺度			S尺度		
		均值	标准差	变异系数	均值	标准差	变异系数	均值	标准差	变异系数
地类	菜地	0.62a	0.14	0.22	0.67a	0.04	0.06	0.65a	0.06	0.08
	耕地	0.57b	0.13	0.24	0.65a	0.06	0.10	0.66a	0.08	0.12
	果园	0.61a	0.11	0.18	0.61a	0.12	0.20	0.60b	0.11	0.18
高程（m）	≤50	0.59b	0.13	0.22	0.64a	0.08	0.13	0.65a	0.09	0.13
	50~100	0.63a	0.10	0.17	0.64a	0.10	0.15	0.61b	0.10	0.16
	100~200	0.62a	0.11	0.18	0.57b	0.14	0.25	0.59c	0.12	0.20
	>200	0.61ab	0.12	0.19	0.51c	0.08	0.16	0.59bc	0.11	0.19
质地	轻壤质	0.60b	0.12	0.20	0.61a	0.12	0.19	0.61a	0.10	0.17
	砂壤质	0.61b	0.12	0.20	0.61a	0.08	0.13	0.60a	0.11	0.18
	中壤质	0.62b	0.12	0.19	0.60a	0.11	0.19	0.62a	0.11	0.18
	其他	0.70a	0.07	0.09	0.55a	0.38	0.69	0.56a	0.11	0.19
母质	钙质岩类风化物	0.60b	0.13	0.22	0.54b	0.14	0.25	0.60b	0.12	0.20
	硅质岩类风化物	0.64ab	0.11	0.17	0.62ab	0.04	0.07	0.59b	0.08	0.14
	洪冲积物	0.61b	0.12	0.20	0.63a	0.10	0.17	0.61b	0.10	0.17
	人工堆垫物	0.63ab	0.08	0.13	0.54b	0.16	0.30	0.60b	0.12	0.19
	铁镁质岩类风化物	0.69a	0.09	0.13	0.59ab	0.07	0.12	0.71a	0.06	0.09
	其他	0.60b	0.12	0.20	0.58ab	0.15	0.26	0.62ab	0.10	0.17
土壤类型	潮褐土	0.60ab	0.12	0.20	0.65ab	0.05	0.07	0.65b	0.07	0.11
	褐潮土	0.59ab	0.14	0.24	0.60ab	0.01	0.02	0.67ab	0.10	0.15
	褐土性土	0.62a	0.09	0.15	0.58a	0.14	0.24	0.58a	0.11	0.19
	淋溶褐土	0.63a	0.12	0.19	0.58a	0.11	0.20	0.61ab	0.11	0.17
	普通潮土	0.58b	0.14	0.25	0.62ab	0.14	0.22	0.65ab	0.10	0.15
	普通褐土	0.61a	0.11	0.19	0.63b	0.10	0.16	0.62ab	0.10	0.16
	碳酸盐褐土	0.61ab	0.14	0.23	—	—	—	0.61ab	0.12	0.20

注：表中均值数字后面的字母不同表示两者具有显著差异。

由表7.16可知，L尺度下粮田与果园和菜地存在显著性差异；S尺度下果园与粮田和菜地存在显著性差异；M尺度三者不存在显著性差异。L与M尺度下，随着高程增加，IFI均呈先增加后减小，50～100m最高，S尺度下随着高程增加IFI逐渐降低，各尺度下不同高程IFI具有显著性差异。研究区质地主要为轻壤质、砂壤质与中壤质，其他质地类型仅占小部分；L尺度下其他质地类型与另3种质地存在显著性差异，而M与S尺度下各质地类型间不存在显著性差异。研究区母质主要包括钙质岩类风化物、硅质岩类风化物、洪冲积物、人工堆垫物、铁镁质岩类风化物，其余所占比例较小的母质合并为1类；3个尺度下，部分母质之间存在显著性差异。研究区土壤亚类主要有潮褐土、褐潮土、褐土性土、淋溶褐土、普通潮土、普通褐土与碳酸盐褐土，3个尺度下部分亚类之间存在显著性差异。

各要素对IFI的影响作用具有明显的尺度效应，各因素在不同尺度下对IFI的影响作用总体上呈减弱的趋势，如L尺度下其他质地类型与轻壤质、砂壤质与中壤质存在显著性差异，而M与S尺度四者差异不存在显著性，这与上文变异函数分析结果相一致。不同要素在不同尺度下对IFI的作用效果存在差异，如地类对IFI的影响作用随尺度的降低呈先降低后增加的趋势，而高程则呈先增加后降低的趋势；同一要素在不同尺度下对IFI的作用效果也不相同，如L尺度下普通潮土与普通褐土存在显著性差异，而M与S尺度下两者则不存在显著性差异，S尺度下潮褐土与褐土性土存在显著性差异，而L、M尺度两者差异并不显著。

六、小　结

本节研究了北京市平谷区土壤肥力及其影响因素在L、M和S 3种尺度下的空间尺度效应，结果表明，IFI的空间变异性具有明显的尺度效应。IFI的空间相关性随尺度的降低呈减弱趋势。不同尺度下不同土壤养分含量对IFI的贡献程度不同。随着尺度的缩小，SOM、TN、AP、AK 4种指标对IFI的贡献作用呈降低趋势。土壤亚类、母质等因素对IFI的影响效果具有明显的尺度效应，随着尺度的降低，地类、质地、土壤亚类对IFI的影响作用呈减弱的趋势；土壤母质呈先降低后增加的趋势；高程呈增加的趋势。研究结果可为区域土壤肥力评价、土壤综合性质空间变异性研究提供方法参考。

第八章 农田养分资源变量管理技术研究

变量施肥是将不同空间单元的产量数据与其他多层数据（土壤理化性质、病虫草害、气候等）的叠合分析为依据，以作物生长模型、作物营养与施肥专家系统为支持，以高产、优质、环保为目的的变量处方施肥的理论与技术。变量施肥是精准农业中的重要一环，能够使化肥达到最高利用率，不仅帮助农民节省种植成本，而且能够保护土壤。20世纪80年代至今，精准变量施肥技术在发达国家有了较快发展，尤其是美国中西部大平原地区和澳大利亚平原地区，田间地块均匀平整，农场规模巨大，发展更为迅速。目前，精准变量施肥技术原理已推广和应用到保护作物生长、控制施肥量、精量播种、中耕作业和农田用水分配调控等各相关技术领域。国外主要以日本、美国、俄罗斯、德国、法国、欧洲等国家为代表。国内相对欧美等国研究精准变量施肥技术起步较晚，近年来很多高等院校和农业科研单位大量引入国外先进的精准变量施肥技术，对国外先进的精准变量施肥技术进行消化和接纳，取得了显著的成果。变量施肥算法目前主要有4种：基于冠层光谱指数的变量施肥，利用叶绿素计进行的变量施肥，基于土壤肥力与目标产量的变量施肥以及基于光谱数据与作物生长模型结合的冬小麦变量施肥（蒋阿宁，2007）。本章介绍基于冠层光谱指数的冬小麦变量施肥、基于叶绿素计进行冬小麦变量施肥、基于土壤肥力与目标产量的冬小麦变量施肥、基于光谱数据与作物生长模型结合的冬小麦变量施肥4种变量施肥算法的研究及应用进展。

第一节 变量施肥研究试验方案设计

研究区位于北京市昌平区小汤山国家精准农业研究示范基地，试验选用当地冬小麦主栽品种'京冬8'作为供试材料。播种时间为9月26—27日，播种量330～345kg/hm²。

试验地土壤类型为潮土，土壤中有机质含量1.53%～1.58%，硝态氮含量3.00～15.04mg/kg，全氮含量0.094%～0.098%，有效磷含量2.20～21.18mg/kg，速效钾含量106.96～132.77mg/kg。随机区组排列，小区面积为3m×3m，共设置6个处理，田间小区分布如图8.1所示，各处理设置如下。

处理1：根据作物起身、拔节期的光谱测定值提取土壤调节植被指数（OSAVI），由OSAVI测定值确定各变量施肥小区的施肥量（Y处理）（共20个小区，分别记为：Y-01、Y-02、Y-03……Y-20）。

处理2：根据作物拔节期的不同叶位叶片的SPAD测定值，获得各变量施肥小区的施肥量（S处理）（共20个小区，分别记为：S-01、S-02、S-03……S-20）。

处理3：根据冬小麦拔节期土壤养分含量及目标产量确定各变量施肥小区的施肥量（T处理）（共20个小区，分别记为：T-01、T-02、T-03……T-20）。

处理4：根据当地气象与土壤数据等运行CERES-Wheat模型获得目标产量，结合OSAVI确定各变量施肥小区的施肥量（Z处理）（共20个小区，分别记为：Z-01、Z-02、Z-03……Z-20）。

常规均一施肥处理：各小区的施肥量为所有变量施肥小区的平均施肥量（CK处理）（共20个小区，分别记为：CK-01、CK-02、CK-03……CK-20）。

不施肥处理：整个生育时期不施肥（W处理）（共20个小区，分别记为：W-01、W-02、W-03……W-20）。

各小区变量施肥于次年4月14日进行，除氮肥用量不同外，其他管理条件均相同。

W-01	W-02	W-03	W-04	W-05	W-06	W-07	W-08	W-09	W-10	W-11	W-12	W-13	W-14	W-15	W-16	W-17	W-18	W-19	W-20
Z-01	Z-02	Z-03	Z-04	Z-05	Z-06	Z-07	Z-08	Z-09	Z-10	Z-11	Z-12	Z-13	Z-14	Z-15	Z-16	Z-17	Z-18	Z-19	Z-20
CK-01	CK-02	CK-03	CK-04	CK-05	CK-06	CK-07	CK-08	CK-09	CK-10	CK-11	CK-12	CK-13	CK-14	CK-15	CK-16	CK-17	CK-18	CK-19	CK-20
T-01	T-02	T-03	T-04	T-05	T-06	T-07	T-08	T-09	T-10	T-11	T-12	T-13	T-14	T-15	T-16	T-17	T-18	T-19	T-20
Y-01	Y-02	Y-03	Y-04	Y-05	Y-06	Y-07	Y-08	Y-09	Y-10	Y-11	Y-12	Y-13	Y-14	Y-15	Y-16	Y-17	Y-18	Y-19	Y-20
S-01	S-02	S-03	S-04	S-05	S-06	S-07	S-08	S-09	S-10	S-11	S-12	S-13	S-14	S-15	S-16	S-17	S-18	S-19	S-20

图8.1 变量施肥试验田间小区分布

第二节 基于冠层光谱指数的冬小麦变量施肥研究

农田氮肥施用量的变化会引起作物叶片生长生理及形态结构的发生变化，从而引起作物光谱反射特性的变化，这是光谱手段获取作物生化参量信息的理论基础，从而使得大面积监测作物的营养状况成为可能。农田土壤供氮能力因受基础地力、地形、人类活动等影响，使得在不同空间位置具有变异性，这也导致作物长势在空间上也存在差异。通过对不同空间位置作物冠层光谱的测量，可以有效地反映植被长势与营养信息的差异，从而指导农田变量施肥。

一、基于冠层光谱指数的冬小麦变量追肥算法

基于冠层光谱指数的冬小麦变量追肥算法是根据冬小麦2个或多个关键生育期内的冠层光谱变化，来估算当季目标产量，进而估算出氮素总需求量；然后利用冠层光谱估算出当前已吸收的氮素含量；通过氮素总需求量和已吸收氮素量的差值，最终计算出氮素追肥量。

下面以冬小麦起身期到拔节期的监测为例，光谱指数采用优化土壤调节植被指数（OSAVI），具体计算方法如下。

将OSAVI除以从起身期到拔节期的日平均温度大于0℃的天数（GDD），得到当季估产系数（INSEY），计算公式如下。

$$INSEY = (OSAVI_{起身期}+OSAVI_{拔节期})/GDD \tag{8.1}$$

$$GDD = (T_{min}+T_{max})/2-4.4 \tag{8.2}$$

式中，T_{min}和T_{max}分别为起身期至拔节期的日最低温和最高温。

利用估产系数计算目标产量（PGY，kg/hm^2）：

$$PGY = 24\ 701 \times INSEY+890.47 \tag{8.3}$$

冬小麦一生氮素总需求量的确定（N$_{total}$，kg/hm^2）：

$$N_{total} = 0.057\ 6 \times PGY-131.08 \tag{8.4}$$

利用拔节期的OSAVI计算冬小麦已吸收氮量（N$_u$，kg/hm^2）：

$$N_u = 206.89 \times OSAVI_{拔节期}-120.49 \tag{8.5}$$

确定最终尿素施用量（N$_{尿素}$，kg/hm^2）：

$$N_{尿素} = (N_{total}-N_u)/0.46/0.3 \tag{8.6}$$

式中，0.46为尿素的含氮量，0.3为当季氮肥的利用率。

二、变量施肥对冬小麦生物量和产量的影响

小麦群体干物质积累是籽粒产量形成的基础，而小麦干物质积累的多少取决于小麦群体的生长和发育状况。由于氮素水平在冬小麦生长发育过程中起着重要的作用，所以不同的施氮水平对冬小麦最终干物质的形成多少具有重要的影响。通过比较Y处理、CK处理和W处理的生物量表明（表8.1），Y处理的平均生物量高于CK处理和W处理，为1 194.24g/m²；而生物量变异系数Y处理小于CK处理和W处理，为16.93%。说明Y处理提高了生物量的同时，也降低了生物量的空间变异度。表8.2为Y处理、CK处理和W处理的产量统计分析结果，从表中可以看到，Y处理的产量高于CK处理和W处理，而变异系数低于CK处理和W处理，说明基于冠层光谱指数的变量施肥在提高产量的同时，也降低了产量的空间变异度。

表8.1　Y处理、CK处理和W处理的生物量统计分析

处理	平均值（g/m²）	标准差（g/m²）	变异系数（%）
Y	1 194.24	202.20	16.93
CK	1 056.59	183.66	17.38
W	747.52	160.93	21.53

表8.2　Y处理、CK处理和W处理的产量统计分析

处理	平均值（kg/hm²）	标准差（kg/hm²）	变异系数（%）
Y	5 227.61	875.79	16.75
CK	4 728.69	807.69	17.08
W	2 829.52	772.28	27.29

三、变量施肥的经济与生态效益分析

肥料利用率是指当季作物对肥料中某一养分元素吸收利用的数量占施用该元素总量的百分数。通过提高肥料的利用率可以提高施肥的经济效益、降低肥料投入、减缓自然资源的耗竭以及减少肥料生产和施用过程中对生态环境的污染。Y处理与CK处理的土壤硝态氮含量及氮肥利用情况如表8.3所示，虽然Y处理与CK处理的肥料投入相同，但Y处理作物的总吸收量增加，氮肥利用率提高，从而降低了化肥的浪费。进一步对收获期不同土层硝态氮残留测定发现，Y处理的小区0~0.3m土层和0.3~0.6m土

层的硝态氮浓度平均值分别为5.07mg/kg和8.45mg/kg，均低于CK处理（8.75mg/kg和11.27mg/kg），并且Y处理2层土壤硝态氮浓度的变异系数均低于CK处理。从播种前后土壤0~0.3m土层的硝态氮含量结果来看，Y处理的平均硝态氮残留量略低于播种前，而CK处理略有增加，并且Y处理收获后土壤硝态氮的变异系数较CK处理明显下降，说明基于冠层光谱指数的冬小麦变量施肥具有一定平衡作物与土壤养分的关系，提高肥料利用率，减少氮素在土壤中的残留。

表8.3　Y处理和CK处理的变量施肥生态效益对比分析

| 处理 | 土层（m） | 土壤NO$_3$-N含量（mg/kg） | | 标准差（mg/kg） | 变异系数（%） | 总施氮量（kg/hm^2） | 总吸收量（kg/hm^2） | N肥利用率（%） |
		播种前	收获后					
Y	0~0.3	7.18	5.07	2.30	45.33	220.86	217.56	44.00
	0.3~0.6	7.18	8.45	3.53	41.80			
CK	0~0.3	7.18	8.75	6.88	78.65	192.16	192.16	32.70
	0.3~0.6	7.18	11.27	6.04	53.54			

本研究进一步对变量施肥的经济效益进行了分析，如表8.4所示，Y处理的每公顷纯收入和产投比均大于CK处理。在追肥总量相同的情况下，与CK处理相比，Y处理纯收入增加860.31元/hm^2。

表8.4　Y处理和CK处理的变量施肥经济效益对比分析

处理	肥料投入（元/hm^2）	产量（元/hm^2）	纯收入（元/hm^2）	产投比
Y	782	7 527.75	6 745.75	9.63
CK	782	6 667.44	5 885.44	8.53

注：尿素当年单价为1 600元/t；小麦当年收购价为1 500元/t，下同。

四、小　结

本节主要介绍了基于冠层光谱指数的冬小麦变量追肥研究，结果表明基于光谱指数的变量施肥处理的生物量和产量高于常规均一施肥处理和不施肥处理，且其变异系数均低于常规均一施肥处理和不施肥处理。与不施肥处理相比，基于光谱指数的变量施肥处理取得了较好的经济效益和生态效益，纯收入增加了860.31元/hm^2，土壤中硝态氮含量明显降低，提高了肥料利用率，表明利用冠层光谱指数方法进行冬小麦变量施肥可以取得较好的经济效益和生态效益。

第三节 基于叶绿素计的冬小麦变量施肥研究

叶绿素计是近年来日本、欧美一些国家在推荐施氮中开始使用的一种新型便携式仪器。这种仪器以叶绿素对红光和近红外光的不同吸收特性为原理，测定植物叶片的相对叶绿素含量，通过叶绿素与叶片全氮的关系来反映作物的氮营养状况，进而确定作物是否缺氮。这种新型仪器的应用，为简便、快速、准确地进行氮肥施用量的推荐提供了一种新的途径。研究表明，与其他方式的氮肥管理方案相比，选择合适的SPAD临界值来指导追肥，可以明显降低氮肥用量，氮肥利用率得到显著提高，同时其产量水平也能达到或超过其他氮肥管理方式的产量水平（Peng，1993）。

一、基于叶绿素计的冬小麦变量追肥算法

通过开展多年野外观测试验，建立了基于叶绿素计的冬小麦变量追肥算法，具体计算过程如下。

归一化SPAD值（NDSPAD）的确定：

$$NDSPAD = (SPAD_2 - SPAD_1) / (SPAD_2 + SPAD_1) \qquad (8.7)$$

式中，$SPAD_1$和$SPAD_2$分别为拔节期倒一叶和倒二叶SPAD值。

目标产量（PGY，kg/hm^2）：

$$PGY = -5\ 101 \times NDSPAD + 5\ 868.1 \qquad (8.8)$$

冬小麦一生氮素总需求量的确定（N_{total}，kg/hm^2）：

$$N_{total} = 0.010\ 3 \times PGY - 381.79 \qquad (8.9)$$

用拔节期SPAD测定值计算冬小麦已吸收氮量（N_u，kg/hm^2）：

$$N_u = 320.7 \times NDSPAD + 29.217 \qquad (8.10)$$

确定最终尿素施用量（$N_{尿素}$，kg/hm^2）：

$$N_{尿素} = (N_{total} - N_u) / 0.46 / 0.3 \qquad (8.11)$$

式中，0.46为尿素的含氮量，0.3为当季氮肥的利用率。

二、变量施肥对冬小麦生物量和产量的影响

通过比较S处理、CK处理和W处理的平均生物量表明（表8.5），S处理的平均生物量在3个处理中最大，为1 237.39g/m²；而S处理的生物量变异系数最小，为15.08%，说明利用叶绿素计进行冬小麦的变量施肥，可以提高冬小麦的生物量，同时也降低了生物量的空间变异度。变量施肥对产量的影响与对生物量的影响一致，如表8.6所示，S处理的平均产量在3个处理中最大，为5 310.15kg/hm²；而S处理的产量变异系数最小，10.78%，说明利用叶绿素计进行冬小麦的变量施肥，可以提高冬小麦的产量，同时也降低了产量的空间变异度。

表8.5　S处理、CK处理和W处理的生物量统计分析

处理	平均值（g/m²）	标准差（g/m²）	变异系数（%）
S	1 237.39	186.64	15.08
CK	1 056.59	183.66	17.38
W	747.52	160.93	21.53

表8.6　S处理、CK处理和W处理的产量统计分析

处理	平均值（kg/hm²）	标准差（kg/hm²）	变异系数（%）
S	5 310.15	572.49	10.78
CK	4 728.69	807.69	17.08
W	2 829.52	772.28	27.29

三、变量施肥的经济与生态效益分析

对S处理和CK处理收获后土壤中硝态氮残留情况进行测定分析，结果如表8.7所示，在整个生育期间，S处理与CK处理的氮肥（尿素）投入量相同的情况下，S处理和CK处理的氮肥利用率分别是41.55%和32.70%，由此说明利用叶绿素计进行冬小麦变量施肥，其氮肥利用率明显高于常规均一施肥处理。

对收获后S处理和CK处理各小区0～0.3m和0.3～0.6m土层的硝态氮分析表明，硝态氮浓度的平均值分别为7.19mg/kg和10.27mg/kg，均低于CK处理（8.75mg/kg和11.27mg/kg）。从播种前后0～0.3m土层的硝态氮含量结果来看，S处理的平均硝态氮残留量几乎无差异，而CK处理略有增加，说明利用叶绿素计进行冬小麦变量施肥处

理与常规均一施肥处理相比降低了化肥的浪费，提高了氮肥利用效率，减少了地下水的污染。

表8.7　S处理和CK处理的变量施肥经济效益对比分析

处理	土层（m）	土壤NO₃-N含量（mg/kg）		标准差（mg/kg）	变异系数（%）	总施氮量（kg/hm²）	总吸收量（kg/hm²）	N肥利用率（%）
		播种前	收获后					
S	0~0.3	7.18	7.19	7.20	52.63	224.86	212.05	41.55
	0.3~0.6	7.18	10.27	8.45	48.93			
CK	0~0.3	7.18	8.75	6.88	78.65	224.86	192.16	32.70
	0.3~0.6	7.18	11.27	6.04	53.54			

对S处理和CK处理的投入、产出情况进行分析，由表8.8可见，S处理的产投比（10.19）明显高于CK处理（8.53），利用叶绿素计进行变量施肥可以大幅度提高冬小麦的产出、投入比例，提高农作物生产的经济效益。从纯收入看，S处理每公顷比CK处理增加1 297.80元。

表8.8　S处理和CK处理的变量施肥生态效益对比分析

处理	肥料投入（元/hm²）	产量（元/hm²）	纯收入（元/hm²）	产投比
S	782	7 965.24	7 183.24	10.19
CK	782	6 667.44	5 885.44	8.53

四、小　结

叶绿素计的问世为作物的氮素营养诊断提供了先进而有效的方法，本节介绍了基于叶绿素计的冬小麦变量施肥研究，结果表明，基于叶绿素计的变量施肥处理的生物量和产量高于常规均一施肥处理和不施肥处理，且其变异系数均低于常规均一施肥处理和不施肥处理。与不施肥处理相比，基于光谱指数的变量施肥处理取得了较好的经济效益和生态效益，纯收入增加了1 297.80元/hm²，土壤中硝态氮含量明显降低，提高了肥料利用率，表明利用叶绿素计进行冬小麦变量施肥具有较好的经济效益和生态效益。

第四节　基于土壤肥力与目标产量的冬小麦变量施肥研究

传统的施肥方式是在一个地块内使用同一施肥量。事实上，同一地块内不同位点土壤养分含量存在着差异。由于采用常规均一施肥，造成了肥力低而作物生长状况不良的区域施肥不足，而肥力高作物生长状况好的区域则施肥过量，其结果必然造成低肥区肥料不足，而高肥区则肥料浪费、成本提高和环境污染。对土壤的空间变异性进行详细的了解是精准管理、变量管理的前提性基础工作。Solie等（1999）研究发现，冬小麦作物种植地块田间氮素的空间变异有一个基础的尺度范围，即为0.86～1.5m，他们还指出即使临近的尺度像元，也不能用来互相预测，由于这个原因，冬小麦变量施肥需要在1m范围进行应用，才能获得最大的边际效益。因此，基于土壤肥力与目标产量的变量施肥技术也是目前精准农业领域重要研究课题之一。

一、基于土壤肥力和目标产量进行冬小麦变量追肥算法

通过多年野外观测试验，根据小麦关键生育期土壤硝态氮含量测定值和目标产量，建立基于土壤肥力和目标产量的冬小麦变量追肥算法，具体计算过程如下。

冬小麦一生氮素总需求量的确定（N_{total}，kg/hm^2）：

$$N_{total} = PGY \times 0.03 \tag{8.12}$$

式中，PGY为目标产量，单位为kg/hm^2。

土壤供氮量的确定（$N_{土壤}$，kg/hm^2）：

$$N_{土壤} = C \times W \tag{8.13}$$

式中，C为追肥前土壤硝态氮（$NO_3\text{-}N$）浓度；W为耕层土重，耕层厚度按0.20m计算。

确定最终尿素施用量（$N_{尿素}$，kg/hm^2）：

$$N_{尿素} = (N_{total} - N_{基肥} - N_{土壤})/0.46/0.3 \tag{8.14}$$

式中，0.46为尿素的含氮量，0.3为当季氮肥的利用率。

二、变量施肥对冬小麦生物量和产量的影响

通过比较各处理的平均生物量表明（表8.9），T处理的生物量比CK处理高

$115.06g/m^2$，是W处理的1.57倍，变异系数的大小顺序为T<CK<W，说明T处理在提高冬小麦生物产量的同时，降低了生物产量的空间变异度。通过比较各处理的产量情况表明（表8.10），T处理的产量也明显高于CK处理和W处理，同时T处理的产量变异系数最低，说明基于土壤肥力和目标产量的冬小麦变量施肥处理在提高产量上表现出明显的优势，降低产量的变异度。

表8.9　T处理、CK处理和W处理的生物量统计分析

处理	平均值（g/m^2）	标准差（g/m^2）	变异系数（%）
T	1 171.65	192.11	16.40
CK	1 056.59	183.66	17.38
W	747.52	160.93	21.53

表8.10　T处理、CK处理和W处理的产量统计分析

处理	平均值（kg/hm^2）	标准差（kg/hm^2）	变异系数（%）
T	5 271.95	618.59	11.73
CK	4 678.91	799.19	17.08
W	2 829.52	772.28	27.29

三、变量施肥的经济与生态效益分析

对T处理和CK处理收获期土壤中硝态氮残留情况进行统计分析结果见表8.11，结果表明，在施肥量相同的情况下进行变量施肥和常规均一施肥处理，T处理和CK处理的氮肥利用率分别是37.66%和32.70%，T处理氮肥利用率的明显高于CK处理，说明基于土壤肥力和目标产量的冬小麦变量施肥，其氮肥的优化施用是成功的。

收获期T处理0～0.3m和0.3～0.6m土层的硝态氮含量分别为6.08mg/kg和8.41mg/kg明显低于CK处理（8.75mg/kg和11.27mg/kg），与播种前0～0.3m土层的硝态氮含量相比，T处理的平均硝态氮残留量有所降低，而CK处理比播种前硝态氮含量高21.87%，T处理降低了化肥的浪费。

表8.11　T处理和CK处理的变量施肥生态效益对比分析

处理	土层（m）	土壤NO₃-N含量（mg/kg）		标准差（mg/kg）	变异系数（%）	总施氮量（kg/hm²）	总吸收量（kg/hm²）	N肥利用率（%）
		播种前	收获后					
T	0～0.3	7.18	6.08	7.65	46.53	224.86	203.29	37.66
	0.3～0.6	7.18	8.41	4.86	40.88			
CK	0～0.3	7.18	8.75	6.88	78.65	224.86	192.16	32.70
	0.3～0.6	7.18	11.27	6.04	53.54			

对T处理和CK处理的投入、产出情况进行分析，由表8.12可见，T处理的产投比（10.11）明显高于CK处理（8.53），利用基于土壤肥力和目标产量的变量施肥可以大幅度提高冬小麦的产出、投入比例，提高农作物生产的经济效益。从纯收入看，T处理每公顷比CK处理增加1 240.49元。

表8.12　T处理和CK处理的变量施肥经济效益对比分析

处理	肥料投入（元/hm²）	产量（元/hm²）	纯收入（元/hm²）	产投比
T	782	7 907.93	7 125.93	10.11
CK	782	6 667.44	5 885.44	8.53

四、小　结

国外普遍采纳的精准变量施肥技术，是基于往年的产量图确定田间不同位置的潜在产量，在施肥地块网格采样，在潜在产量和土壤肥力测定数据的基础上，基于目标产量模型，给出变量施肥处方。按照这种变量施肥处方生成技术进行冬小麦变量施肥，结果表明，基于土壤肥力与目标产量的变量施肥处理的生物量和产量高于常规均一施肥处理和不施肥处理，并且其变异系数均低于常规均一施肥处理和不施肥处理。与不施肥处理相比，基于土壤肥力与目标产量的变量施肥处理取得了较好的经济效益和生态效益，纯收入增加了1 240.49元/hm²，土壤中硝态氮含量明显降低，提高了肥料利用率，表明利用基于土壤肥力与目标产量方法进行冬小麦变量施肥具有较好的经济效益和生态效益。

第五节　基于光谱数据与作物生长模型结合的冬小麦变量施肥研究

　　作物生长模型是20世纪世界农业科学发展的一项重大成就，它起始于20世纪60年代。今天，在西方发达国家的科技界，作物生长模型已被公认为是农业研究的一个重要方法。作物生长模型由于将农业过程数字化，使农业科学从经验水平提高到理论水平，是农业科学在方法论上的一个新突破（高亮之，2005）。作物生长模型从农业生态系统物质平衡和能量守恒原理以及物质能量转换原理出发，以光、温、水、土壤等条件为环境驱动变量，应用物理数学方法和计算机技术，对作物生育期内光合、呼吸、蒸腾等重要生理生态过程及其与气象、土壤等环境条件的关系进行逐日数值模拟，人为再现农作物生长发育过程。然而，当作物模拟从单点研究发展到区域应用时，产生了随空间尺度加大而出现的地表、近地表环境非均匀性问题，导致无法有效地把一些空间变化信息加入到模型中去，即不能解决模型在大范围使用时的初始宏观资料的获取和参数调整问题。遥感信息在很大程度上可以帮助作物模型克服这些不足。遥感信息最大优点是通过适当的反演方法能够定量地提供作物在区域尺度上的状况，但是遥感信息由于时相等因素的影响，观测是不连续的，而且地学遥感信息反映的只是地表或作物群体表面瞬间物理状况，不能真正揭示作物生长发育和产量形成的内在机理、个体生长发育状况及其与环境气象条件的关系等。而作物模型恰好可以连续模拟一定时期作物的生长，而且可以从机理上解释作物生长发育产量形成与外部环境的关系。

　　随着3S技术的发展，光谱数据与作物生长模型都已被广泛应用。其中Maas（1988）利用归一化植被指数NDVI估算了有效光合辐射和叶面积指数，用于运行作物生长模型，同时提出了用遥感信息对模拟过程进行重新初始化和参数化的方法，以提高模型精度。Paz（1999）利用CERES-Maize模型和地理特征实现在玉米的变量施肥，并对其经济效益和生态效益进行分析。闫岩等（2006）以LAI作为结合点，讨论了利用复合型混合演化（SCE-UA）算法实现CERES-Wheat模型与遥感数据同化的可行性。但利用光谱数据与作物生长模型结合进行变量施肥的研究较少。本节介绍基于光谱数据与作物生长模型结合的冬小麦变量追肥算法研究进展。

一、基于光谱数据与作物生长模型结合的冬小麦变量追肥算法

CERES-Wheat模型是DSSAT作物生长模型的模块之一。模型包括土壤水分平衡、N素平衡、小麦物候发育和生长发育等子程序，可以模拟和预测不同气候、土壤条件、小麦品种和肥水管理方案下小麦的生长发育和产量形成。模型用7个遗传参数描述小麦品种的生长发育特征。使用时，首先要确定新品种的遗传参数，然后设定播期、播量、肥水运筹和环境条件进行模拟试验和分析研究。本研究通过多年野外观测试验，建立了基于光谱数据与作物生长模型结合的冬小麦变量追肥算法，具体计算过程如下。

基于当地气象数据、土壤数据等，由CERES-Wheat作物生长模拟出模型的目标产量（PGY）。首先，CERES-Wheat模型进行校正，以叶面积指数LAI和产量为指标，应用CERES-Wheat模型对Z处理的冬小麦的LAI和产量进行模拟，并用实测值进行验证。结果表明，冬小麦开花期LAI模拟值与实测值的相关关系（图8.2），$R^2=0.880\ 8$达到极显著线性关系；模拟的目标产量与实测产量也具有很好的线性相关性（图8.3），$R^2=0.916\ 2$达到极显著线性相关，说明利用CERES-Wheat模型预测冬小麦目标产量是可行的。

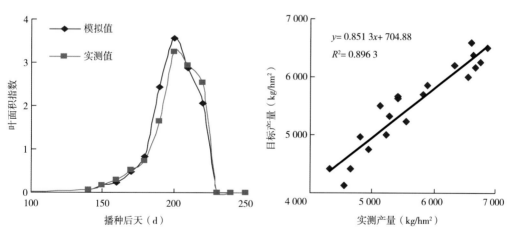

图8.2　冬小麦叶面积指数实测值与
模拟值对比分析

图8.3　Z处理冬小麦目标产量与实测产量关系

根据目标产量（PGY），计算得到氮素的总需求量（N_{total}，kg/hm²）：

$$N_{total} = 0.026\ 5PGY + 33.80\ (R^2 = 0.713) \tag{8.15}$$

利用拔节期OSAVI计算得到冬小麦已吸收氮量（N_u，kg/hm²）：

$$N_u = 219.53OSAVI_{拔节期} - 55.37 \quad\quad (8.16)$$

确定最终尿素施用量（$N_{尿素}$，kg/hm²）：

$$尿素施用量 = (N_{total} - N_u)/0.46/0.3 \quad\quad (8.17)$$

式中，0.46为尿素的含氮量，0.3为当季氮肥的利用率。

二、变量施肥对冬小麦生物量和产量的影响

通过对Z处理、CK处理和W处理的生物量统计分析表明（表8.13），Z处理的平均生物量明显高于CK处理和W处理，为1 582.27g/m²；而Z处理的生物量变异系数最小，为15.05%，说明实行Z处理的变量施肥，可以提高冬小麦的生物量，同时也降低了生物量的空间变异度。通过对Z处理、CK处理和W处理的冬小麦产量情况分析表明（表8.14），Z处理产量高于CK处理和W处理，其变异系数低于CK处理和W处理，说明基于光谱数据和作物生长模型的冬小麦变量施肥不仅提高了产量，而且也降低了产量的空间变异程度。

表8.13　Z处理、CK处理和W处理的生物量统计分析

处理	平均值（g/m²）	标准差（g/m²）	变异系数（%）
Z	1 582.27	238.13	15.05
CK	1 056.59	183.66	17.38
W	747.52	160.93	21.53

表8.14　Z处理、CK处理和W处理的产量统计分析

处理	平均值（kg/hm²）	标准差（kg/hm²）	变异系数（%）
Z	5 657.54	868.38	15.35
CK	4 678.91	799.19	17.08
W	2 829.52	772.28	27.29

三、变量施肥的经济与生态效益分析

对Z处理和CK处理播种前和收获后土壤中硝态氮含量进行了分析，由表8.15可见，在总的化肥施用量相同的情况下，收获后Z处理的0～0.3m土层和0.3～0.6m土层

的硝态氮的平均含量分别是3.96mg/kg和4.03mg/kg，均明显低于CK处理（8.75mg/kg和11.27mg/kg），其土壤的硝态氮含量的变异系数，Z处理分别是44.56%和48.20%，均低于CK处理的78.65%和53.54%。与播种前0～0.3m土层中的硝态氮含量7.18mg/kg相比，Z处理硝态氮含量明显降低，CK处理硝态氮含量有一定升高。比较氮肥的利用率可知，Z处理的氮肥利用率比CK处理有明显提高。说明基于光谱数据与作物生长模型结合的冬小麦变量施肥可提高化肥的利用率，降低了土壤中硝态氮的残留，具有显著的生态效益。

表8.15　Z处理和CK处理的变量施肥经济效益对比分析

处理	土层（m）	土壤NO₃-N含量（mg/kg）		标准差（mg/kg）	变异系数（%）	总施氮量（kg/hm²）	总吸收量（kg/hm²）	N肥利用率（%）
		播种前	收获后					
Z	0～0.3	7.18	3.96	1.76	44.56	220.86	118.62	45.47
	0.3～0.6	7.18	4.03	1.94	48.20			
CK	0～0.3	7.18	8.75	6.88	78.65	192.16	118.62	32.70
	0.3～0.6	7.18	11.27	6.04	53.54			

对Z处理和CK处理的投入、产出情况进行分析，由表8.16可见，Z处理的产投比（10.85）明显高于CK处理（8.53），利用基于光谱指数和作物生长模型结合的变量施肥可以较大幅度提高冬小麦的产出、投入比例，提高农作物生产的经济效益。从纯收入看，Z处理每公顷比CK处理增加1 818.88元。

表8.16　Z处理和CK处理的变量施肥生态效益对比分析

处理	肥料投入（元/hm²）	产量（元/hm²）	纯收入（元/hm²）	产投比
Z	782	8 486.32	7 704.32	10.85
CK	782	6 667.44	5 885.44	8.53

四、小　结

本节介绍基于光谱数据与作物生长模型结合的冬小麦变量施肥研究，结果表明，基于光谱数据与作物生长模型结合的变量施肥处理的生物量和产量高于常规均一施肥处理和不施肥处理，并且其变异系数均低于常规均一施肥处理和不施肥处理。与不施肥处理相比，基于光谱数据与作物生长模型结合的变量施肥处理取得了较好的经济效益和生态效益，纯收入增加了1 818.88元/hm²，土壤中硝态氮含量明显降低，提高了肥料利用率，表明利用光谱数据与作物生长模型结合方法进行冬小麦变量施肥具有较好的经济效益和生态效益。

第六节　冬小麦最优决策施肥方式选择

变量施肥技术是以不同空间单元的产量数据或土壤肥力数据的叠合分析为依据，以作物生长模型、专家系统为支持，以高产、优质、环保为目的的施肥技术。在我国变量施肥技术还处在一个探索阶段，还没有形成适合我国农业生态条件的变量施肥技术体系。现将前面介绍基于冠层光谱指数的冬小麦变量施肥、基于叶绿素计进行冬小麦变量施肥、基于土壤肥力与目标产量的冬小麦变量施肥、基于光谱数据与作物生长模型结合的冬小麦变量施肥4种变量施肥算法进行比较，试图探索适合研究区农业生态条件的变量施肥模型，代替测土均衡施肥或者传统施肥的最佳施肥模型，建立适合我国农业技术体系的变量施肥技术。

一、不同变量施肥处理的冬小麦冠层光谱反射率变化比较分析

550nm和670nm是叶绿素吸收和氮素的敏感波段，800nm位于近红外高台区，包括了丰富的植物细胞结构信息，均反映了作物生长信息。选取3个冠层光谱的敏感波段，对4种变量施肥处理变量施肥前（4月11日）和施肥后（4月24日）分别在550nm、670nm和800nm处各施肥小区冠层光谱反射率的变异系数进行比较分析（表8.17）。变量施肥之前，550nm处光谱反射率的变异系数的大小顺序：S<Y<T<Z，667nm处变异系数的大小顺序：S<Y<Z<T，800nm处变异系数大小顺序：T<S<Y<Z。变量施肥之后，随着作物的不断生长，冠层光谱反射率不断增大，同时各变量施肥处理的小区之间的也出现了明显的差异。550nm处光谱反射率的变异系数大小顺序变化为：Z<S<Y<T，667nm处变化为：Z<Y<S<T，800nm处变化为：Z<Y<S<T。从变量施肥前后3个敏感波段各施肥小区的变异系数的顺序比较看，Z处理表现出明显的优势，说明基于光谱数据与作物生长模型结合的冬小麦变量施肥，结合当地气候、土壤的特征和冠层光谱的特性施入氮肥，充分满足冬小麦生长发育的要求，其生长表现出明显优势。

表8.17　4种变量施肥处理的施肥前后冬小麦冠层光谱反射率变化情况

时间	处理	光谱反射率变异系数（%）		
		550nm	670nm	800nm
变量施肥前 （4月11日）	Y	7.81	11.37	3.84
	S	6.02	9.88	3.50
	T	8.99	15.87	2.51
	Z	10.39	15.70	4.20
变量施肥后 （4月24日）	Y	10.54	17.98	7.66
	S	9.51	18.05	8.38
	T	13.79	23.43	8.98
	Z	9.32	16.64	5.95

二、不同变量施肥处理的冬小麦生物量和产量对比分析

比较4种变量施肥处理的冬小麦生物量和产量大小及其变异系数，结果如表8.18所示。产量最高的是Z处理，其次是S处理，然后是T处理，最小的是Y处理，而平均产量的变异系数的大小顺序：Z<S<T<Y。生物量的大小顺序及其变异系数的大小与产量变化一致，说明Z处理表现最优。

表8.18　4种变量施肥处理的冬小麦生物量和产量对比分析

处理	产量（kg/hm²）	产量变异系数（%）	生物量（g/m²）	生物量变异系数（%）
Y	5 227.76	16.75	1 184.39	18.40
S	5 310.16	10.78	1 237.39	15.08
T	5 271.95	11.73	1 171.65	16.40
Z	5 647.54	10.35	1 582.27	15.05

三、不同变量施肥处理的经济与生态效益对比分析

通过对4种变量施肥处理的生态效益进行分析发现（表8.19），4种变量施肥处理肥料利用率最高的是Z处理，与播前0～0.3m土层的硝态氮含量相比，收获后各变量施肥处理的硝态氮含量均有所降低，最低的是Z处理，其空间变异也是最低的。0.3～0.6m土层的硝态氮含量最低的仍为Z处理，但是其变异系数的大小顺序：

S>Z>Y>T。比较4种施肥处理的总吸氮量，大小顺序：Z>Y>S>T。从生态效益上看，Z处理的生态效益最显著，并减轻了地下水污染的可能。

表8.19　4种变量施肥处理的生态效益对比分析

处理	土层（m）	土壤NO₃-N含量（mg/kg）		标准差（mg/kg）	变异系数（%）	总施氮量（kg/hm²）	总吸收量（kg/hm²）	N肥利用率（%）
		播种前	收获后					
Y	0～0.3	7.18	5.07	2.30	45.33	224.86	217.56	44.00
	0.3～0.6	7.18	8.45	3.53	41.80			
S	0～0.3	7.18	7.19	7.20	52.63	224.86	192.16	32.70
	0.3～0.6	7.18	10.27	8.45	48.93			
T	0～0.3	7.18	6.08	7.65	46.53	224.86	203.29	37.66
	0.3～0.6	7.18	8.41	4.86	40.88			
Z	0～0.3	7.18	3.96	1.76	44.56	224.86	220.86	45.47
	0.3～0.6	7.18	4.03	1.94	48.20			

通过对4种变量施肥处理的经济效益进行比较分析发现（表8.20），Z处理的纯收入最高，明显高于其他变量施肥处理，同时Z处理的产投比也最高，说明Z处理在经济效益上是最高的。

表8.20　4种变量施肥处理的经济效益对比分析

处理	肥料投入（元/hm²）	产量（元/hm²）	纯收入（元/hm²）	产投比
Y	782	7 527.75	6 745.75	9.63
S	782	7 965.24	7 183.24	10.19
T	782	7 907.93	7 125.93	10.11
Z	782	8 486.32	7 704.32	10.85

四、小　结

本节对比分析了基于冠层光谱指数的冬小麦变量施肥、基于叶绿素计进行冬小麦变量施肥、基于土壤肥力与目标产量的冬小麦变量施肥、基于光谱数据与作物生长模型结合的冬小麦变量施肥4种变量施肥算法，从而筛选出最佳的变量施肥方法。分析结果表明，基于光谱数据与作物生长模型结合的冬小麦变量施肥算法，无论在生物量和产量方面还是在经济效益和生态效益等方面均有明显的优势。

第九章　新一代信息技术支持下的农田养分信息获取与精准施肥研究展望

　　随着科学技术的迅速发展，人类开始进入大数据时代。一方面随着精准农业的实施和农业信息技术的大范围应用与普及，土肥数据量呈爆炸式增长。另一方面，近年来，遥感、物联网、移动互联网及云存储计算等新一代信息技术的发展为大数据的获取带来新的契机，农业领域的数据呈爆发式增长，这为精准农业的发展开辟出一条新的道路，也是近年来研究的热点。遥感以其快速、简便、宏观、无损及客观等优点，极大地方便了农田信息的获取，并使得空间尺度上连续观测成为可能。有线与无线地面传感器组成的物联网可进行长时间的实时数据采集，获取土壤温湿度、电导率、空气温湿度、光照、植株高度、密度等的时空变化信息，为卫星遥感的地表参量反演、模型同化与耦合、精度验证等提供了重要的真实性信息。遥感与地面传感物联网技术结合实现了对时空连续信息的获取。云技术有着计算速度快、存储空间广、交互能力强等优点，可以实现对海量、多元数据的弹性管理和灵活计算。互联网、云计算等技术相互联结，为急剧增长的海量信息提供了良好的互联、互通、共享的平台。智能手机、平板电脑等便携式移动终端设备，具有便携、操作简单、功能多样、易传递等优点，可以全程全网快速实现信息的在线查询、获取与传输。新一代信息技术的发展必将带动农业领域的变革，也为农田信息获取与精准施肥实施提供了新的手段与机遇。本章对新一代信息技术支持下农田信息获取与精准施肥研究进行简要展望。

第一节　天空地一体化的农田信息获取

　　随着遥感、物联网、云计算、移动互联等技术的飞速发展，我国现代农业也迎来了大数据时代。一方面，随着精准农业的实施和农业信息技术的大范围应用与普及，土肥数据量呈爆炸式增长。另一方面，物联网技术的发展为大数据的获取带来新的契机，其所产生和积累的数据具有范围广、数量大、类型丰富等特点，可实现大数据的实时快速采集。而且，目前由遥感卫星、无人机、地面设备等平台搭载的传感器组成的"天、空、地"立体监测网络逐渐发展起来，其所获取的不同尺度遥感信息、地面监测数据、网络数据及其他信息正呈几何级增长，数据质量也不断提高，有力支撑了农业遥感研究与应用（何山等，2017）。基于有线和无线传感器的各类地基观测技术和组网建设，为卫星遥感的地表参量反演、模型同化与耦合、精度验证等工作提供了重要的真实性信息（史舟等，2015）。因此，地面传感网与遥感观测网相结合可以提高农业遥感的监测精度，从而也提升了农业信息的实时服务能力。通过以上手段获取积累日益丰富的作物与土壤养分等相关数据为农田养分精准管理提供了坚实的基础。

然而，从目前的天空地数据获取来看，卫星遥感数据对农业遥感研究与应用的满足度还不高，卫星和传感器参数的设计还没有充分体现农业的需求。农业定量遥感、作物品种与品质监测、病虫害监测等需要高光谱遥感数据或含有植被信息变化敏感波段的数据；荧光遥感、偏振遥感等新型遥感器在作物生理与生长状态监测方面都将发挥重要作用。为满足农业监测的需求，未来卫星与遥感器设计需考虑多种遥感器的协同与立体观测。另外，无人机遥感技术也得到了快速发展，可以根据需要随时随地获取急需的遥感数据，为农业生产提供了新的数据获取手段。由于农业自身的特点，未来基于有人机和无人机的航空遥感将是农业遥感数据获取的重要组成部分。传感器技术和互联网技术的快速发展催生了物联网的诞生并且飞速发展，基于地面固定平台、车载等移动平台以及人机智能终端的新型物联网将是农业遥感数据获取的重要组成部分。未来农业遥感的研究与应用将在天空地一体化的遥感数据获取体系的支持下开展（陈仲新等，2016；唐华俊，2018）。

第二节　智能化遥感信息提取与数据挖掘技术应用

遥感技术优势在于多尺度、多时相、多谱段地提供大范围的对地观测数据，能够及时获取地表反射率数据，并通过定量反演，进一步获取作物长势及地表环境信息，如叶面积指数、叶绿素含量、土壤水分含量等。但是在作物生长过程中，作物高度、叶面积指数、叶绿素含量、氮素含量、生物量等关键属性是随生育期动态变化过程，单靠遥感数据很难保证观测的时间连续性。因此，大量的研究是将各种农业专业模型如作物生长模型、地表能量平衡模型等与遥感数据进行耦合或同化，来弥补遥感观测时间连续性的缺陷。新的发展趋势一是提高传统农业专业模型的适用性，克服模型完全以农田小区试验为样本，较少考虑地物空间异质性的不足；二是发挥天空地多源数据的优势，结合地面传感网提高信息采集的时效性、周期性；三是重视遥感数据产品的标准化和业务化，提供植被指数、叶面积指数、叶绿素含量、氮素含量等空间信息产品，使得传统农学家更容易将遥感数据引入到各类农业专业模型中（史舟等，2015）。此外，人工智能与大数据技术的发展，为包括农业遥感信息提取与信息反演的应用提供了技术途径，也将推动农业遥感理论与应用的发展（陈仲新等，2016）。

第三节　高精度数字土壤制图

土壤调查与制图是获取土壤信息的基本手段，通过土壤调查与制图工作获得的土壤图件和调查报告等成果，是农田土壤养分资源管理的重要依据之一。过去，土壤专家通过野外调查在脑海中形成土壤—景观模型，以多边形为基本表达方式，以手工勾绘为基本技术，依据地形图、航空影像或卫星影像进行土壤制图。近几十年来，随着地理信息系统、数据挖掘和地表数据获取技术的发展，数字土壤制图成为一种新兴的、高效表达土壤空间分布的方法（Hengl et al.，2017）。为了得到高精度的数字土壤图，国内外学者在获取环境变量数据、采样方法和制图模型方法方面开展了大量的研究，应用案例也从小范围到大区域，甚至是全球尺度（朱阿兴等，2018）。随着遥感、机器学习、数据挖掘以及三维插值等技术的发展，为数字土壤制图带来了新的机遇，但同时还面临新的挑战。

随着遥感数据的空间分辨率不断提高，多源多时相的遥感数据更能有效地反映某些土壤类型的空间差异信息。由于土壤状况不同，其生长的植被状态随时间变化而产生的长势差异也会在遥感图像上表现出来。因此，通过对长时间序列、高空间分辨率的高光谱、多光谱遥感数据的解析，可获取与土壤空间变化具有协同关系的信息，进而实现土壤制图的目的。然而，这方面的工作刚刚起步，还需进行大量深入细致的研究（朱阿兴等，2018）。

机器学习、数据挖掘等方法在数字土壤制图中已得到全面的应用，也取得了不错的制图精度，这些方法的特点是利用大量的训练集样点获取土壤与环境因子的关系或空间位置关系。但是，基于样点获得的关系可能过于依赖样点数据，需要结合土壤发生学知识建立更准确的关系。因此，在采用机器学习和数据挖掘方法时如何与土壤发生学知识进行结合也是一个重要的研究方向（朱阿兴等，2018）。

另外，传统的土壤制图主要获取二维空间上的养分信息。然而，在农业生产中，不仅需要了解大范围空间上土壤养分的分布信息，而且还需知悉土壤养分随土壤深度的变化特征。随着三维空间插值技术发展，数字土壤制图从仅关注表层的二维向整个土体甚至风化层的三维制图方面拓展，完整描述地球表层的变异，向"透明土壤"迈进，使得农田养分资源管理更加的精细化（张甘霖等，2018）。

第四节　新一代信息技术支持下的精准施肥模式

随着科学技术的迅速发展，大数据、云计算、移动互联网已成为时代主题，正在推动着新经济时代的发展，农田精准施肥模式也将发生新的变革，正朝着信息化、智能化的方向发展。

一、"基准+精准"的精准施肥模式

国内外对于精准施肥方面的研究与应用开展了大量工作，取得了显著成效，在农业节本增效、增产增收等方面发挥了积极的作用。例如，我国测土配方施肥推广面积已近14亿亩（1亩≈667平方米），覆盖率达60%以上，而且我国2015年水稻、玉米、小麦三大粮食作物化肥利用率较2005年提高了7.2%。然而，在我国精准养分管理的实施中，仍存在重研究、轻应用，重理论、轻技术以及传统技术与现代技术的融合严重滞后等问题。在当前大数据、云计算、移动互联网、人工智能等信息技术日趋成熟的背景下，加强传统技术与现代技术有效、全面、深入的融合是实施智能化、信息化精准施肥的前提与基础。

浙江大学何山等（2017）提出了"基准+精准"的现代精准施肥模式，以作物田间施肥总量定额、基肥打底、变量追肥的路径来实现养分管理目标。"基准"以现有土壤数据库为基础，通过对土壤养分时空分布规律的定量化挖掘，获得农田土壤养分

与综合肥力的空间分布信息；根据测土配方施肥技术，结合作物需肥、气候等基础信息，制订田间"基准"施肥方案，明确不同作物的施肥总量、基肥与追肥的施用时间和数量等，最终实现田间养分的科学管理。"精准"是在"基准"施肥方案基础上进行追肥的"精准"修正，主要根据作物长势与营养的空间差异信息，对肥料的施用进行适时适量的调整。因此，通过植物营养诊断对田间养分管理的"基准"施肥方案进行追肥的"精准"修正，实现作物田间养分的动态管理是非常必要的。"基准+精准"作物田间养分管理模式充分挖掘现有成果的可持续利用价值，可在长期投入的基础上获得持续回报，可使农业产出最大化进一步得到实现。

二、新一代信息技术支持下的"基准+精准"精准施肥模式实现

大数据、云计算、移动互联网、人工智能等新一代信息技术正在推动着新经济时代的发展，为"基准+精准"精准施肥模式实现提供了新的机遇。

（一）基于土壤大数据的"基准"施肥方案的制订

随着全国测土配方施肥的实施和农业信息技术的大范围应用与普及，土肥数据量呈爆炸式增长。应充分收集、整理农田土壤、作物、气象、耕种模式、灌溉等数据，并进行标准化处理，建立农田资源环境基础数据库。运用GIS、空间统计学以及时空数据挖掘等方法，进行土壤养分和综合肥力的评价与分等定级，实现对田间大数据的时空定量化挖掘；然后根据测土配方施肥技术，结合作物需肥、气候等田间基础数据，最终得到包括基肥和追肥的施用数量及时间的"基准"施肥方案。在此基础上，利用WebGIS技术、云计算服务技术，以多尺度遥感影像图或行政区划图为底图，实现农田数据的空间信息化和施肥处方的可视化，并为移动端推送施肥方案，最终实现对农田养分的精细管理。

（二）基于作物养分遥感诊断技术的施肥方案"精准"修正

在国外大型农场，利用谷物联合收割机搭载GPS的定位系统，可获取并生成产量图，基于产量图可修正下一年度的施肥方案。而我国农业因农业机械化技术水平落后，土地利用率、集约化程度、综合生产力等不高，并且在相当长时期内仍将是以农户为单位的小块耕作，联合收割机、大马力拖拉机等大型农业机械在很多地区很难施展等诸多因素限制，因此利用产量图来修正施肥方案的方法还不适应我国国情和发展阶段，而基于遥感技术的作物养分监测诊断可能是当下的替代方法。作物不同营养状况的长势、冠层光谱特性、叶片叶色及形态存在显著差异，因此通过高分辨率卫星遥

感技术或无人机遥感技术获取田间作物冠层高光谱、多光谱影像，构建遥感反演模型来计算叶面积指数（LAI）、叶片氮素或叶绿素含量等表征作物长势与营养的信息，结合专家知识建立营养诊断模型，判断作物是否处于营养胁迫、营养胁迫种类及胁迫程度，最终依据营养诊断结果，在已确定的"基准"方案的基础上，实现对追肥量进行"精准"修正（何山等，2017）。

（三）基于新一代信息技术的"基准+精准"精准施肥模式实现

遥感与地面传感技术的发展为大数据的获取带来新的契机，其所产生和积累的数据具有范围广、数量大、类型丰富等特点，可实现大数据的实时快速采集。基于地面各类传感器获取的地面数据，为卫星遥感的地表参量反演、模型同化与耦合、精度验证等工作提供了重要的真实性信息（史舟等，2015），遥感与地面传感网相结合是精准农业发展的趋势。随着云计算服务技术的兴起，云服务器可实现田间数据库管理及查询、数字土壤制图、作物营养遥感诊断、田间养分管理处方图生成、决策建议与推送服务等功能。通过"云技术+地面传感+遥感+移动互联网"的系统架构实现"基准方案推送—无损诊断—精准修订—成效反馈—方案优化"的动态实施和更新模式，实现作物田间养分管理的动态实施和推广应用。

第五节　精准施肥模式实现对策

以遥感、物联网、大数据、移动互联、云计算技术为支撑和手段的作物田间信息获取与养分精准管理模式的科学、有效实现，需要政府、科研院所、企业和农户的共同参与，彼此间优势互补、相互协作，从而为"基准+精准"作物田间养分管理模式的动态实施和推广应用提供有效保障。

一、政　府

政府应从我国国情出发，根据当地农业生产对精准农业技术的实际需求，加强顶层设计，因地制宜地发展和应用精准施肥技术，并出台相应的政策；同时提供发展精准农业技术需要的资金、人才等硬性保障，为精准施肥的有效、有序实施提供政策保障与支持。更重要的是政府应加强统筹协调力度，帮助搭建在发展精准农业产业链条上的信息交流平台和大数据开放共享平台，组织协调政府各部门数据整合与共享开放，打破政府各部门间、政府与民众间的数据鸿沟，促进数据的应用。如国家地球系统科学数据中心（NESSDC）建立了基于网络平台的信息交流与数据共享中心，将地球系统科学等多学科重要研究成果以及地理属性、空间数据资源进行存储与共享，加强了学科间的交叉互动。在精准农业相关科技成果转化方面，政府也应加大扶持力度，对精准施肥模式的基本运行以及研究成果产品化提供必要的资金支持。此外，政府应加大对精准农业的宣传推广力度，组织举办精准农业相关的各类农业技术培训等，提升公众对精准农业的认识水平。

二、科研院所

科研院所应根据农业生产对精准农业技术的实际需求，探索适合国情农情的精准农业发展模式和技术体系。加强对土壤学、植物营养学、遥感科学、地理信息系统、计算机科学等不同学科之间的交流与合作，突破精准农业信息获取与解析技术、多源数据融合技术、管理决策与处方生成技术、智能装备与精准作业技术等全过程的关键技术；尤其要加强以遥感、物联网、大数据、移动互联、云计算技术为支撑和手段的精准农业关键技术研究；并加强各技术的集成研究，重视科研成果的综合应用。另外，科研院所也要加强与企业的合作，积极了解企业研发的产品在实际应用中所面临的问题，从而进行针对性研究，深化合作共赢意识，将最新的科研成果推广到实际应用中，促进精准农业技术与装备产品的产业化。

三、企 业

企业是科研成果转化与产业化的主体，是将最新的研究成果进行市场检验的中间渠道；同时企业也是主要的创新主体之一。例如美国精准农业技术目前最具有代表性的系统是约翰迪尔公司在2012年推出的"绿色之星"精准农业系统和凯斯公司2013年年初推出的新一代"先进农业"精准农业系统，这2个精准农业技术系统在美国得到了较为广泛的应用，是美国精准农业技术系统的集大成者；其中，"绿色之星"精准农业系统是基于全球定位系统与地理信息系统的基础，结合了物联网技术发展而成的新型精准农业系统，适合大中规模的机械化生产的农场使用，其在大农场中的市场占有率达到了65%以上。日本Farmers Edge是精准农业领域的一家公司，以无人机+机器人为切入口，专门通过田间变量实施技术、卫星成像和气候监控等为农民提供优化作物投入、提高产量、减少环境影响等服务。国内企业应在学习借鉴国外成功经验的基础上，以市场应用为导向，研发出适合我国国情和发展阶段的应用产品；在进行技术转化与推广应用的同时，企业还需与政府部门和科研院所进行对接和优势互补，针对不同用户反馈的具体问题，研发更加经济实用、用户体验好的产品与服务。当前，国内精准农业服务企业主要服务对象为规模化种植用户，而在全国2.6亿的农户中，$2hm^2$以下的经营规模农户仍占据了96%，我国农业生产还处于小户、散户等状态，而精准农业服务企业如何通过降低监测成本，满足这些小户、散户的需求是未来发展的重点。

四、农场/农户

农场/农户是精准施肥模式田间应用的最终实践者和受益者，例如2013年年底美国农业部发布的数据显示，美国年生产总值100万美元以上的农场精准农业技术的使用率达到了93%，50万～100万美元的农场精准农业技术使用率为85%左右，一些小型农场也开始推广普及精准农业技术。利用3S技术进行农作物的精确化种植，可节省肥料10%，小麦、玉米增产15%以上。智能化与信息化是未来田间养分精准管理的发展趋势，我国农户应在政府支持下从传统农业模式向精准农业模式转型，积极参加相关部门开展的系列工作和培训，了解、学习精准农业新理论和新技术，并反馈农情、产量、收益和产品使用等相关信息以及农业生产中的实际需求，从而参与到政府、科研院所和企业来在理论创新、方法改进和产品升级中去。例如，荷兰有80%的农民已在荷兰政府提供的卫星支持下，使用全球定位系统捕捉农田信息，并对农田状况进行科学分析；此外，农民们也通过无人机等方式收集田间信息，并且绝大部分的田间防治都基于大数据分析；从而形成创新—应用—再创新的良性循环，最终实现化肥减量增效、农民减本增收的良好效益。

主要参考文献

柴旭荣，黄元仿，苑小勇，等，2008. 利用高程辅助进行土壤有机质的随机模拟[J]. 农业工程学报，24（12）：210-214.

柴旭荣，黄元仿，苑小勇，2007. 用高程辅助提高土壤属性的空间预测精度[J]. 中国农业科学，40（12）：2766-2773.

陈能场，郑煜基，何晓峰，等，2014. 全国土壤污染状况调查公报[J]. 中国环保产业（5）：10-11.

陈仲新，任建强，唐华俊，等，2016. 农业遥感研究应用进展与展望[J]. 遥感学报，20（5）：748-767.

高亮之，2001. 数字农业与我国农业发展[J]. 计算机与农业（9）：1-3.

葛畅，刘慧琳，聂超甲，等，2019. 土壤肥力及其影响因素的尺度效应：以北京市平谷区为例[J]. 资源科学，41（4）：753-765.

葛丽娟，王小平，王清涛，等，2017. PROSAIL模型在半干旱区春小麦不同干旱胁迫条件下的适用性分析[J]. 干旱气象，35（6）：926-933.

龚绍琦，王鑫，沈润平，等，2010. 滨海盐土重金属含量高光谱遥感研究[J]. 遥感技术与应用，25（2）：169-177.

郭旭东，傅伯杰，陈利顶，等，2000. 河北省遵化平原土壤养分的时空变异特征——变异函数与Kriging插值分析[J]. 地理学报，55（5）：555-566.

何广均，冯学智，肖鹏峰，等，2015. 一种基于植被指数—地表温度特征空间的蒸散指数 [J]. 干旱区地理，38（5）：887-899.

何山，孙媛媛，沈掌泉，等，2017. 大数据时代精准施肥模式实现路径及其技术和方法研究展望[J]. 植物营养与肥料学报，23（6）：1514-1524.

贺军亮，张淑媛，查勇，等，2015. 高光谱遥感反演土壤重金属含量研究进展[J]. 遥感技术与应用，30（3）：407-412.

胡红武，胡梅，龙玲，等，2008. 区域干旱遥感监测研究综述[J]. 安徽农业科学，36（36）：14817-14819.

黄绍文，金继运，杨俐苹，等，2003. 县级区域粮田土壤养分空间变异与分区管理技术研究[J]. 土壤学报，40（1）：79-88.

黄文江，王锦地，穆西晗，等，2007. 基于核驱动模型参数反演的作物株型遥感识别[J]. 光谱学与光谱分析，27（10）：1921-1924.

季耿善，徐彬彬，1987. 土壤粘土矿物反射特性及其在土壤学上的应用[J]. 土壤学报，24（1）：67-76.

姜海玲，张立福，杨杭，等，2016. 植被叶片叶绿素含量反演的光谱尺度效应研究[J]. 光谱学与光谱分析，36（1）：169-176.

蒋阿宁，2007. 基于多源数据的冬小麦变量施肥研究[D]. 呼和浩特：内蒙古农业大学.

解宪丽，孙波，郝红涛，2007. 土壤可见光—近红外反射光谱与重金属含量之间的相关性[J]. 土壤学报，44（6）：982-993.

孔晨晨，刘慧琳，聂超甲，等，2018. 北京平原区土壤Cr空间分布及影响因素研究[J]. 农业资源与环境学报，35（3）：229-236.

李巨宝，田庆久，吴昀昭，2005. 滏阳河两岸农田土壤Fe，Zn，Se元素光谱响应研究[J]. 遥感信息（3）：10-13.

李双成，蔡运龙，2005. 地理尺度转换若干问题的初步探讨[J]. 地理研究，24（1）：11-18.

李志宏，刘宏斌，张福锁，2003. 应用叶绿素仪诊断冬小麦氮营养状况的研究[J]. 植物营养与肥料学报，9（4）：401-405.

李志宏，王兴仁，张福锁，1997. 我国北方地区几种主要作物氮营养诊断及追肥推荐研究. IV冬小麦—夏玉米轮作制度下氮素营养诊断及氮肥推荐研究[J]. 植物营养与肥料学报，3（4）：357-362.

梁红霞，赵春江，黄文江，等，2005. 利用光谱指数进行冬小麦变量施肥的可行性及其效益评价[J]. 遥感技术与应用，20（5）：469-473.

廖钦洪，张东彦，王纪华，等，2014. 基于多角度成像数据的新型植被指数构建与叶绿素含量估算[J]. 光谱学与光谱分析，34（6）：161-166.

刘焕军，赵春江，王纪华，等，2011. 黑土典型区土壤有机质遥感反演[J]. 农业工程学报，27（8）：211-215.

刘镕源，2011. 作物冠层内光合有效辐射垂直分布模拟研究[D]. 北京：北京师范大学.

刘伟东，2002. 高光谱遥感土壤信息提取与挖掘研究[D]. 北京：中国科学院研究生院（遥感应用研究所）.

刘炜，常庆瑞，郭曼，等，2010. 小波变换在土壤有机质含量可见/近红外光谱分析中的应用[J]. 干旱地区农业研究，28（5）：241-246.

刘兴文，冯勇进，1987. 应用热惯量编制土壤水分图及土壤水分探测效果[J]. 土壤学报，24（3）：272-280.

马建威，黄诗峰，李纪人，等，2016. 改进Sobol算法支持下的PROSAIL模型参数全局敏感性分析[J]. 测绘通报（3）：33-35.

乔娟峰，熊黑钢，王小平，等，2018. 基于最优模型的荒地土壤有机质含量空间反演[J]. 江苏农业学报，34（1）：68-75.

沈强，张世文，夏沙沙，等，2019. 基于支持向量机的土壤有机质高光谱反演[J]. 安徽理工大学学报（自然科学版），39（4）：39-45.

沈掌泉，王珂，朱君艳，2002. 叶绿素计诊断不同水稻品种氮素营养水平的研究初报[J]. 科技通报，18（3）：173-176.

史舟，梁宗正，杨媛媛，等，2015. 农业遥感研究现状与展望[J]. 农业机械学报，46（2）：247-260.

孙林，程丽娟，2011. 植被生化组分光谱模型抗土壤背景的能力[J]. 生态学报，31（6）：1641-1652.

孙问娟，李新举，2018. 煤矿区土壤有机碳含量的遥感反演与分布特征[J]. 水土保持学报，32（3）：328-333，339.

孙焱鑫，王纪华，李保国，等，2007. 基于GA的GRNN高光谱遥感反演冬小麦叶片氮含量模型的建立与验证[J]. 土壤通报，38（3）：508-512.

覃文忠，王建梅，刘妙龙，2005. 地理加权回归分析空间数据的空间非平稳性[J]. 辽宁师范大学学报（自然科学版），28（4）：476-479.

唐华俊，2018. 农业遥感研究进展与展望[J]. 农学学报，8（1）：167-171.

陶超，崔文博，王亚晋，等，2019. 可迁移的土壤重金属污染高光谱定性分类方法研究[J]. 光谱学与光谱分析，39（8）：2602-2607.

陶澍，曹军，李本纲，等，2001. 深圳市土壤微量元素含量成因分析[J]. 土壤学报，38（2）：248-255.

汪涛，黄文江，董斌，等，2015. 基于夏玉米冠层内辐射分布的不同层叶面积指数模拟[J]. 农业工程学报，31（S1）：221-229.

汪涛，2015. 植被冠层内光合有效辐射和叶面积指数垂直分布反演研究[D]. 合肥：安徽农业大学.

王晶，任丽，杨联安，等，2017. 基于云模型的西安市蔬菜区土壤肥力综合评价[J]. 干旱区资源与环境，31（10）：183-189.

王艳姣，闫峰，2014. 旱情监测中高植被覆盖区热惯量模型的应用[J]. 干旱区地理，37（3）：539-547.

王政权，1999. 地统计学及在生态学中的应用[M]. 北京：科学出版社.

吴黎，张有智，解文欢，等，2013. 改进的表观热惯量法反演土壤含水量[J]. 国土资源遥感，25（1）：44-49.

吴昀昭，2005. 南京城郊农业土壤重金属污染的遥感地球化学基础研究[D]. 南京：南京大学.

武军，谢英丽，安丙俭，2013. 我国精准农业的研究现状与发展对策[J]. 山东农业科学，45（9）：118-121.

谢巧云，黄文江，蔡淑红，等，2014. 冬小麦叶面积指数遥感反演方法比较研究[J]. 光谱学与光谱分析，34（5）：1352-1356.

谢巧云，2017. 考虑红边特性的多平台遥感数据叶面积指数反演方法研究[D]. 北京：中国科学院大学.

闫岩，柳钦火，刘强，等，2006. 基于遥感数据与作物生长模型同化的冬小麦长势监测与估产方法研究[J]. 遥感学报，10（5）：804-811.

颜春燕，牛铮，王纪华，等，2005. 光谱指数用于叶绿素含量提取的评价及一种改进的农作物冠层叶绿素含量提取模型[J]. 遥感学报，9（6）：742-750.

杨贵军，赵春江，李振海，2018. 作物氮素定量遥感与应用[M]. 北京：科学出版社.

杨林章，孙波，刘健，2002. 农田生态系统养分迁移转化与优化管理研究[J]. 地球科学进展，17（3）：441-445.

杨绍源，2015. 冬小麦氮素含量垂直分布的多角度光谱反演研究[D]. 合肥：安徽大学.

叶回春，张世文，黄元仿，等，2013. 北京延庆盆地农田表层土壤肥力评价及其空间变异[J]. 中国农业科学，46（15）：3151-3160.

于雷，洪永胜，耿雷，等，2015. 基于偏最小二乘回归的土壤有机质含量高光谱估算[J]. 农业工程学报，31（14）：103-109.

袁旭音，陈骏，季峻峰，等，2002. 太湖沉积物和湖岸土壤的污染元素特征及环境变化效应[J]. 沉积学报，20（3）：427-434.

张福锁，2006. 测土配方施肥技术要览[M]. 北京：中国农业大学出版社.

张甘霖，朱阿兴，史舟，等，2018. 土壤地理学的进展与展望[J]. 地理科学进展，37（1）：57-65.

张宏彦，陈清，李晓林，等，2003. 利用不同土壤Nmin目标值进行露地花椰菜氮肥推荐[J]. 植物营养与肥料学报，9（3）：342-347.

张娜，2007. 生态学中的尺度问题：尺度上推[J]. 生态学报，27（10）：4252-4266.

张庆利，潘贤章，王洪杰，等，2003. 中等尺度上土壤肥力质量的空间分布研究及定量评价[J]. 土壤通报，34（6）：493-497.

张世文，2011. 区域土壤质量评价与时空变异分析：以北京市密云县为例[D]. 北京：中国农业大学.

张喜杰，李民赞，张彦娥，等，2004. 基于自然光照反射光谱的温室黄瓜叶片含氮量预测[J]. 农业工程学报，20（6）：11-14.

章家恩，黄润，饶卫民，等，2001. 玉米群体内太阳光辐射垂直分布规律研究[J]. 生态科学，20（4）：8-11.

赵春江，黄文江，王纪华，等，2006. 用多角度光谱信息反演冬小麦叶绿素含量垂直分布[J]. 农业工程学报，22（6）：104-109.

赵春江，2014. 农业遥感研究与应用进展[J]. 农业机械学报，45（12）：277-293.

赵娟，黄文江，张耀鸿，等，2013. 冬小麦不同生育时期叶面积指数反演方法[J]. 光谱学与光谱分析，33（9）：2546-2552.

赵娟，张耀鸿，黄文江，等，2014. 基于热点效应的不同株型小麦 LAI 反演[J]. 光谱学与光谱分析，34（1）：207-211.

赵娟，2014. 基于多时相多角度遥感数据的植被叶面积指数反演[D]. 南京：南京信息工程大学.

赵永存，黄标，孙维侠，等，2007. 张家港土壤表层铜含量空间预测的不确定性评价研究[J]. 土壤学报，44（6）：974-981.

周启发，王人潮，1993. 水稻氮素营养水平与光谱特性的关系[J]. 浙江农业大学学报，19（S1），40-45.

周贤锋，2017. 色素含量比值进行作物氮素营养状况诊断方法研究[D]. 北京：中国科学院大学.

周允华，项月琴，林忠辉，1997. 紧凑型夏玉米群体的辐射截获[J]. 应用生态学报，8（1）：21-25.

朱阿兴，杨琳，樊乃卿，等，2018. 数字土壤制图研究综述与展望[J]. 地理科学进展，37（1）：66-78.

Allen L，1974. Model of light penetration into a wide-row crop [J]. Agronomy journal，66（1）：41-47.

Bate P E, Andrale P H, 1995. The effect of radiation and nitrogen on number of grain in wheat [J]. Journal of agriclture science, 124（3）: 351-360.

Blackburn G A, 1998a. Quantifying chlorophylls and caroteniods at leaf and canopy scales: An evaluation of some hyperspectral approaches [J]. Remote sensing of environment, 66（3）: 273-285.

Blackburn G A, 1998b. Spectral indices for estimating photosynthetic pigment concentrations: a test using senescent tree leaves [J]. International journal of remote sensing, 19（4）: 657-675.

Bonhomme R, 1972. The interpretation and automatic measurement of hemispherical photographs to obtain sunlit foliage area and gap frequency [J]. Israel journal of agricultural research, 22（2）: 53-61.

Bourennane H, King D, Couturier A, et al., 2007. Uncertainty assessment of soil water content spatial patterns using geostatistical simulations: an empirical comparison of a simulation accounting for single attribute and a simulation accounting for secondary information [J]. Ecological modelling, 205（3）: 323-335.

Broge N H, Leblanc E, 2001. Comparing prediction power and stability of broadband and hyperspectral vegetation indices for estimation of green leaf area index and canopy chlorophyll density [J]. Remote sensing of environment, 76: 156-172.

Cambardella C A, Moorman T B, Novak J M, et al., 1994. Field-scale variability of soil properties in central low a soils [J]. Soil science society of america journal, 58（5）: 1501-1511.

Campbell G, 1986. Extinction coefficients for radiation in plant canopies calculated using an ellipsoidal inclination angle distribution [J]. Agricultural and forest meteorology, 36（4）: 317-321.

Carlson T N, Gillies R R, Perry E M, 1994. A method to make use of thermal infrared temperature and NDVI measurements to infer surface soil water content and fractional vegetation cover [J]. Remote sensing review, 9（1-2）: 161-173.

Casa R, Castaldi F, Pascucci S, et al., 2015. Chlorophyll estimation in field crops: an assessment of handheld leaf meters and spectral reflectance measurements [J]. Journal of agricultural science, 153（5）: 876-890.

Chappelle E W, Kim M S, McMurtrey J E, 1992. Ratio analysis of reflectance spectra（RARS）: an algorithm for the remote estimation of the concentrations of chlorophyll a, chlorophyll b, and carotenoids in soybean leaves [J]. Remote sensing of environment, 39（3）: 239-247.

Chen F, Kissel D E, West L T, et al., 2000. Field-scale mapping of surface soil organic carbon using remotely sensed imagery [J]. Soil science society of america journal, 64（2）: 746-753.

Chen J M, Black T, 1992. Defining leaf area index for non - flat leaves [J]. Plant cell & environment, 15（4）: 421-429.

Chen J M, Pavlic G, Brown L, et al., 2002. Derivation and validation of Canada-wide coarse-resolution leaf area index maps using high-resolution satellite imagery and ground measurements [J]. Remote sensing of environment, 80（1）: 165-184.

Chen J, Cihlar J, 1997. A hotspot function in a simple bidirectional reflectance model for satellite applications [J]. Journal of geophysical research, 102（D22）: 25907-25913.

Chen M, Ma L Q, Hoogeweg C G, et al., 2001. Arsenic background concentrations in Florida,

U.S.A. Surface Soils: Determination and Interpretation [J]. Environmental forensics, 2（2）: 117-126.

Choe E, van der Meer F, van Ruitenbeek F, et al., 2008. Mapping of heavy metal pollution in stream sediments using combined geochemistry, field spectroscopy, and hyperspectral remote sensing: A case study of the Rodalquilar mining area, SE Spain [J]. Remote sensing of environment, 112（7）: 3222-3233.

Clark R N, Roush T L, 1984. Reflectance spectroscopy: Quantitative analysis techniques for remote sensing applications [J]. Journal of geophysical research: solid earth, 89（B7）: 6329-6340.

Clevers J, Kooistra L, 2012. Using hyperspectral remote sensing data for retrieving canopy chlorophyll and nitrogen content [J]. IEEE journal of selected topics in applied earth observations and remote sensing, 5（2）: 574-583.

Connor D J, Sadras V O, Hall A J, 1995. Canopy nitrogen distribution and the photosynthetic performance of sunflower crops during grain filling—a quantitative analysis [J]. Oecologia, 101（3）: 274-281.

Dash J, Curran P J, 2004. The MERIS terrestrial chlorophyll index [J]. International journal of remote Sensing, 25（23）: 5403-5413.

Datt B, 1998. Remote sensing of chlorophyll a, chlorophyll b, chlorophyll a+b, and total carotenoid content in eucalyptus leaves [J]. Remote sensing of environment, 66（2）: 111-121.

Datt B, 1999. A new reflectance index for remote sensing of chlorophyll content in higher plants: tests using Eucalyptus leaves [J]. Journal of plant physiology, 154（1）: 30-36.

Daughtry C S T, Walthall C L, Kim M S, et al., 2000. Estimating corn leaf chlorophyll concentration from leaf and canopy reflectance [J]. Remote sensing of environment, 74（2）: 229-239.

Dehaan R, Taylor G J R, 2002. Field-derived spectra of salinized soils and vegetation as indicators of irrigation-induced soil salinization [J]. Remote sensing of environment, 80（3）: 406-417.

Demmigadams B, 1990. Carotenoids and photoprotection in plants-a role for the xanthophyll zeaxanthin [J]. Biochimica et biophysica acta, 1020（1）: 1-24.

Eitel J U H, Long D S, Gessler P E, et al., 2007. Using in - situ measurements to evaluate the new RapidEye™ satellite series for prediction of wheat nitrogen status [J]. International journal of remote sensing, 28（18）: 4183-4190.

Feng W, Guo B B, Wang Z J, et al., 2014. Measuring leaf nitrogen concentration in winter wheat using double-peak spectral reflection remote sensing data [J]. Field crops research, 159: 43-52.

Feret J B, Francois C, Asner G P, et al., 2008. PROSPECT-4 and 5: Advances in the leaf optical properties model separating photosynthetic pigments [J]. Remote sensing of environment, 112（6）: 3030-3043.

Filella I, Porcar-Castell A, Munne-Bosch S, et al., 2009. PRI assessment of long-term changes in carotenoids/chlorophyll ratio and short-term changes in de-epoxidation state of the xanthophyll cycle [J]. International journal of remote sensing, 30（17）: 4443-4455.

Filella I, Serrano L, Serra J, et al., 1995. Evaluating wheat nitrogen status with canopy reflectance indices and discriminant analysis [J]. Crop science, 35（5）: 1400-1405.

Fitzgerald G J, Rodriguez D, Christensen L K, et al., 2006. Spectral and thermal sensing for nitrogen and water status in rainfed and irrigated wheat environments [J]. Precision agriculture, 7（4）: 233-248.

Freeman K W, Wynn K J, Thomason W E, et al., 2001. Nitrogen fertilization optimization algorithm based on in-season estimates of yields and plant nitrogen uptake [J]. Journal of plant nutrition, 24（6）: 885-898.

Gamon J A, Penuelas J, Field C B, 1992. A narrow-waveband spectral index that tracks diurnal changes in photosynthetic efficiency [J]. Remote sensing of environment, 41（1）: 35-44.

Gamon J A, Serrano L, Surfus J S, 1997. The photochemical reflectance index: an optical indicator of photosynthetic radiation use efficiency across species, functional types, and nutrient levels [J]. Oecologia, 112（4）: 492-501.

Ganapol B, Johnson L, Hammer P, et al., 1998. LEAFMOD: a new within-leaf radiative transfer model [J]. Remote sensing of environment 63（2）: 182-193.

Garrity S R, Eitel J U H, Vierling L A, 2011. Disentangling the relationships between plant pigments and the photochemical reflectance index reveals a new approach for remote estimation of carotenoid content [J]. Remote sensing of environment, 115（2）: 628-635.

Gijzen H, Goudriaan J, 1989. A flexible and explanatory model of light distribution and photosynthesis in row crops [J]. Agricultural and forest meteorology, 48（1）: 1-20.

Gitelson A A, Keydan G P, Merzlyak M N, 2006. Three-band model for noninvasive estimation of chlorophyll, carotenoids, and anthocyanin contents in higher plant leaves [J]. Geophysical research letters, 33（11）: L11402.

Gitelson A A, Peng Y, Arkebauer T J, et al., 2014. Relationships between gross primary production, green LAI, and canopy chlorophyll content in maize: Implications for remote sensing of primary production [J]. Remote sensing of environment, 144: 65-72.

Gitelson A A, Vina A, Ciganda V, et al., 2005. Remote estimation of canopy chlorophyll content in crops [J]. Geophysical research letters, 32（8）: L08403.

Gitelson A A, Zur Y, Chivkunova O B, et al., 2002. Assessing Carotenoid Content in Plant Leaves with Reflectance Spectroscopy [J]. Photochemistry and photobiology, 75（3）: 272-281.

Gitelson A, Merzlyak M N, 1994. Quantitative estimation of chlorophyll-a using reflectance spectra-Experiments with autumn chestnut and maple leaves [J]. Journal of photochemistry and photobiology b: biology, 22（3）: 247-252.

Gitelson A, Merzlyak M N, 1994. Spectral reflectance changes associated with autumn senescence of Aesculus hippocastanum L. and Acer platanoides L. leaves. Spectral features and relation to chlorophyll estimation [J]. Journal of plant physiology, 143（3）: 286-292.

Govaerts Y M, Verstraete M M, Pinty B, et al., 1999. Designing optimal spectral indices: a feasibility and proof of concept study [J]. International journal of remote sensing, 20（9）: 1853-1873.

Guo L, Linderman M, Shi T, et al., 2018. Exploring the sensitivity of sampling density in digital mapping of soil organic carbon and its application in soil sampling [J]. Remote sensing, 10（6）：888.

Gutierrez-Rodriguez M, Escalante-Estrada J A, Reynolds J P., 2006. Canopy reflectance indices and its relationship with yield in common bean plants（*Phaseolus vulgaris* L.）with phosphorous supply [J]. International journal of agriculture and biology, 8（2）：203-207.

Haboudane D, Miller J R, Pattey E, et al., 2004. Hyperspectral vegetation indices and novel algorithms for predicting green LAI of crop canopies：modeling and validation in the context of precision agriculture [J]. Remote sensing of environment, 90（3）：337-352.

Haboudane D, Miller J R, Tremblay N, et al., 2002. Integrated narrow-band vegetation indices for prediction of crop chlorophyll content for application to precision agriculture [J]. Remote sensing of environment, 81：416-426.

Hansen P M, Schjoerring J K, 2003. Reflectance measurement of canopy biomass and nitrogen status in wheat crops using normalized difference vegetation indices and partial least squares regression [J]. Remote sensing of environment, 86（4）：542-553.

Hapke B, 1981. Bidirectional reflectance spectroscopy：1. Theory [J]. Journal of geophysical research：solid earth, 86（B4）, 3039-3054.

Hasegawa K, Matsuyama H, Tsuzuki H, et al., 2010. Improving the estimation of leaf area index by using remotely sensed NDVI with BRDF signatures [J]. Remote sensing of environment, 114（3）：514-519.

HENGL T, Heuvelink G B M, Rossiter D G, 2007. About regression-kriging：from equations to case studies [J]. Computers & geoences, 33（10）：1301-1315.

Hengl T, Mendes de J J, Heuvelink G B M, et al., 2017. Soilgrids250m：global gridded soil information based on machine learning [J]. Plos one, 12（2）：e0169748.

Hernández-Clemente R, Navarro-Cerrillo R M, Suárez L, et al., 2011. Assessing structural effects on PRI for stress detection in conifer forests [J]. Remote sensing of environment, 115：2360-2375.

Hernández-Clemente R, Navarro-Cerrillo R M, Zarco-Tejada P J, 2012. Carotenoid content estimation in a heterogeneous conifer forest using narrow-band indices and PROSPECT+ DART simulations [J]. Remote sensing of environment, 127：298-315.

HORLER D, Dockray M, Barber J, 1983. The red edge of plant leaf reflectance [J]. International journal of remote sensing, 4（2）：273-288.

Huang W J, Wang Z J, Huang L S, et al., 2011. Estimation of vertical distribution of chlorophyll concentration by bi-directional canopy reflectance spectra in winter wheat [J]. Precision agriculture, 12（2）：165-178.

Huang W, Niu Z, Wang J, et al., 2006. Identifying crop leaf angle distribution based on two-temporal and bidirectional canopy reflectance [J]. IEEE transactions on geoscience and remote sensing, 44（12）：3601-3609.

Huber S, Koetz B J, Psomas A, et al., 2010. Impact of multiangular information on empirical models to estimate canopy nitrogen concentration in mixed forest [J]. Journal of applied remote sensing, 4（1）：043530.

Huete A R, 1988. A soil-adjusted vegetation index (SAVI) [J]. Remote sensing of environment, 25 (3): 295-309.

Idso S B, Clawson K L, Anderson M G, 1986. Foliage temperature: effects of environmental factors with implication for plant water stress assessment and CO2 effects of climate [J]. Water resource research, 22 (12): 1702-1716.

Jackson R D, Idso S B, Reginato R J, et al., 1981. Canopy temperature as a crop water stress indicator [J]. Water resources research, 17 (4): 1133-1138.

Jacquemoud S, Baret F, 1990. PROSPECT: a model of leaf optical properties spectra [J]. Remote sensing of environment, 34 (2): 75-91.

Jensen J, 1991. Use of the geometric average for effective permeability estimation [J]. Mathematical geology, 23 (6): 833-840.

Jordan C F, 1969. Derivation of leaf area index from quality of light on the forest floor [J]. Ecology, 50: 663-666.

Kokaly R F, Clark R N, 1999. Spectroscopic determination of leaf biochemistry using band-depth analysis of absorption features and stepwise multiple linear regression [J]. Remote sensing of environment, 67 (3): 267-287.

Kokaly R F, 2001. Investigating a physical basis for spectroscopic estimates of leaf nitrogen concentration [J]. Remote sensing of environment, 75 (2): 153-161.

Kong W P, Huang W J, Liu J G, et al., 2017. Estimation of canopy carotenoid content of winter wheat using multi-angle hyperspectral data [J]. Advances in space research, 60 (9): 1988-2000.

Kong W P, Huang W J, Zhou X F, et al., 2016. Estimation of carotenoid content at the canopy scale using the carotenoid triangle ratio index from in situ and simulated hyperspectral data [J]. Journal of applied remote sensing, 10 (2): 26-35.

Lacaze R, Chen J M, Roujean J L, et al., 2002. Retrieval of vegetation clumping index using hot spot signatures measured by POLDER instrument [J]. Remote sensing of environment, 79 (1): 84-95.

Le Maire G, François, C, Soudani, K, et al., 2008. Calibration and validation of hyperspectral indices for the estimation of broadleaved forest leaf chlorophyll content, leafmass per area, leaf area index and leaf canopy biomass [J]. Remote sensing of environment, 112 (10): 3846-3864.

Li H, Zhao C, Huang W, Yang G, 2013. Non-uniform vertical nitrogen distribution within plant canopy and its estimation by remote sensing: A review [J]. Field crops research, 142: 75-84.

Li Q, Zhou J, Zhang Y, et al., 2011. Study on spatial distribution of soil available microelement in Qujing tobacco farming area, China [J]. Procedia environmental sciences, 10: 185-191.

Li X, Strahler A H, 1986. Geometric-optical bidirectional reflectance modeling of a conifer forest canopy [J]. IEEE transactions on geoscience and remote sensing, 24 (6): 906-919.

Liang Y Z, Kvalheim O M, 1996. Robust methods for multivariate analysis-A tutorial review [J]. Chemometrics and Intelligent Laboratory Systems, 32 (1): 1-10.

Lichtenthaler H K, 1987. Chlorophylls and carotenoids: Pigments of photosynthetic biomembranes [J]. Methods in enzymology, 148 (1): 350-382.

Lymburner L，Beggs P J，Jacobson C R，2000. Estimation of canopy-average surface-specific leaf area using Landsat TM data [J]. Photogrametric engineering & remote sensing，66（2）：183-191.

Maas J S，1988. Use of remotely-sensed information in agricultural crop growth models [J]. Ecological modeling，41（3-4）：241-268.

Merzlyak M N，Gitelson A A，Chivkunova O B，et al.，1999. Non-destructive optical detection of pigment changes during leaf senescence and fruit ripening [J]. Physiologia plantarum，106（1）：135-141.

Minasny B，McBratney A B，2005. The Matérn function as a general model for soil variograms [J]. Geoderma，128（3）：192-207.

Monsi M，1953. Uber den lichtfaktor in den pflanzen-gesellschaften und seine bedeutung fur die stoffproduktion[J]. Japanese journal of botany，14：22-52.

Moran M S，Clarke T R，Inoue Y，et al.，1994. Estimating crop water deficit using the relation between surface air temperature and spectral vegetation index [J]. Remote sensing of environment，49：246-263.

Munne-Bosch S，Penuelas J，2003. Photo-and antioxidative protection，and a role for salicylic acid during drought and recovery in field-grown Phillyrea angustifolia plants [J]. Planta，217（5）：758-766.

Nakaji T，Oguma H，Fujinuma Y，2006. Seasonal changes in the relationship between photochemical reflectance index and photosynthetic light use efficiency of Japanese larch needles [J]. International Journal of remote sensing，27（3）：493-509.

Nilson T，Kuusk A，1989. A reflectance model for the homogeneous plant canopy and its inversion [J]. Remote sensing of environment，27（2）：157-167.

Odeh O A，Mcbratney A B，Chittleborough D J，1995. Further Results On Prediction of Soil Properties From Terrain Attributes：Heterotopic Cokriging and Regression-Kriging [J]. Geoderma，67（3-4）：215-226.

Paz J O，Batchelor W D，Babcock B A，et al.，1999. Model-based technique to determine variable rate nitrogen for corn [J]. Ecological modeling，61（1）：69-75.

Peng S，Garcia F V，Laza R C，Cassman K G，1993. Adjustment for specific leaf weight improves chlorophyll meter' s estimate of rice leaf nitrogen concentration [J]. Agronomy journal，85（5）：987-990.

Penuelas J，Baret F，Filella I，1995. Semiempirical indices to assess carotenoids chlorophyll-a ratio from leaf spectral reflectance [J]. Photosynthetica，31（2）：221-230.

Peñuelas J，Gamon J A，Fredeen A L，et al.，1994. Reflectance indices associated with physiological changes in nitrogen-and water-limited sunflower leaves [J]. Remote sensing of environment，48（2）：135-146.

Penuelas J，Inoue Y，1999. Reflectance indices indicative of changes in water and pigment contents of peanut and wheat leaves [J]. Photosynthetica，36（3）：355-360.

Pepper G E，Pearce R B，Mock J J，1977. Leaf orientation and yield of maize 1 [J]. Crop science，17（6）：883-886.

Price J C, 1990. Using spatial context in satellite data to infer regional scale evapotranspiration [J]. IEEE transactions on ceoscience and remote sensing, 28（5）: 940-948.

Puissant A, Rougier S, Stumpf A, 2014. Object-oriented mapping of urban trees using Random Forest classifiers [J]. International journal of applied earth observations geoinformation, 26（1）: 235-245.

Qi A, Chehbouni A R, Huete Y H, et al., 1994. Sorooshian a modified soil-adjusted vegetation index [J]. Remote sensing of environment, 48（2）: 119-126.

Richter K, Atzberger C, Hank T B, et al., 2012. Derivation of biophysical variables from Earth observation data: validation and statistical measures [J]. Journal of applied remote sensing 6（1）: 063557-1.

Ritz T, Damjanovic A, Schulten K, et al., 2000. Efficient light harvesting through carotenoids [J]. Photosynthesis research, 66（1-2）: 125-144.

Rondeaux G, Steven M, Baret F, 1996. Optimization of soil-adjusted vegetation indices [J]. Remote sensing of rnvironment, 55（2）: 95-107.

Rouse J W, Haas R H, Schell J A, et al., 1973. Monitoring Vegetation Systems in the Great Plains with ERTS [J], NASA special publication, 1: 309-317.

Sandholt I, Rasmussen K, Andersen J, 2002. A simple interpretation of the surface temperature/ vegetation index space for assessment of surface moisture status [J]. Remote sensing of environment, 79（2-3）: 213-224.

Schlemmer M, Gitelson A, Schepers J, et al., 2013. Remote estimation of nitrogen and chlorophyll contents in maize at leaf and canopy levels [J]. International journal of applied earth observation and geoinformation, 25（1）: 47-54.

Serrano L, Filella I, Penuelas J, 2000. Remote sensing of biomass and yield of winter wheat under different nitrogen supplies [J]. Crop science, 40（3）: 723-731.

Sims D A, Gamon J A, 2002. Relationships between leaf pigment content and spectral reflectance across a wide range of species, leaf structures and developmental stages [J]. Remote sensing of environment, 81（2-3）: 337-354.

Solie J B, Raun W R, Stone M L, 1999. Submeter spatial variability of selected soil and bermudagrass production variables [J]. Soil science society of america journal, 63（6）: 1724-1733.

Stacey K F, Lark R M, Whitmore A P, et al., 2006. Using a process model and regression kriging to improve predictions of nitrous oxide emissions from soil [J]. Geoderma, 135: 107-117.

Stoner E R, Baumgardner M F, 1981. Characteristic Variations in Reflectance of Surface Soils [J]. Soil science society of america journal, 45（6）: 1161-1165.

Suits G H, 1972. The calculation of the directional reflectance of vegetative canopy [J]. Remote sensing of environment, 2（71）: 117-175.

Tobler W R, 1970. A computer movie simulating urban growth in the Detroit region [J]. Economic geography, 46（S1）: 234-240.

Torrence C, Compo G P, 1998. A practical guide to wavelet analysis [J]. Bulletin of the american meteorological society, 79（1）: 61-78.

Tucker C J, 1979. Red and photographic infrared line combinations for monitoring vegetation [J]. Remote sensing of environment, 8（2）: 127-150.

Verhoef W, 1984. Light scattering by leaf layers with application to canopy reflectance modeling: the SAIL model [J]. Remote sensing of environment, 16（2）: 125-141.

Verrelst J, Rivera J P, Moreno J, et al, 2013. Gaussian processes uncertainty estimates in experimental Sentinel-2 LAI and leaf chlorophyll content retrieval [J]. ISPRS journal of photogrammetry and remote sensing, 86: 157-167.

Verrelst J, Schaepman M E, Koetz B, et al., 2008. Angular sensitivity analysis of vegetation indices derived from CHRIS/PROBA data [J]. Remote sensing of environment, 112（5）: 2341-2353.

Verstraete M M, Pinty B, 1996. Designing optimal spectral indexes for remote sensing applications [J]. IEEE transactions on geoence & eemote sensing, 34（5）: 1254-1265.

Vogelmann J E, Rock B N, Moss D M, 1993. Red edge spectral measurements from sugar maple leaves [J]. International journal of remote sensing, 14（8）: 1563-1575.

Wang Z J, Wang J H, Zhao C J, et al., 2005. Vertical distribution of nitrogen in different layers of leaf and stem and their relationship with grain quality of winter wheat [J]. Journal of plant nutrition, 28（1）: 73-91.

Watson D F, Philip G M, 1985. A refinement of inverse distance weighted interpolation [J], Geo-Processing, 2（2）: 315-327.

Weidong L, Baret F, Xingfa G, et al., 2002. Relating soil surface moisture to reflectance [J]. Remote sensing of environment, 81（2-3）: 238-246.

Wu C Y, Niu Z, Tang Q, et al., 2008. Estimating chlorophyll content from hyperspectral vegetation indices: Modeling and validation[J]. Agricultural and dorest meteorology, 148（8-9）: 1230-1241.

Wu J, Jelinski D E, Luck M, et al., 2000. Multiscale analysis of landscape heterogeneity: scale variance and pattern metrics [J]. Geographic information sciences, 6（1）: 6-19.

Xue L, Cao W, Luo W, et al. 2004. Monitoring leaf nitrogen status in rice with canopy spectral reflectance [J]. Agronomy journal, 96（1）: 135-142.

YE H, Huang W, Huang S, et al., 2018. Remote estimation of nitrogen vertical distribution by consideration of maize geometry characteristics [J]. Remote sensing, 10（12）: 1995.

Yost M A, Kitchen N R, Sudduth K A, et al., 2019. A Long-term precision agriculture system sustains grain profitability [J]. Precision agriculture, 20（6）: 1177-1198.

Yu K, Lenz-Wiedemann V, Chen X, et al., 2014. Estimating leaf chlorophyll of barley at different growth stages using spectral indices to reduce soil background and canopy structure effects [J]. ISPRS journal of photogrammetry and remote sensing, 97: 58-77.

Zarco-Tejada P J, Berjon A, Lopez-Lozano R, et al., 2005. Assessing vineyard condition with hyperspectral indices: Leaf and canopy reflectance simulation in a row-structured discontinuous canopy [J]. Remote sensing of environment, 99（3）: 271-287.

Zarco-Tejada P J, Miller J R, Noland T L, et al., 2001. Scaling-up and model inversion methods with narrowband optical indices for chlorophyll content estimation in closed forest canopies with hyperspectral data [J]. IEEE transactions on geoscience and remote sensing, 39（7）: 1491-1507.

Zhang Y, Li C, Wang Y, et al., 2016. Maize yield and soil fertility with combined use of compost and inorganic fertilizers on a calcareous soil on the North China Plain [J]. Soil & tillage research, 155: 85-94.

Zhou X, Huang W, Zhang J, et al., 2019. A novel combined spectral index for estimating the ratio of carotenoid to chlorophyll content to monitor crop physiological and phenological status [J]. International journal of applied earth observation and geoinformation, 76: 128-142.